"十四五"时期国家重点出版物出版专项规划项目

"中国山水林田湖草生态产品监测评估及绿色核算"系列丛书

王 兵 总主编

黑龙江嫩江源森林生态站野外长期观测和研究

王立中 韦昌雷 丁永全 刘芳蕊
赵希宽 刘力铭 李慧仁 湛鑫琳 等 著

中国林业出版社
China Forestry Publishing House

图书在版编目（CIP）数据

黑龙江嫩江源森林生态站野外长期观测和研究 / 王立中等著． -- 北京：中国林业出版社，2023.7

（"中国山水林田湖草生态产品监测评估及绿色核算"系列丛书）

ISBN 978-7-5219-2219-6

Ⅰ．①黑… Ⅱ．①王… Ⅲ．①嫩江—森林生态系统—环境监测—研究—黑龙江省 Ⅳ．① S718.55 ② X835

中国国家版本馆 CIP 数据核字（2023）第 102402 号

策划、责任编辑：于晓文　于界芬

出版发行	中国林业出版社（100009，北京市西城区刘海胡同 7 号，电话 010-83143549）
电子邮箱	cfphzbs@163.com
网　　址	www.forestry.gov.cn/lycb.html
印　　刷	河北京平诚乾印刷有限公司
版　　次	2023 年 7 月第 1 版
印　　次	2023 年 7 月第 1 次印刷
开　　本	889mm×1194mm　1/16
印　　张	13.75
字　　数	300 千字
定　　价	98.00 元

《黑龙江嫩江源森林生态站野外长期观测和研究》著者名单

项目完成单位：

大兴安岭地区农业林业科学研究院

黑龙江嫩江源森林生态系统国家定位观测研究站

中国林业科学研究院森林生态环境与自然保护研究所

中国森林生态系统定位观测研究网络（CFERN）

黑龙江嫩江源国家林草生态综合监测站

大兴安岭森林湿地生态系统国家长期科研基地

嫩江源森林生态黑龙江省野外科学观测研究站

项目首席科学家：

王　兵　中国林业科学研究院森林生态环境与自然保护研究所

项目首席专家：

王立中　大兴安岭地区农业林业科学研究院

项目组成员：

王　兵	王立中	韦昌雷	丁永全	刘芳蕊	赵希宽	刘力铭
李慧仁	牛　香	湛鑫琳	胡林林	赵厚坤	王　峰	李　华
金凤新	刘　霞	刘会锋	刘学爽	侯武才	赵治军	刘曙光

编写组成员：

王立中	韦昌雷	丁永全	刘芳蕊	赵希宽	刘力铭	李慧仁
湛鑫琳	王　兵	牛　香	胡林林	赵厚坤	刘　霞	

致 谢

本书的编写得到国家林业科技创新平台运行补助项目（2019132116）、国家林业公益性行业科研专项（201004074）、国家林业局全国林业碳汇计量监测体系建设项目（2017—2019）、国家自然科学基金项目（41871052）和大兴安岭地区科技创新项目（2018—2021）的资助，得到了嫩江源森林生态站建设和技术依托单位大兴安岭地区农业林业科学研究院，以及共建单位黑龙江南瓮河国家级自然保护区管理局、中国科学院西北生态环境资源研究院冻土工程国家重点实验室的大力支持，在此一并致以诚挚的谢意！

在本书出版之际，郑重感谢王兵研究员、周梅教授、张慧东正高级工程师、李明文正高级工程师对本书提出的宝贵意见和建议，使本书编纂更加完善。感谢中国林业科学研究院舒立福研究员、赵凤君研究员、林英华研究员，中国科学院冻土工程国家重点实验室金会军研究员，他们在嫩江源森林生态站开展的科研项目为本书的撰写提供了相关数据。特别向曾经在嫩江源森林生态站工作过的朱万昌研究员级高级工程师、梁延海研究员、李为海教授级高级工程师、刘三章高级工程师、石德山高级工程师、王晓彬高级工程师、王立功高级工程师、吕文博高级工程师、黄超工程师、徐迪工程师、张玉龙工程师、赵华等工作人员表示衷心的感谢，是他们辛勤的工作，为嫩江源森林生态站的建设发展及本书的出版奠定了坚实的基础。

前 言

2012年11月，党的十八大首次把生态文明建设纳入中国特色社会主义事业"五位一体"总体布局，将生态文明建设提到前所未有的高度。党的十九大报告明确指出，建设生态文明是中华民族发展的千年大计，必须树立和践行绿水青山就是金山银山的理念。2018年，习近平总书记在黑龙江省考察时强调，良好生态环境是东北地区经济社会发展的宝贵资源，也是振兴东北的一个优势，要把保护生态环境摆在优先位置，坚持绿色发展。"绿水青山是金山银山，冰天雪地也是金山银山"的重要论断为东北地区指出了一条既不破坏生态环境，又能立足现实将劣势转化为优势，充分发挥资源环境优势的绿色发展道路。习近平总书记从生态文明建设的整体视野提出"山水林田湖是生命共同体"的论断，强调"统筹山水林田湖草系统治理""全方位、全地域、全过程开展生态文明建设"。从"山水林田湖"到"山水林田湖草"，再到"山水林田湖草沙"的演变过程，是对系统治理的认识逐渐深化、理念更加完善、内涵不断丰富的过程，是从生态文明建设的宏观视角提出的重要理念，科学地界定了人与自然的内在联系，蕴含着重要的生态哲学思想。

森林作为陆地生态系统的主体，对全球气候变化的响应成为人们关注的重点，但对森林生态系统各要素的短期观测和研究，不足以反映森林生态系统发展全过程。为了更深入地研究气候变化，保护环境，了解森林生态系统过程，对森林生态系统服务功能进行合理评估，提高森林经营水平，要开展森林生态系统的长期连续定位观测研究。我国从20世纪50年代末开始建设陆地生态系统定位研究站（以下简称生态站），"八五"开始林业部（现国家林业和草原局）在原有工作基础上，通过建立覆盖主要生态类型区的中国森林生态系统定位观测研究网络（China Forest Ecosystem Research Network，CFERN），对森林的生态功能进行长期定位观测与研究。

截至2019年年底，CFERN已发展成为横跨30个纬度、覆盖不同植被气候区的106个森林生态站组成的观测网络。森林生态站是通过在典型森林地段建立长期观测点与观测样地，对森林生态系统的组成、结构、生产力、养分循环、水循环和能量利用等在自然状态下或某些人为活动干扰下的动态变化格局与过程进行长期观测，阐明生态系统发生、发展、演替的内在机制和自身的动态平衡，以及参与生物地球化学循环过程等的长期定位观测站点。

近年来，CFERN在王兵研究员的带领下，开展了长期生态数据积累、生态工程效益监测、生态系统服务功能评估、重大科学问题研究等任务，在完成对森林生态系统水文要素、土壤要素、气象要素和生物要素基本观测的基础上，以系统性、集成性和可操作性的科学问题为纽带，以国家需求为导向，按照"多站点联合、多系统组合、多尺度拟合、多目标融合"的发展思路，针对森林生态系统，开展大流域、大区域、跨流域、跨区域的重大专项科学研究，研究成果为推动国家生态保护、林业现代化建设与经济社会可持续发展发挥了重要的作用。大兴安岭林区地处高纬度多年冻土区，是我国面积最大的国有重点林区，是我国境内唯一寒温带明亮针叶林区，是国家北方生态屏障和木材资源战略储备基地，是黑龙江、嫩江等水系及主要支流的重要源头和水源涵养区，肩负着维护国家生态安全、粮食安全和国防安全三大职责。基于大兴安岭生态区位的重要性，2006年国家林业局批复建设黑龙江嫩江源森林生态系统国家定位观测研究站（以下简称嫩江源森林生态站）。

建站以来，嫩江源森林生态站按照国家标准《森林生态系统长期定位观测指标体系》（GB/T 35377—2017）和《森林生态系统长期定位观测方法》（GB/T 33027—2016），对区域典型森林生态系统的水文、土壤、气象和生物等生态要素进行长期野外调查和观测，研究自然状态和较小人为干扰下区域典型森林生态系统组成、结构和功能，在长期的科学研究和数据观测中，积累了大量的科学数据资源。为了系统收集、整理、存储、共享和应用这些数据资源，依据《森林生态系统长期定位观测指标体系》（GB/T 35377—2017）规定的观测指标，结合嫩江源森林生态站的长期监测实际情况，整理、收集了嫩江源森林生态站长期监测和研究数据，在大量的野外实测数据统计汇编和精简的基础上整合而成数据集篇。同时，还形成了研究篇，内容涉及观测场地和观测设施及水文、土壤、气象、生物监测等方面的研究方法、科研结果，是嫩江源森林生态站长期定位观测研究成果的集中体现。本研究旨在揭示大兴安岭地区森林生态系统发展和演变过程的潜在机制，客观地阐述大兴安岭地区森林生态系统功能和结构的变化规律。研究成果为科学评估大兴安岭森林生态系统服务功能、核算生态效益和产品价值、实现生态产品价值路径提供基础数据保障和科学依据，为大兴安岭生态文明建设和经济社会可持续发展提供科技支撑，更为我国森林生态系统管理提供基础的地带性数据。

由于研究对象具有一定的时空复杂性，并受研究人员的水平所限，著作中难免有欠妥之处，恳请读者批评指正。

著　者
2022年4月

目 录

前言

数据集篇

第 1 章 观测场地及观测设施
1.1 综合观测场 ········· 2
1.2 辅助观测场 ········· 4
1.3 观测场编码 ········· 4

第 2 章 森林水文要素数据集
2.1 水量数据集 ········· 7
2.2 水质数据集 ········· 9

第 3 章 森林土壤要素数据集
3.1 土壤物理性质数据集 ········· 13
3.2 土壤化学性质数据集 ········· 15
3.3 土壤碳数据集 ········· 17
3.4 土壤呼吸数据集 ········· 18
3.5 土壤温室气体通量数据集 ········· 18
3.6 土壤动物数据集 ········· 19
3.7 凋落物数据集 ········· 21
3.8 冻土基本性质数据集 ········· 21

第 4 章 森林气象要素数据集
4.1 兴安落叶松林小气候梯度数据集 ········· 23
4.2 兴安落叶松林微气象碳通量数据集 ········· 43

第 5 章 森林生物要素数据集
5.1 森林群落主要成分数据集 ········· 45

5.2 森林群落林木生长量和生物量数据集 …………………………………………………… 71
5.3 植被碳储量数据集 ……………………………………………………………………… 72
5.4 森林动物观测数据集 …………………………………………………………………… 72

研究篇

第 6 章 森林生态系统水文要素特征
6.1 森林生态系统蒸散量特征 ……………………………………………………………… 74
6.2 森林生态系统水量空间分配格局特征 ………………………………………………… 78
6.3 森林集水区流域产水量特征 …………………………………………………………… 84
6.4 森林生态系统水质特征 ………………………………………………………………… 86

第 7 章 森林生态系统土壤要素特征
7.1 森林生态系统土壤理化性质特征 ……………………………………………………… 96
7.2 森林生态系统土壤有机碳储量特征 …………………………………………………… 101
7.3 森林生态系统土壤呼吸特征 …………………………………………………………… 105
7.4 高纬度多年冻土特征与研究 …………………………………………………………… 110
7.5 森林生态系统土壤动物特征 …………………………………………………………… 120

第 8 章 森林生态系统气象要素特征
8.1 森林小气候特征 ………………………………………………………………………… 125
8.2 森林生态系统微气象法碳通量特征 …………………………………………………… 138
8.3 森林生态系统温室气体特征 …………………………………………………………… 149

第 9 章 森林生态系统生物要素特征
9.1 森林生态系统长期固定样地特征 ……………………………………………………… 156
9.2 森林生态系统植被物候特征 …………………………………………………………… 165
9.3 森林生态系统植被碳储量特征 ………………………………………………………… 171
9.4 森林生态系统凋落物特征 ……………………………………………………………… 178
9.5 森林生态系统动物资源特征 …………………………………………………………… 183

参考文献 …………………………………………………………………………………………… 188

附　录
台站与研究区介绍 ………………………………………………………………… 195

附　表
表 1　嫩江源森林生态站兴安落叶松林主要植物名录 ………………………… 202
表 2　嫩江源森林生态站保护鸟类名录 ………………………………………… 203
表 3　嫩江源森林生态站两栖类动物名录 ……………………………………… 205
表 4　嫩江源森林生态站爬行类动物名录 ……………………………………… 205

黑龙江嫩江源
森林生态站野外长期观测和研究

数据集篇

第1章
观测场地及观测设施

嫩江源森林生态站在原始林设置1处综合观测场，针对水文、土壤、气象、生物要素观测设置兴安落叶松林水量平衡观测点、森林集水区水量观测点、森林气象综合观测点及8块固定监测样线和3条动物调查样线；在湿地设置1处辅助观测场，设置2块生物调查样地及多年冻土地温观测点。

1.1 综合观测场

1.1.1 兴安落叶松林水量平衡观测点

面积50米×50米；乔木以兴安落叶松为优势树种，有少量白桦、黑桦、蒙古栎，灌木以兴安杜鹃为主；林分密度每公顷2180株，中龄林，郁闭度0.65；坡向为东坡，下坡位，坡度3°；土壤为棕色针叶林土。内有一个坡面径流场，位于东经125°08′15″、北纬51°07′26″，面积为20米×30米。

1.1.2 森林集水区水量观测点

集水区面积为518公顷，主要植被类型为杜鹃落叶松林、蒙古栎落叶松林、草类落叶松林及草地白桦林。测流堰位于东经125°08′42″、北纬51°07′23″，采用三角形薄壁溢流堰，顶角90°。

1.1.3 森林气象综合观测点

气象综合观测点位于兴安落叶松林内，地理位置东经125°08′5″、北纬51°07′16″，内有30米高金属观测塔；小气候梯度观测采用CR-1000数采全自动观测，装有总辐射、净辐射、光合有效辐射、空气温湿度、风速、风向、降水量、土壤热通量、大气压、地温、土壤水分等传感器自动记录存贮装置。同时，在28米处安装有开路涡度相关系统，利用CR-3000采集并存储数据。

1.1.4 固定监测样地

（1）杜鹃落叶松林监测样地。样地面积100米×100米，海拔498米，东南坡，坡度5°，位于东经125°08′11″、北纬51°07′17″。主要树种为兴安落叶松、白桦，中龄林，平均胸径6.7厘米，平均树高7.1米，林分密度2163株/公顷。土壤为棕色针叶林土，厚度20~40厘米。灌木层以兴安杜鹃为主，混有绣线菊、山刺玫、笃斯越橘等，草本层以薹草、鹿蹄草为主。

（2）蒙古栎落叶松林监测样地。面积50米×50米，位于东经125°08′3″、北纬51°07′23″，海拔509米，东南坡，坡度11°。主要树种为兴安落叶松和蒙古栎，中龄林，平均胸径11.4厘米，平均树高8.6米，林分密度2100株/公顷。土壤为棕色针叶林土，厚度30~40厘米。灌木层以兴安杜鹃、山刺玫、胡枝子为主，草本层以薹草、鹿蹄草为主。

（3）草类落叶松林监测样地。面积50米×50米，位于东经125°08′24″、北纬51°07′14″，海拔476米，东坡，坡度2°。主要树种为兴安落叶松，中龄林，平均胸径9.8厘米，平均树高11.5米，林分密度2228株/公顷。土壤为棕色针叶林土，厚度30~45厘米。灌木层以金露梅、绣线菊为主，草本层发育良好，以大叶章、薹草为主。

（4）蒙古栎林监测样地。面积25米×50米，位于东经125°08′47″、北纬51°06′56″，海拔518米，西南坡，坡度10°。乔木树种以蒙古栎为主，有少量的兴安落叶松、白桦等。中龄林，平均胸径9.0厘米，平均树高9.2米，林分密度约2000株/公顷。土壤为暗棕壤，厚度30~45厘米。灌木层发达，主要有胡枝子、山刺玫、越橘等，草本层以薹草、鹿蹄草为主。

（5）毛赤杨林监测样地。面积30米×40米，位于东经125°08′19″、北纬51°07′19″，海拔480米，东南坡，坡度1°。乔木树种以毛赤杨为主，有少量的兴安落叶松、白桦等。中龄林，平均胸径7.3厘米，平均树高10米，林分密度在2000~4000株/公顷。土壤为沼泽土，厚度25~35厘米。灌木层不发达，草本层以薹草、大叶章、问荆为主。

（6）草类白桦林监测样地。面积30米×30米，位于东经125°08′25″、北纬51°07′16″，海拔456米，东坡，坡度2°。主要树种为白桦，中龄林，平均胸径14.1厘米，平均树高13.7米，林分密度1510株/公顷。土壤为棕色针叶林土，厚度40~60厘米。灌木层种类较多，常见有山刺玫、珍珠梅、绣线菊等，草本层有地榆、大叶章、薹草、鹿蹄草等。

（7）杜香落叶松林监测样地。面积30米×30米，位于东经125°08′44″、北纬51°07′16″，海拔460米，北坡，坡度2°。主要树种为兴安落叶松，中龄林，平均胸径12.9厘米，平均树高7.0米，林分密度710株/公顷。土壤为棕色针叶林土，厚度

15～25厘米。灌木层有杜香、兴安杜鹃、山刺玫、绣线菊、笃斯越橘等，草本层有薹草、大叶章、问荆等。

（8）杜鹃白桦林监测样地。面积50米×50米，位于东经125°08′51″、北纬51°09′14″，海拔460米，北坡，坡度2°。主要树种为白桦，中龄林，平均胸径7.6厘米，平均树高9.8米，林分密度2688株/公顷。土壤为棕色针叶林土，厚度30～40厘米。灌木层以兴安杜鹃为优势，还有绣线菊、山刺玫等，草本层以鹿蹄草、薹草、大叶章、铃兰为主。

1.1.5 野生动物调查样线

在嫩江源森林生态站所在的南瓮河国家级自然保护区实验区设置3条5千米兽类调查样线，每条样线间隔约1千米，生境包括森林和湿地，在每条样线中每隔1千米设置一个监测点，安装两台红外相机，用于监测野生动物。在冬季落雪后沿样线调查野生动物足迹、粪便、活动痕迹等。

1.2 辅助观测场

1.2.1 多年冻土地温观测点

观测场面积10米×10米，位于东经125°08′10″、北纬51°07′55″，植被为草本沼泽湿地，无灌木，草本层发达，总盖度达100%，常见草本有薹草、地榆、大叶章、委陵菜等。

1.2.2 固定监测样地

（1）湿地岛状林监测样地。面积50米×50米，位于东经125°08′37″、北纬51°08′20″，海拔450米。主要树种为兴安落叶松和白桦，中龄林，平均胸径15.8厘米，平均树高15.4米，林分密度1000株/公顷，郁闭度0.6。灌木以山刺玫、珍珠梅、绣线菊为主，盖度20%左右。草本以薹草为主，常见有大叶章、鹿蹄草等。土壤为暗棕壤，土壤水分较多，地表排水良好。

（2）草本沼泽监测样地。面积50米×50米，位于东经125°08′11″、北纬51°07′53″，海拔443米。灌木稀少，草本层发达，总盖度达100%，常见草本有薹草、地榆、大叶章、委陵菜等。土壤为沼泽土，表层薹草根系密布，80厘米以下为永冻层。

1.3 观测场编码

嫩江源森林生态站共设有2个观测场，内有7个观测点、5个采样点、1个生物监测调查样地和 3 条野生动物调查样线（表 1-1、表 1-2）。

表 1-1　嫩江源森林生态站观测场一览

序号	观测场编码	观测场名称	观测点、采样点
1	NJYFZH01	嫩江源森林生态站原始林综合观测场	兴安落叶松林水量平衡观测点、森林集水区水量观测点、森林气象综合观测点及生物样地样线观测点
2	NJYFFZ01	嫩江源森林生态站湿地辅助观测场	多年冻土地温观测点、生物样地

表 1-2　嫩江源森林生态站观测点、采样点一览

序号	观测点编码	观测点名称	东经	北纬	观测项目
1	NJYFZH01SW01	兴安落叶松林水量平衡观测点	125°08′15″	51°07′26″	林内降水、树干径流量、树干液流、坡面径流量、壤中流量、水质
2	NJYFZH01SW02	森林集水区水量观测点	125°08′42″	51°07′23″	流域水量、水质
3	NJYFZH01QX01	兴安落叶松林气象综合观测点	125°08′5″	51°07′16″	不同高度气温、空气相对湿度、风速、风向；大气压、太阳光辐射、净辐射、光合有效辐射、不同深度土壤温度、土壤水分、土壤热通量及三维风速（X轴、Y轴、Z轴）、水汽通量、CO_2通量
4	NJYFZH01YD01	杜鹃落叶松林监测样地	125°08′11″	51°07′17″	生物调查、土壤理化性质、土壤呼吸及温室气体
5	NJYFZH01YD02	蒙古栎落叶松林监测样地	125°08′3″	51°07′23″	生物调查
6	NJYFZH01YD03	草类落叶松林监测样地	125°08′24″	51°07′14″	生物调查、土壤理化性质
7	NJYFZH01YD04	蒙古栎林监测样地	125°08′47″	51°06′56″	生物调查
8	NJYFZH01YD05	毛赤杨林监测样地	125°08′19″	51°07′19″	生物调查
9	NJYFZH01YD06	草类白桦林监测样地	125°08′25″	51°07′16″	生物调查、土壤理化性质
10	NJYFZH01YD07	杜香落叶松林监测样地	125°08′11″	51°07′16″	生物调查、土壤理化性质
11	NJYFZH01YD08	杜鹃白桦林监测样地	125°08′51″	51°09′14″	生物调查、土壤理化性质
12	NJYFZH01YX01	野生动物调查样线	125°12′57″	51°06′48″	野生动物
13	NJYFZH01YX02	野生动物调查样线	125°13′0″	51°08′28″	野生动物

（续）

序号	观测点编码	观测点名称	东经	北纬	观测项目
14	NJYFZH01YX03	野生动物调查样线	125°13′12″	51°09′58″	野生动物
15	NJYFFZ01DT01	多年冻土地温观测点	125°08′10″	51°07′55″	活动层地温、多年冻土观测
16	NJYFFZ01YD01	湿地岛状林监测样地	125°08′37″	51°08′20″	生物调查
17	NJYFFZ01YD02	草本沼泽监测样地	125°08′11″	51°07′54″	土壤呼吸、土壤温室气体

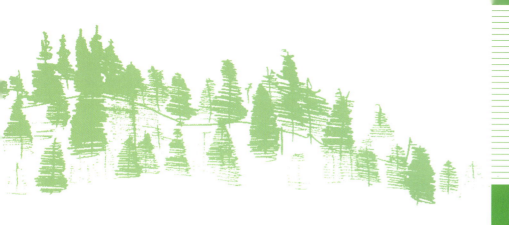

第 2 章

森林水文要素数据集

2.1 水量数据集

2.1.1 兴安落叶松单木树干液流数据集

数据集名称：兴安落叶松林标准木液流量数据集；

观测场编码：NJYFZH01SW01；

数据集内容：液流量；

数据集时间：2014 年 5 月至 2016 年 9 月；

数据：见表 2-1。

表 2-1　兴安落叶松标准木液流量数据

年份	月份	液流量（千克/天）
2014	5	1.92
	6	3.46
	7	3.54
	8	3.26
	9	0.83
2015	5	1.86
	6	3.52
	7	3.74
	8	2.36
	9	0.92
2016	5	1.94
	6	3.48
	7	3.68
	8	3.55
	9	1.07

2.1.2 兴安落叶松林水量数据集

数据集名称：兴安落叶松林水量数据集；

观测场编码：NJYFZH01SW01；

数据集内容：大气降水量、穿透水量、树干径流量、坡面径流量、壤中流量；

数据集时间：2014 年 5～10 月；

数据：见表 2-2。

表 2-2　兴安落叶松林水量数据

毫米

日期（年/月/日）	降水量	穿透水量	树干径流量	坡面径流量	壤中流量
2014/5/16	33	22	0.14	0.2	0
2014/5/18	6.2	3.6	0	0	0
2014/5/28	41	28.8	0.22	0.4	0.2
2014/5/29	12.8	9	0.08	0.2	0.2
2014/6/18	1	0.6	0.6	0	0
2014/6/19	0.6	0.4	0.4	0	0
2014/6/25	0.6	0.2	0.4	0	0
2014/7/1	4.4	3	3	0.02	0
2014/7/3	10.2	7	7	0.06	0.2
2014/7/4	5.2	3.6	3.6	0.02	0
2014/7/7	8	5.4	5.4	0.04	0.2
2014/7/8	21.4	14.6	14.6	0.1	0.2
2014/7/9	18.4	12.4	12.4	0.08	0.4
2014/7/10	0.8	0.6	0.6	0	0
2014/7/11	2.8	2	2	0.01	0.2
2014/7/14	2.8	2.2	2.2	0.02	0.2
2014/7/15	4.2	2.8	2.8	0.03	0.2
2014/7/18	9	6	6	0.04	0
2014/7/20	8	5.4	5.4	0.04	0.2
2014/7/21	36	24	24	0.18	0.4
2014/7/30	2	1.4	1.4	0.01	0
2014/7/31	1.6	1	1	0.01	0.2
2014/8/1	5	3.4	3.4	0.02	0.2
2014/8/4	10	6.8	6.8	0.04	0.2
2014/8/15	2.6	1.8	1.8	0.01	0
2014/8/16	3	2.2	2.2	0.01	0
2014/8/18	6.6	4.4	4.4	0.04	0.2
2014/8/24	17.6	11.7	11.7	0.08	0.2
2014/8/25	0.4	0.2	0.2	0	0
2014/8/26	4.8	3.2	3.2	0.02	0
2014/8/27	2.6	1.8	1.8	0.02	0.2

（续）

日期（年/月/日）	降水量	穿透水量	树干径流量	坡面径流量	壤中流量
2014/8/28	1.8	1.2	1.2	0.01	0
2014/9/2	18.8	12.6	12.6	0.12	0.2
2014/9/3	21	14	14	0.1	0.2
2014/9/4	5.6	3.8	3.8	0.02	0
2014/9/8	23.6	15.6	15.6	0.16	0.2
2014/9/9	9.2	6.2	6.2	0.04	0.2
2014/9/14	2.6	1.8	1.8	0.01	0
2014/9/20	1.8	1.2	1.2	0.01	0
2014/9/22	9.8	6.6	6.6	0.04	0.2
2014/9/28	0.8	0.6	0.6	0	0
2014/10/7	0.6	0.4	0.4	0	0
2014/10/11	8.4	5.6	5.6	0.04	0
2014/10/15	1.8	1.2	1.2	0.01	0
2014/10/16	1.6	1	1	0.01	0

2.1.3 集水区流域产水量数据集

数据集名称：集水区流域产水量数据集；

观测场编码：NJYFZH01SW02；

数据集内容：流域月产水量；

数据集时间：2015 年；

数据：见表 2-3。

表 2-3　集水区流域产水量数据

年份	月份	月产水量（立方米）
2015	6	129341
	7	94427
	8	39298
	9	24059

2.2　水质数据集

2.2.1　降水水质数据集

数据集名称：降水水质数据集；

观测场编码：NJYFZH01SW01；

数据集内容：pH、Ca^{2+}、Mg^{2+}、K^+、Na^+、总磷、总氮；

数据集时间：2016 年；

数据：见表 2-4。

表 2-4　降水水质数据

毫克/升

年份	月份	pH	Ca^{2+}	Mg^{2+}	K^+	Na^+	总磷	总氮
2016	5	6.44	—	—	—	0.12	—	1.78
	6	6.96	—	—	—	—	0.0036	2.45
	7	7.55	—	—	—	0.17	—	2.12
	8	7.23	3.26	—	—	0.27	—	1.21

注:"—"表示未检测出。

2.2.2 树干径流水质数据集

数据集名称：落叶松树干径流水质数据集；

观测场编码：NJYFZH01SW01；

数据集内容：pH、Ca^{2+}、Mg^{2+}、K^+、Na^+、总磷、总氮；

数据集时间：2016 年；

数据：见表 2-5。

表 2-5　树干径流水质数据

毫克/升

年份	月份	pH	Ca^{2+}	Mg^{2+}	K^+	Na^+	总磷	总氮
2016	6	5.7	—	1.78	4.21	1.52	2.7	2.58
	7	5.34	—	4.72	4.41	1.05	8.16	3.37
	8	4.22	11.74	5.68	4.33	1.47	7.03	1.33
	9	5.12	—	4.89	4.8	0.25	5.89	0.98

注:"—"表示未检测出。

2.2.3 地表水水质数据集

(1) 落叶松林地表径流水质。

数据集名称：地表水水质数据集；

观测场编码：NJYFZ01SW02；

数据集内容：pH、Ca^{2+}、Mg^{2+}、K^+、Na^+、总磷、总氮；

数据集时间：2016 年；

数据：见表 2-6。

表 2-6　地表水水质数据

毫克/升

年份	月份	pH	Ca^{2+}	Mg^{2+}	K^+	Na^+	总磷	总氮
2016	5	6.72	—	1.66	0.02	1.84	0.02	0.2
	6	7.4	—	0.61	—	2.14	—	4.3
	7	7.58	—	2.03	—	1.9	0.26	5.95
	8	7.32	27.54	1.69	—	3.34	0.31	0.42
	9	7.55	6.19	—	0.45	2.11	—	4.22

注:"—"表示未检测出。

(2) 微量元素。

数据集名称：地表水水质微量元素数据集；

观测场编码：NJYFZH01SW02；

数据集内容：B、Mn、Mo、Zn、Fe、Cu；

数据集时间：2016年；

数据：见表2-7。

表2-7　地表水水质微量元素数据

毫克/立方厘米

年度	B	Mn	Mo	Zn	Fe	Cu
2016	0.02	0.01	0.005	0.02	0.416	0.05

(3) 重金属。

数据集名称：地表水水质重金属元素数据集；

观测场编码：NJYFZH01SW02；

数据集内容：Cd、Pb、Ni、Cr、Se、As；

数据集时间：2016年；

数据：见表2-8。

表2-8　地表水水质重金属元素数据

毫克/立方厘米

年度	Cd	Pb	Ni	Cr	Se	As
2016	0.0001	0.001	0.05	0.03	0.0004	0.0003

2.2.4　地表水自动监测数据集

数据集名称：地表水自动监测水质数据集；

观测场编码：NJYFZH01SW02；

数据集内容：水温、电导率、水中溶解物质总含量（TDS）、密度、pH、溶解氧、浊度（TSS）；

数据集时间：2015—2021年；

数据：见表2-9。

表2-9　地表水自动监测水质数据

年份	月份	水温月平均值（℃）	电导率月平均值（毫西门子/厘米）	TDS月平均值（克/升）	密度月平均值（克/升）	pH月平均值	溶解氧月平均值（毫克/升）	浊度月平均NTU值	TSS月平均值（克/升）
2015	6	8.215	0.033	0.022	999.805	8.725	0.130	57.102	0.228
	7	10.431	0.052	0.035	999.655	9.041	0.063	47.204	0.189
	8	11.227	0.053	0.036	999.592	9.259	0.054	16.944	0.068
	9	7.217	0.062	0.042	999.880	9.519	0.034	30.662	0.123

(续)

年份	月份	水温月平均值（℃）	电导率月平均值（毫西门子/厘米）	TDS月平均值（克/升）	密度（克/升）	pH月平均值	溶解氧月平均值（毫克/升）	浊度月平均NTU值	TSS月平均值（克/升）
2016	6	5.430	0.031	0.021	999.929	9.425	0.015	30.542	0.122
	7	9.639	0.045	0.030	999.728	9.382	0.032	5.408	0.022
	8	9.615	0.067	0.045	999.739	9.641	0.035	11.855	0.047
	9	7.453	0.034	0.023	999.865	9.466	0.026	39.187	0.157
2017	6	6.226	0.038	0.025	999.908	6.846	0.043	43.693	0.175
	7	9.537	0.062	0.041	999.737	6.877	0.041	54.468	0.218
	8	9.615	0.099	0.066	999.752	6.721	0.041	61.092	0.244
	9	6.136	0.148	0.099	999.981	7.162	0.025	97.061	0.388
2018	6	2.636	0.044	0.029	999.952	7.007	0.018	53.626	0.215
	7	8.675	0.031	0.021	999.796	6.939	0.047	182.623	0.730
	8	9.346	0.050	0.033	999.759	7.282	0.045	175.815	0.703
	9	6.528	0.053	0.036	999.920	7.393	0.040	51.577	0.206
2019	6	5.685	0.033	0.022	999.908	7.571	0.060	37.654	0.151
	7	10.149	0.039	0.026	999.656	7.691	0.068	58.147	0.233
	8	9.905	0.056	0.037	999.714	7.829	0.051	49.118	0.196
	9	7.018	0.061	0.041	999.901	7.964	0.038	45.171	0.181
2020	6	4.578	0.030	0.020	999.962	6.532	0.025	23.897	0.096
	7	12.100	0.018	0.012	999.365	6.862	0.047	34.023	0.136
	8	9.136	0.031	0.020	999.778	6.721	0.037	28.471	0.114
	9	7.617	0.030	0.020	999.868	6.654	0.033	23.517	0.094
2021	6	7.024	0.024	0.016	999.891	6.891	0.131	17.065	0.068
	7	10.511	0.028	0.019	999.653	7.047	0.178	25.159	0.101
	8	10.492	0.035	0.023	999.665	7.349	0.094	24.241	0.097
	9	7.156	0.039	0.026	999.888	7.588	0.069	29.025	0.116

2.2.5 地下水水质数据集

数据集名称：地下水水质数据集；

观测场编码：NJYFZH01SW02；

数据集内容：pH、Ca^{2+}、Mg^{2+}、K^+、Na^+、总磷、总氮；

数据集时间：2016年5～9月；

数据：见表2-10。

表 2-10 地下水水质数据

毫克/升

年份	月份	pH	Ca^{2+}	Mg^{2+}	K^+	Na^+	总磷	总氮
2016	5	6.4	—	0.57	—	2.57	0.08	0.22
	6	7.66	—	0.98	0.12	2.45	0.29	4.65
	7	8.14	—	—	—	1.97	0.09	1.78
	8	6.76	13.63	—	—	3.4	0.36	0.39
	9	7.22	19.41	0.6	0.26	2.47	0.12	0.88

注："—"表示未检测出。

第 3 章
森林土壤要素数据集

3.1 土壤物理性质数据集

(1) 棕色针叶林土壤剖面数据集。

数据集名称：棕色针叶林土壤剖面数据集；

观测场编码：NJYFZH01YD01；

数据集内容：土壤层次、厚度、颜色、质地、结构、松紧度、干湿度、根系；

数据集时间：2016 年；

数据：见表 3-1。

表 3-1　棕色针叶林土壤剖面数据

年度	土壤类型	土壤层次	厚度（厘米）	颜色	质地	结构	松紧度	干湿度	根系
2016	棕色针叶林土壤	O	0~3						
		A	3~14	黑色	中壤	团粒状	疏松	潮	密集
		B	14~35	棕色	中壤	核块状	稍紧	潮	少
		C	35~50	棕色		团块状	紧		无

(2) 杜鹃落叶松林土壤物理性质数据集。

数据集名称：杜鹃落叶松林土壤物理性质数据集；

观测场编码：NJYFZH01YD01；

数据集内容：容重、总孔隙度、饱和持水量、田间持水量、毛管和非毛管孔隙度；

数据集时间：2016 年；

数据：见表 3-2。

表 3-2　杜鹃落叶松林土壤物理性质数据

年度	取样深度（厘米）	土壤容重平均值（克/立方厘米）	标准差	土壤总孔隙度（%）	标准差	毛管孔隙度（%）	标准差	非毛管孔隙度（%）	标准差	土壤饱和持水量（毫米）	标准差	土壤田间持水量（毫米）	标准差
2016	0～10	1.06	0.13	54.44	6.21	42.39	4.77	12.05	1.44	54.45	62.14	42.39	47.73
	10～20	1.29	0.02	47.89	1.80	42.63	0.63	5.26	2.16	47.90	18.02	42.63	3.59
	20～30	1.35	0.08	44.00	2.87	38.57	0.71	5.43	2.16	44.01	28.72	38.57	7.11

（3）草类落叶松林土壤物理性质数据集。

数据集名称：草类落叶松林土壤物理性质数据集；

观测场编码：NJYFZH01YD03；

数据集内容：容重、总孔隙度、饱和持水量、田间持水量、毛管和非毛管孔隙度；

数据集时间：2016 年；

数据：见表 3-3。

表 3-3　草类落叶松林土壤物理性质数据

年度	取样深度（厘米）	土壤容重平均值（克/立方厘米）	标准差	土壤总孔隙度（%）	标准差	毛管孔隙度（%）	标准差	非毛管孔隙度（%）	标准差	土壤饱和持水量（毫米）	标准差	土壤田间持水量（毫米）	标准差
2016	0～10	0.87	0.09	58.56	8.68	52.96	0.76	5.60	6.96	58.56	77.21	52.96	7.59
	10～20	1.15	0.03	44.28	0.13	41.05	2.99	3.23	3.12	44.28	1.32	41.05	29.89
	20～30	1.63	0.05	37.57	1.49	37.57	7.02	6.11	2.64	41.48	43.80	37.58	70.21

（4）草类白桦林土壤物理性质数据集。

数据集名称：草类白桦林土壤物理性质数据集；

观测场编码：NJYFZH01YD06；

数据集内容：容重、总孔隙度、饱和持水量、田间持水量、毛管和非毛管孔隙度；

数据集时间：2016 年；

数据：见表 3-4。

表 3-4　草类白桦林土壤物理性质数据

年度	取样深度（厘米）	土壤容重平均值（克/立方厘米）	标准差	土壤总孔隙度（%）	标准差	毛管孔隙度（%）	标准差	非毛管孔隙度（%）	标准差	土壤饱和持水量（毫米）	标准差	土壤田间持水量（毫米）	标准差
2016	0～10	1.12	0.10	53.71	8.87	50.31	6.38	3.40	2.4	53.71	87.76	50.31	63.76
	10～20	1.21	0.10	50.90	5.73	44.11	1.89	6.79	3.84	50.90	57.32	44.11	18.91
	20～30	1.54	0.16	35.14	5.54	31.75	6.98	3.39	1.44	35.15	55.32	31.75	69.83

(5) 杜香落叶松林土壤物理性质数据集。

数据集名称：杜香落叶松林土壤物理性质数据集；

观测场编码：NJYFZH01YD07；

数据集内容：容重、总孔隙度、饱和持水量、田间持水量、毛管和非毛管孔隙度；

数据集时间：2016年；

数据：见表3-5。

表3-5　杜香落叶松林土壤物理性质数据

年度	取样深度（厘米）	土壤容重平均值（克/立方厘米）	标准差	土壤总孔隙度（%）	标准差	毛管孔隙度（%）	标准差	非毛管孔隙度（%）	标准差	土壤饱和持水量（毫米）	标准差	土壤田间持水量（毫米）	标准差
2016	0～10	0.91	0.15	61.83	5.19	51.22	2.43	10.61	2.76	61.83	51.92	51.22	24.31
	10～20	1.51	0.04	39.24	0.70	33.39	0.34	5.85	0.36	39.25	7.01	33.39	3.41
	20～30	1.78	0.08	28.41	3.81	24.85	4.04	3.56	0.24	28.42	38.08	24.85	40.48

(6) 杜鹃白桦林土壤物理性质数据集。

数据集名称：杜鹃白桦林土壤物理性质数据集；

观测场编码：NJYFZH01YD08；

数据集内容：容重、总孔隙度、饱和持水量、田间持水量、毛管和非毛管孔隙度；

数据集时间：2016年；

数据：见表3-6。

表3-6　杜鹃白桦林土壤物理性质数据

年度	取样深度（厘米）	土壤容重平均值（克/立方厘米）	标准差	土壤总孔隙度（%）	标准差	毛管孔隙度（%）	标准差	非毛管孔隙度（%）	标准差	土壤饱和持水量（毫米）	标准差	土壤田间持水量（毫米）	标准差
2016	0～10	1.23	0.01	57.82	11.71	51.71	12.19	6.11	0.48	57.82	117.05	51.71	121.86
	10～20	1.47	0.15	48.7	10.64	44.96	8.72	3.74	1.92	48.7	106.39	44.96	87.19
	20～30	1.58	0.11	39.78	5.69	36.55	5.45	3.23	0.72	39.77	56.92	36.55	54.52

3.2　土壤化学性质数据集

(1) 杜鹃落叶松林。

数据集名称：杜鹃落叶松林土壤化学性质数据集；

观测场编码：NJYFZH01YD01；

数据集内容：pH、有机质、全氮、全磷、全钾、交换性盐基总量、阳离子交换量、有效钙、有效镁、有效铜、有效锰、有效锌、有效硫、有效硼、全锌、全钙、全镁、全铜、速效氮、速效磷、速效钾、缓效钾、碳酸根离子、碳酸氢根离子、氯离子、硫酸根离子、钠离子、钾离子、钙离子、镁离子；

数据集时间：2016 年、2019 年；

数据：见表 3-7。

表 3-7 杜鹃落叶松林 0～30 厘米深度土壤化学性质数据

年度	pH（水:土=2.5:1）	有机质（克/千克）	全氮（克/千克）	全磷（克/千克）	全钾（克/千克）	全锌（毫克/千克）	全钙（毫克/千克）	全镁（毫克/千克）	全铜（毫克/千克）
2016	4.55	59.41	1.921	1.716	27.169	217.03	10182.7	1354	42
2019	4.8	87.1	2.87	—	—	—	—	—	—
年度	有效钙（毫克/千克）	有效镁（毫克/千克）	有效铜（毫克/千克）	有效锰（毫克/千克）	有效锌（毫克/千克）	有效硫（毫克/千克）	有效硼（毫克/千克）	水解氮（毫克/千克）	速效氮（毫克/千克）
2016	1215.33	241.4	0.71	49.64	3.03	10.97	0.64	—	155
2019	—	—	—	—	—	—	—	348	—
年度	速效磷（毫克/千克）	速效钾（毫克/千克）	缓效钾（毫克/千克）	碳酸根离子（%）	碳酸氢根离子（%）	氯离子（%）	交换性盐基总量[厘摩尔/千克(+)]	阳离子交换量[厘摩尔/千克(+)]	
2016	108	374	1062.7	0	0.021	0.003	20.13	54.89	
2019	—	—	—	—	—	—	—	36	
年度	硫酸根离子（%）	钠离子（%）	钾离子（%）	钙离子（%）	镁离子（%）	Mn（毫克/千克）	Zn（毫克/千克）	Mo（毫克/千克）	Cu（毫克/千克）
2016	0.1	0.007	0.001	0.01	0.02	—	—	—	—
2019	—	—	—	—	—	387	46	0.4	5.7

注："—"表示未检测。

（2）蒙古栎落叶松林。

数据集名称：蒙古栎落叶松林土壤化学性质数据集；

观测场编码：NJYFZH01YD02；

数据集内容：pH、有机质、全氮、水解氮、亚硝酸盐氮、阳离子交换量、Mn、Zn、Mo、Cu；

数据集时间：2019 年；

数据：见表 3-8。

表 3-8 蒙古栎落叶松林 0～30 厘米深度土壤化学性质数据

年度	pH（水:土=2.5:1）	有机质（%）	全氮（克/千克）	水解氮（毫克/千克）	亚硝酸盐氮（毫克/千克）	阳离子交换量[厘摩尔/千克(+)]	Mn（毫克/千克）	Zn（毫克/千克）	Mo（毫克/千克）	Cu（毫克/千克）
2019	5.0	4.52	0.77	302	—	34	1081	50	0.5	7.7

注："—"表示未测出。

(3) 杜鹃白桦林。

数据集名称：杜鹃白桦林土壤化学性质数据集；

观测场编码：NJYFZH01YD08；

数据集内容：pH、有机质、全氮、水解氮、亚硝酸盐氮、阳离子交换量、Mn、Zn、Mo、Cu；

数据集时间：2019年；

数据：见表3-9。

表3-9　杜鹃白桦林0～30厘米深度土壤化学性质数据

年度	pH（水:土=2.5:1）	有机质（%）	全氮（克/千克）	水解氮（毫克/千克）	亚硝酸盐氮（毫克/千克）	阳离子交换量[厘摩尔/千克(+)]	Mn（毫克/千克）	Zn（毫克/千克）	Mo（毫克/千克）	Cu（毫克/千克）
2019	5.4	9.14	3.57	101	—	45	417	55	1.0	14.6

注："—"表示未测出。

(4) 湿地岛状林。

数据集名称：湿地岛状林土壤化学性质数据集；

观测场编码：NJYFFZ01YD01；

数据集内容：pH、有机质、全氮、水解氮、亚硝酸盐氮、阳离子交换量、Mn、Zn、Mo、Cu；

数据集时间：2019年；

数据：见表3-10。

表3-10　湿地岛状林0～30厘米深度土壤化学性质数据

年度	pH（水:土=2.5:1）	有机质（%）	全氮（克/千克）	水解氮（毫克/千克）	亚硝酸盐氮（毫克/千克）	阳离子交换量[厘摩尔/千克(+)]	Mn（毫克/千克）	Zn（毫克/千克）	Mo（毫克/千克）	Cu（毫克/千克）
2019	6.2	8.71	2.87	416	—	58	301	41	1.0	16.6

注："—"表示未测出。

3.3　土壤碳数据集

数据集名称：兴安落叶松林土壤碳数据集；

观测场编码：NJYFZH01YD01；

数据集内容：凋落物、土壤有机质密度、土壤有机碳储量；

数据集时间：2016年；

数据：见表3-11。

表 3-11 兴安落叶松林土壤碳数据

年度	凋落物碳储量（千克/平方米）	土壤有机碳密度（千克/平方米）	土壤有机碳储量（吨/公顷）
2016	0.21	6.89	68.94

3.4 土壤呼吸数据集

数据集名称：兴安落叶松林土壤呼吸数据集；

观测场编码：NJYFZH01YD01；

数据集内容：土壤总呼吸量；

数据集时间：2011 年、2012 年；

数据：见表 3-12。

表 3-12 兴安落叶松林土壤呼吸数据

年份	土壤总呼吸量[克/（平方米·年）]	标准差
2011	1058.87	140.73
2012	966.79	99.94

数据集名称：草本沼泽土壤呼吸数据集；

观测场编码：NJYFFZ01YD02；

数据集内容：土壤总呼吸量；

数据集时间：2011 年、2012 年；

数据：见表 3-13。

表 3-13 草本沼泽土壤呼吸数据

年份	土壤总呼吸量[克/（平方米·年）]	标准差
2011	1058.87	140.73
2012	966.79	99.94

3.5 土壤温室气体通量数据集

数据集名称：兴安落叶松林土壤温室气体通量数据集；

观测场编码：NJYFZH01YD01；

数据集内容：土壤温室气体 CO_2、CH_4、N_2O 通量；

数据集时间：2011 年；

数据：见表 3-14。

表 3-14　兴安落叶松林土壤温室气体通量数据

年份	月份	CO_2通量月平均[毫克/（平方米·小时）]	标准差	CH_4通量月平均[毫克/（平方米·小时）]	标准差	N_2O通量月平均[毫克/（平方米·小时）]	标准差
2011	6	324.12	49.88	0.0485	0.0095	0.2091	0.1551
	7	608.92	59.94	0.1106	0.0108	0.0104	0.0128
	8	476.42	205.52	0.1184	0.0162	0.0056	0.0014
	9	276.72	276.72	0.0805	0.0166	0.0261	0.0262
	10	117.01	111.61	0.0793	0.023	0.0169	0.0115

3.6　土壤动物数据集

数据集名称：兴安落叶松林土壤动物数据集；

观测场编码：NJYFZH01YD01；

数据集内容：土壤动物种类、数量；

数据集时间：2016 年；

数据：见表 3-15。

表 3-15　兴安落叶松林土壤动物数据

类群	学名	类型	数量（个/平方米）
长奇盲蛛	*Phalangium opilio*	大型	1
列齿盲蛛属	*Systenocentrus*	大型	6
石蜈蚣属	*Lithobius*	大型	2
蝇虎属	*Menemerus*	大型	5
佐蛛属	*Zora*	大型	76
逍遥蛛属	*Philodromus*	大型	12
安蛛属	*Anahita*	大型	1
小蚁蛛属	*Micaria*	大型	1
平腹蛛属	*Gnaphosa*	大型	6
红螯蛛属	*Chiracanthium*	大型	50
花蟹蛛属	*Xysticus*	大型	5
葬甲属	*Silpha*	大型	1
步甲属	*Carabus*	大型	20
婪步甲属	*Harpalus*	大型	47

(续)

类群	学名	类型	数量（个/平方米）
蜉金龟属	*Aphodius*	大型	6
金叶甲属	*Chrysolina*	大型	2
小莹叶甲属	*Galerucella*	大型	1
脊胸露尾甲属	*Carpophilus*	大型	15
小蕈甲属	*Microstermus*	大型	52
小蕈甲科一种	*Mycetophagidae*	大型	1
木蠹象属	*Pissodes*	大型	2
沟胸隐翅虫属	*Megarthrus*	大型	1
菲隐翅虫属	*Philonthus*	大型	7
脊胸隐翅虫属	*Anotylus*	大型	1
隆线隐翅虫属	*Lathrbium*	大型	5
隐翅虫科一种	*Staphylinidae*	大型	4
突眼隐翅虫属	*Stenus*	大型	1
蚁塚甲科一种	*Pselaphidae*	大型	1
隐翅虫科幼虫	*Staphylinidae*	大型	1
叶甲科幼虫	*Chrysomelidae*	大型	5
阎甲科幼虫	*Histeridae*	大型	3
花萤科幼虫	*Cantharidae*	大型	2
步甲科幼虫	*Carabidae*	大型	1
叶蝉属	*Cicadella*	大型	34
小长蝽属	*Nysius*	大型	1
膜蝽属	*Hebrus*	大型	6
红蝽属	*Pyrrhocoris*	大型	7
冠管蓟马属	*Stephanothrips*	大型	1
蚤蝇科幼虫	*Phoridae*	大型	4
蕈蚊科幼虫	*Mycetophilidae*	大型	1
毛蚊科幼虫	*Bibionidae*	大型	12
切根虫属	*Euxoa*	大型	3
黏虫属	*Leucania*	大型	1
水虻科幼虫	*Stratiomyiidae*	大型	1
赤蛱蝶属	*Vanessa*	大型	1
尺蠖属	*Culcula*	大型	1
铺道蚁属	*Tetramorium*	大型	679
弓背蚁属	*Camponotus*	大型	107
毛蚁属	*Lasius*	大型	22
维螨属	*Veigaia*	中小型	7
异绒螨属	*Allothrombium*	中小型	50
爪甲螨属	*Unguizetes*	中小型	42
小甲螨属	*Oribatella*	中小型	81
沙足甲螨属	*Eremobelba*	中小型	7

第3章 森林土壤要素数据集

(续)

类群	学名	类型	数量（个/平方米）
厚厉螨属	Pachylaelaps	中小型	2
伪亚跳属	Pseudachorutes	中小型	30
疣跳属	Neanura	中小型	9
长跳属	Entomobrya	中小型	34
裸长角跳属	Sinella	中小型	20
鳞长跳属	Lepidocyrtus	中小型	25
跳虫属	Podura	中小型	7
等节跳属	Isotoma	中小型	6
德跳属	Desoria	中小型	30
符跳属	Folsomia	中小型	1
奇跳属	Xenylla	中小型	59
球角跳属	Hypogastrura	中小型	1684
钩圆跳属	Bourletiella	中小型	105
小圆跳属	Sminthurinus	中小型	15
齿棘圆跳属	Arrhopalites	中小型	127

3.7 凋落物数据集

数据集名称：兴安落叶松林凋落物数据集；

观测场编码：NJYFZH01YD01；

数据集内容：凋落物厚度、凋落物储量、年凋落物量、分解速率；

数据集时间：2018年、2019年、2020年；

数据：见表3-16。

表3-16 兴安落叶松林凋落物数据

年份	凋落物厚度（毫米）	凋落物储量（千克/公顷）	当年凋落物量（千克/公顷）	分解速率（%）
2018	53	14001	1820	11.25
2019	57	14330	2550	10.79
2020	54	14480	1800	13.24

3.8 冻土基本性质数据集

数据集名称：嫩江源多年冻土观测数据集；

观测场编码：NJYFFZ01DT01；

数据集内容：冻土分类、多年冻土深度、土壤冻结时间、土壤解冻时间、活动层深度、10厘米土壤温度；

数据集时间：2012—2020年；

数据：见表3-17。

表3-17 嫩江源多年冻土观测数据

年份	冻土分类	多年冻土深度（米）	土壤解冻时间（月/日）	土壤冻结时间（月/日）	活动层深度（米）	10厘米土壤温度（℃）
2012	多年冻土	46.2	5/12	10/6	0.90	-2.71
2013	多年冻土	46.2	5/16	9/28	0.80	-1.49
2014	多年冻土	46.2	5/18	9/24	0.80	-1.94
2015	多年冻土	46.2	5/14	9/26	0.80	-1.49
2016	多年冻土	46.2	5/20	10/8	0.80	-2.67
2017	多年冻土	46.2	5/21	10/6	0.80	-2.53
2018	多年冻土	46.2	5/9	10/10	0.80	-2.37
2019	多年冻土	46.2	5/18	10/11	0.80	-1.49
2020	多年冻土	46.2	5/22	10/15	0.80	-1.50

第 4 章

森林气象要素数据集

4.1 兴安落叶松林小气候梯度数据集

4.1.1 空气温度

数据集名称：兴安落叶松林空气温度数据集；

观测场编码：NJYFZH01QX01；

数据集内容：0.75 米、1.5 米、10 米、18 米处空气温度月平均值、月极大值、月极小值；

数据集时间：2015—2021 年；

数据：见表 4-1。

表 4-1　兴安落叶松林空气温度数据

℃

年份	月份	0.75米月平均值	1.5米月平均值	10米月平均值	18米月平均值	0.75米月极大值	1.5米月极大值	10米月极大值	18米月极大值	0.75米月极小值	1.5米月极小值	10米月极小值	18米月极小值
2015	1	-19.33	-18.87	-16.98	-15.94	-8.42	-8.21	-7.562	-7.117	-29.22	-29.22	-27.45	-25.49
	2	-14.12	-13.89	-12.84	-11.96	1.36	1.24	0.706	1.064	-32.82	-32.84	-30.58	-27.79
	3	-7.25	-6.96	-6.11	-5.36	15.21	15.48	13.57	14.02	-28.55	-28.50	-26.31	-22.94
	4	1.70	1.81	2.02	2.58	25.58	25.35	24.22	24.49	-17.72	-17.79	-15.78	-15.18
	5	8.21	8.26	8.24	8.83	24.92	24.49	22.39	22.86	-2.68	-2.48	-2.10	-1.83
	6	15.40	15.53	15.81	16.71	33.41	33.50	30.63	30.91	-2.50	-2.58	-0.78	1.61
	7	18.53	18.79	18.98	19.82	36.40	34.71	32.88	33.41	4.35	5.36	6.51	7.69
	8	18.34	18.28	18.21	18.98	31.20	30.58	28.61	29.37	8.64	8.64	9.40	11.54
	9	9.24	9.35	9.76	10.65	29.43	27.88	26.30	26.40	-7.15	-7.29	-4.42	-1.65
	10	0.50	0.80	1.56	2.27	23.21	22.66	20.81	21.07	-14.75	-14.46	-12.97	-12.03
	11	-13.88	-13.53	-12.18	-11.17	9.97	9.78	8.11	8.31	-28.55	-28.38	-27.82	-26.64
	12	-18.49	-18.07	-16.26	-15.27	-5.60	-5.82	-5.77	-5.43	-36.86	-36.96	-30.81	-28.53
2016	1	-22.02	-21.54	-19.76	-19.01	-6.22	-6.09	-6.06	-5.96	-37.73	-37.94	-35.60	-32.72
	2	-19.64	-19.24	-17.55	-16.49	-5.59	-5.98	-6.37	-6.10	-35.08	-34.98	-29.91	-27.63

(续)

年份	月份	0.75米月平均值	1.5米月平均值	10米月平均值	18米月平均值	0.75米月极大值	1.5米月极大值	10米月极大值	18米月极大值	0.75米月极小值	1.5米月极小值	10米月极小值	18米月极小值
2016	3	-7.51	-7.20	-6.15	-5.41	13.89	13.65	12.87	13.08	-31.47	-31.62	-23.50	-21.23
	4	1.56	1.64	1.98	2.56	20.30	19.51	16.82	16.91	-11.44	-11.22	-10.03	-9.69
	5	10.69	10.77	10.85	11.51	30.26	30.05	28.51	28.77	-3.95	-3.06	-1.69	-0.10
	6	13.96	13.98	14.04	14.74	30.83	29.45	27.41	27.98	0.58	0.75	3.13	4.23
	7	18.42	18.68	18.98	19.74	36.05	34.42	33.14	33.82	3.05	2.93	4.07	5.92
	8	14.94	15.06	15.38	16.23	31.41	30.80	29.63	30.04	-1.77	-1.86	-0.33	1.20
	9	11.11	11.20	11.71	12.60	25.81	24.21	21.61	22.03	-5.28	-5.16	-4.23	-2.76
	10	-5.02	-4.79	-3.74	-2.94	19.64	19.11	17.21	17.27	-20.96	-21.34	-19.57	-17.00
	11	-18.34	-18.17	-16.31	-15.08	-3.70	-4.28	-4.95	-4.94	-31.97	-32.19	-30.77	-26.33
	12	-20.39	-20.02	-17.89	-16.85	-4.37	-4.73	-4.92	-4.59	-33.70	-33.97	-31.49	-29.98
2017	1	-20.46	-20.14	-17.98	-16.87	-5.63	-5.75	-5.22	-5.19	-32.96	-33.35	-30.19	-28.16
	2	-14.63	-14.34	-12.63	-11.66	3.61	2.84	1.67	2.02	-33.30	-33.59	-31.30	-29.02
	3	-6.05	-5.87	-4.78	-3.92	9.68	9.17	7.54	7.84	-31.86	-32.24	-31.18	-24.82
	4	2.41	2.47	2.84	3.42	19.07	18.62	17.94	18.32	-15.77	-15.00	-12.37	-11.11
	5	10.29	10.30	10.33	10.98	29.42	29.23	28.46	28.81	-5.31	-5.14	-3.65	-2.32
	6	16.16	16.27	16.51	17.33	34.38	34.52	32.24	32.51	-0.48	-0.09	1.39	2.46
	7	18.47	18.74	19.16	19.95	37.33	35.95	36.20	33.84	4.51	4.46	5.69	6.95
	8	16.25	16.16	16.02	16.67	33.15	31.69	28.73	29.09	1.33	1.17	1.52	2.12
	9	9.09	9.28	9.70	10.56	25.86	25.10	22.29	22.47	-6.14	-5.86	-4.44	-2.32
	10	-1.85	-1.66	-0.89	-0.16	16.22	14.81	12.94	13.30	-14.77	-13.93	-11.82	-11.05
	11	-14.64	-14.40	-13.15	-12.40	6.39	6.86	6.10	6.30	-34.02	-34.31	-32.73	-26.03
	12	-23.52	-23.21	-21.21	-20.04	-7.96	-8.17	-7.80	-7.79	-34.91	-35.18	-33.47	-31.30
2018	1	-23.28	-22.97	-21.33	-20.39	-7.21	-7.04	-6.79	-6.53	-41.87	-42.14	-38.38	-35.71
	2	-21.72	-21.41	-19.68	-18.53	-7.14	-7.46	-9.27	-9.08	-34.17	-34.40	-31.75	-29.53
	3	-8.18	-7.85	-6.86	-6.10	15.21	14.85	12.82	12.98	-30.90	-30.97	-28.21	-23.80
	4	3.40	3.60	3.93	4.55	29.44	29.23	25.54	25.89	-15.69	-14.99	-12.66	-11.65
	5	11.27	11.43	11.58	12.38	30.11	29.73	27.51	27.85	-8.20	-7.99	-6.12	-2.74
	6	14.81	14.92	14.92	15.60	34.46	34.27	31.22	31.65	1.15	1.12	2.31	2.89
	7	18.92	19.15	19.29	19.96	32.96	31.98	29.55	29.93	4.96	4.93	5.28	6.55
	8	16.47	16.68	16.96	17.77	30.71	29.54	27.41	27.60	5.21	5.16	5.98	7.86
	9	9.64	9.91	10.40	11.25	27.85	27.18	25.45	25.54	-5.44	-5.61	-5.29	-3.39
	10	2.78	3.31	4.33	5.15	25.80	25.03	22.48	22.72	-10.14	-9.62	-7.77	-6.35
	11	-13.52	-13.12	-11.52	-10.50	10.48	10.72	11.05	11.44	-32.33	-32.52	-31.13	-29.83
	12	-22.42	-22.04	-20.50	-19.64	-9.22	-9.37	-8.77	-8.43	-35.03	-34.98	-31.63	-29.79
2019	1	-19.58	-19.03	-17.00	-16.00	-3.49	-3.25	-3.38	-3.12	-32.87	-31.94	-29.65	-28.55
	2	-16.48	-15.87	-13.96	-13.06	3.86	3.67	2.13	2.09	-39.08	-39.30	-37.04	-32.84
	3	-7.32	-6.92	-5.79	-4.98	9.19	9.05	8.08	8.39	-22.00	-21.88	-19.42	-17.26
	4	2.06	2.33	2.80	3.46	22.97	22.33	19.60	19.64	-16.59	-16.24	-12.09	-9.62
	5	10.08	10.22	10.18	10.72	28.70	28.29	25.57	25.81	-5.98	-4.78	-2.69	-1.90

(续)

(续)

年份	月份	0.75米月平均值	1.5米月平均值	10米月平均值	18米月平均值	0.75米月极大值	1.5米月极大值	10米月极大值	18米月极大值	0.75米月极小值	1.5米月极小值	10米月极小值	18米月极小值
2019	6	15.00	15.25	15.60	16.48	30.00	30.12	27.18	27.26	-0.71	-0.52	0.73	2.50
	7	17.78	17.88	17.67	18.30	32.51	31.51	29.22	29.58	4.46	4.77	6.05	7.54
	8	15.77	15.82	15.82	16.62	30.66	30.13	27.87	28.23	5.33	5.30	6.60	7.81
	9	9.98	10.23	10.75	11.60	27.50	26.97	26.77	27.23	-6.98	-6.98	-6.05	-4.00
	10	-0.01	0.30	1.00	1.87	22.86	22.27	21.57	21.98	-16.38	-16.24	-14.85	-12.09
	11	-15.12	-14.64	-13.16	-12.43	4.86	4.70	4.32	4.23	-29.53	-29.49	-28.24	-24.37
	12	-24.47	-23.96	-21.87	-20.57	-5.97	-6.05	-6.33	-5.99	-37.64	-37.73	-36.46	-34.32
2020	1	-19.83	-19.22	-17.15	-15.81	-5.03	-4.75	-5.81	-5.61	-34.90	-34.90	-31.18	-28.13
	2	-16.24	-15.69	-14.07	-13.15	2.18	1.77	-0.26	-0.24	-31.15	-31.10	-27.09	-25.52
	3	-6.68	-6.32	-5.56	-4.87	12.38	12.12	10.51	10.91	-24.53	-23.54	-21.71	-19.15
	4	3.00	3.30	3.67	4.33	24.33	23.90	21.40	21.72	-12.95	-12.90	-11.54	-10.10
	5	10.49	10.72	10.87	11.56	29.82	29.32	26.32	26.54	-7.29	-6.93	-4.62	-3.01
	6	13.88	14.00	14.05	14.80	28.97	28.28	24.99	25.20	0.72	0.77	1.68	3.59
	7	20.16	20.52	20.77	21.59	37.30	36.73	33.32	33.39	5.96	6.08	6.76	8.89
	8	14.77	14.79	14.72	15.37	27.44	26.94	25.62	25.84	2.14	2.00	4.00	5.98
	9	10.51	10.61	10.79	11.61	25.68	24.89	22.29	22.53	-2.96	-2.87	-2.54	-1.46
	10	-0.07	0.21	0.87	1.57	17.99	17.11	14.53	15.01	-11.63	-10.84	-10.37	-8.81
	11	-11.38	-10.89	-9.41	-8.62	4.47	4.63	4.40	4.63	-24.50	-24.50	-22.03	-18.77
	12	-21.56	-21.04	-19.15	-18.23	-5.38	-5.60	-5.62	-5.38	-36.53	-36.74	-34.10	-30.58
2021	1	-27.48	-27.18	-25.51	-24.41	-13.50	-13.76	-14.12	-13.81	-41.99	-42.25	-39.85	-37.99
	2	-19.77	-19.35	-17.88	-17.03	-0.65	-0.92	-2.39	-2.20	-40.90	-41.05	-39.83	-38.31
	3	-6.54	-6.23	-5.43	-4.72	12.47	12.37	10.84	11.41	-33.46	-33.46	-31.18	-29.96
	4	1.83	2.08	2.35	2.86	22.54	22.08	19.37	19.55	-16.89	-16.82	-14.29	-12.45
	5	8.46	8.59	8.59	9.17	29.27	28.89	26.13	26.46	-5.23	-5.16	-4.39	-2.63
	6	16.37	16.60	16.76	17.54	32.95	32.57	29.27	29.53	-0.57	-0.31	1.21	2.86
	7	19.41	19.55	19.41	20.07	32.93	31.97	29.10	29.37	8.95	9.48	10.32	11.33
	8	16.11	16.15	15.98	16.64	31.07	30.64	27.36	27.69	3.96	4.57	5.36	6.28
	9	9.98	10.14	10.50	11.39	29.55	28.76	26.07	26.34	-5.04	-5.14	-3.90	-2.10
	10	-0.09	0.32	1.49	2.41	16.64	16.07	14.70	15.10	-14.04	-13.16	-11.26	-10.18
	11	-9.69	-9.45	-8.42	-7.64	8.10	8.00	6.49	7.41	-25.85	-25.90	-23.35	-22.25
	12	-21.99	-21.59	-19.84	-18.91	-2.09	-2.16	-2.14	-1.73	-37.50	-37.70	-37.04	-34.92

4.1.2 空气湿度

数据集名称：兴安落叶松林空气湿度数据集；

观测场编码：NJYFZH01QX01；

数据集内容：0.75米、1.5米、10米、18米处空气湿度月平均值、月极大值、月极小值；

数据集时间：2015—2021年；

数据：见表4-2。

表4-2 兴安落叶松林空气湿度数据

%

年份	月份	0.75米月平均值	1.5米月平均值	10米月平均值	18米月平均值	0.75米月极大值	1.5米月极大值	10米月极大值	18米月极大值	0.75米月极小值	1.5米月极小值	10米月极小值	18米月极小值
2015	1	68.08	65.3	56.41	54.48	88	89.9	89.4	89.3	31.86	29.19	26.57	27.38
	2	67.33	65.21	59.39	57.62	90.2	90.6	100	95.8	21.87	20.43	18.26	17.73
	3	59.8	56.06	48.43	46.78	96.6	97	100	100	17.24	15.14	13.33	13.21
	4	48.49	45.6	39.59	38.59	99.7	98.5	100	99.7	12.55	11.9	11.4	11.46
	5	65.55	63.62	59.48	57.83	99.9	99.6	100	100	9	8.39	8.15	7.944
	6	77.67	74.9	67.4	63.42	100	99.9	100	100	20.1	19.57	17.77	18.06
	7	82.4	78.8	73.3	69.21	100	99.8	100	100	28.28	25.9	21.69	21.98
	8	89.72	88.05	86.08	82.86	100	100	100	100	32.45	29.96	27.18	26.72
	9	80.46	76.94	68.99	64.97	100	99.9	100	100	19.31	19.19	18.83	18.44
	10	64.71	60.55	51.92	50.1	100	99.8	100	100	14.02	13.27	12.6	12.4
	11	73.33	69.8	61.59	59.94	98.2	97.8	100	100	21.8	20.6	18.05	18.33
	12	71.83	69.38	60.61	59.52	91.8	92.8	100	92.4	22.43	20.96	16.66	17.07
2016	1	67.4	64.68	54.88	53.98	87.1	89.2	84.4	84.4	28.17	27.12	23.58	24.1
	2	61.33	57.93	47.87	46.2	90.1	90.6	91	86.8	24.98	24.22	19.95	20.01
	3	64.98	61.23	53.55	52.15	95.5	94.8	100	96.9	13.95	13.24	11.72	11.65
	4	58.26	54.96	48.14	47.18	99.6	99.4	100	100	14.75	13.9	13.54	13.68
	5	54.78	52.5	46.79	45.03	100	99.5	100	100	8.93	8.53	8.75	8.97
	6	82.43	80.24	75.58	72.08	100	99.8	100	100	23.95	23	21.48	21.45
	7	82.35	78.13	71.2	68.42	100	99.8	100	100	26.45	26.6	22.4	22.65
	8	85.37	81.57	74.53	70.77	100	99.9	100	100	30.12	28.02	24.34	23.93
	9	83.2	79.61	71.98	69.1	100	99.9	100	100	18.51	19.06	15.69	15.03
	10	64.99	59.59	48.29	46.22	98.6	97.9	100	100	18.98	18.27	15.67	16.36
	11	71.57	68.76	59.68	57.62	89.9	91.3	89	86.1	26.19	24.79	22.12	22.75
	12	73.25	70.63	60.6	59.4	96	92.8	89.7	86.6	33.61	31.43	27.64	26.96
2017	1	68.13	65.19	54.76	53.08	93.3	94.6	100	86.6	26.02	24.19	19.72	19.91
	2	61.47	57.39	45.14	42.86	93	92.8	91	87.3	16.95	14.89	11.73	11.74
	3	60.72	55.69	43.89	41.61	96.6	95.9	100	96.7	21.39	19.19	16.91	16.82
	4	56.14	53.1	46.38	45.51	99.1	98.7	100	100	13.67	12.66	11.91	12.15
	5	56.92	54.86	49.22	47.41	100	99.8	100	100	8.65	7.797	7.507	7.234
	6	75.05	72.19	65.37	61.72	100	99.8	100	100	17.75	16.43	14.66	15.39
	7	82.1	77.52	69.89	66.39	100	99.8	100	100	17.88	17.43	14.26	14.26
	8	93.19	91.16	87.84	84.04	100	100	100	100	41.46	42.14	38.99	39.16
	9	81.46	77.65	69.36	65.64	100	100	100	100	23.39	22.95	20.82	20.93
	10	74.67	69.9	58.71	55.95	100	100	100	100	19.14	18.44	15.24	15.39
	11	71.24	67.91	57.17	55.3	99.9	99.1	100	97.9	28.31	26.67	23.72	24.39
	12	69.94	67.38	56.24	53.6	91.4	94.5	96.9	85.7	27.44	26.7	22.46	22.96
2018	1	68.49	66.07	55.64	54.22	89.6	89.4	87.7	87.4	32.85	30.24	26.64	26.6
	2	65.62	63.12	53.2	50.52	87.5	89	84.5	85.7	29.67	28.19	24.47	24.63

(续)

年份	月份	0.75米月平均值	1.5米月平均值	10米月平均值	18米月平均值	0.75米月极大值	1.5米月极大值	10米月极大值	18米月极大值	0.75米月极小值	1.5米月极小值	10米月极小值	18米月极小值
2018	3	57.7	52.94	41.27	39.84	100	98.7	100	100	16.37	14.81	12.48	12.53
	4	42.29	39.05	31.95	31	100	97.9	100	99.3	8.88	8.48	8.21	8.2
	5	54.12	52.02	46.21	44.05	100	100	100	100	6.736	6.583	6.515	6.413
	6	84.06	81.91	76.31	73.1	100	100	100	100	17.46	16.92	14.06	15
	7	87.98	84.77	77.24	74.15	100	100	100	100	32.73	31.79	30.46	30.76
	8	87.75	84.46	77.55	73.64	100	100	100	100	31.04	30.03	24.44	24.54
	9	78.48	74.25	64.05	60.45	100	100	100	100	18.17	18.24	15.7	15.55
	10	66.18	61.65	50.74	48.88	100	100	100	100	16.83	16.24	14.27	14.75
	11	73.37	69.81	58.65	56.51	100	99.2	100	97.6	28.2	25.91	21.47	21.53
	12	69.72	67.26	56.43	55.38	89.7	90.2	86.5	86.6	36.42	34.98	27.55	27.64
2019	1	67.9	64.29	51.26	49.52	90.6	92.3	87.4	86.9	27.39	25.73	21.75	20.68
	2	62.99	58.38	43.8	41.83	98.3	97.1	91.6	82.6	23.49	21.15	17.64	17.8
	3	61.77	56.63	43.44	41.15	97.3	96.1	100	94.8	18.6	16.98	14.77	15.29
	4	47.69	43.55	34.12	32.76	100	100	100	100	6.992	6.549	6.804	6.975
	5	58.38	56.26	49.62	48.29	100	100	100	100	8.85	8.2	7.163	7.265
	6	75.97	73.11	63.62	60.07	100	100	100	100	19.73	18.46	16.13	17.02
	7	90.49	88.33	83.08	79.39	100	100	100	100	26.65	25.22	22.13	23.17
	8	91.41	89.73	83.93	78.63	100	100	100	100	33.29	32.01	26.83	27.92
	9	77.7	74.18	63.04	59.53	100	100	100	100	14.17	13.11	10.57	10.59
	10	70.12	66.84	56.79	54.13	100	100	100	100	16.68	16.28	15.26	15.46
	11	68.75	64.61	51.46	49.89	100	100	100	98.9	20.2	19.44	15.54	16.39
	12	71.93	70.57	60.56	59.48	96.5	97.5	100	93.1	32.99	31.92	26.7	26.7
2020	1	72.03	69.64	59.27	57.96	90.5	90.8	86.5	92.6	29.94	28.23	23.35	24.07
	2	67.94	64.77	53.24	51.85	96.3	98.5	97.8	89.6	22.92	21.45	17.89	18.47
	3	63.91	59.43	48.52	47.22	100	100	100	97.6	14.68	13.81	12.7	12.41
	4	43.71	39.58	31.18	29.99	100	100	100	92.6	8.05	7.641	7.402	7.556
	5	55.05	52.34	43.4	41.54	100	100	100	100	9.48	8.97	9.11	9.48
	6	83.04	81.38	73.61	69.65	100	100	100	100	20.46	19.82	17.51	18.74
	7	85.08	81.98	71.04	65.1	100	100	100	99.4	25.08	23.82	21.27	21.53
	8	92.83	91.69	86.8	77.62	100	100	100	100	26.98	26.51	22.99	22.75
	9	87.25	85.11	77.95	73.09	100	100	100	100	25.69	24.44	18.99	19.45
	10	75.86	71.34	58.85	56.78	100	100	100	100	21.69	20.88	20.09	20.74
	11	74.72	70.68	57.88	55.91	100	100	100	98.9	27.16	25.58	20.64	20.86
	12	72.38	69.64	56.82	55.43	90.1	94.2	85.8	86.1	33.51	31.62	25.08	25.34
2021	1	68.91	67.25	56.48	55.66	85.7	86.5	83.7	82.9	36.74	34.94	28.19	28.8
	2	64.08	60.85	48.7	47.3	97.9	100	100	95.1	24.57	23.39	19.86	20.39
	3	65.82	61.29	49.45	47.43	100	100	100	100	17.28	16.02	13.18	13.18
	4	50.77	46.62	36.52	35.92	100	100	100	97.3	8.74	8.09	7.8	8.23
	5	71.51	69.76	62.29	59.86	100	100	100	100	10.51	10.17	8.97	9.4
	6	83.58	81.32	72.76	68.4	100	100	100	100	13.7	13.36	11.48	11.9

（续）

年份	月份	0.75米月平均值	1.5米月平均值	10米月平均值	18米月平均值	0.75米月极大值	1.5米月极大值	10米月极大值	18米月极大值	0.75米月极小值	1.5米月极小值	10米月极小值	18米月极小值
2021	7	91.86	90.35	86.02	79.3	100	100	100	100	39.62	40.3	38.12	37.88
	8	91.19	90.02	84.91	75.79	100	100	100	100	34.35	33.26	29.88	30.34
	9	83.56	81.14	73.36	68.01	100	100	100	100	13.05	12.03	10.24	10.02
	10	69.01	63.94	49.44	46.67	100	100	100	100	20.8	19.99	19.27	18.99
	11	71.9	69.38	59.32	57.51	100	100	100	96.5	15.58	14.51	11.98	12.1
	12	72.16	69.72	56.98	55.23	99.9	99.9	100	95.6	32.27	29.82	24.92	24.46

4.1.3 大气压

数据集名称：兴安落叶松林大气压数据集；

观测场编码：NJYFZH01QX01；

数据集内容：大气压月平均值、月极大值、月极小值；

数据集时间：2015—2021 年；

数据：见表 4-3。

表 4-3　兴安落叶松林大气压数据

帕

年份	月份	大气压月平均值	大气压月极大值	大气压月极小值
2015	1	959580.6	972000	943000
	2	957857.1	975000	946000
	3	954516.1	968000	944000
	4	951333.3	971000	927000
	5	946516.1	957000	933000
	6	948466.7	960000	940000
	7	950000	960000	938000
	8	953709.7	965000	934000
	9	956833.3	967000	947000
	10	952677.4	968000	928000
	11	937533.3	979000	941000
	12	959838.7	969000	945000
2016	1	958483.9	973000	944000
	2	952275.9	968000	943000
	3	923580.6	972000	946000
	4	949000	967000	930000
	5	947103.4	968000	935000
	6	946833.3	955000	942000

（续）

（续）

年份	月份	大气压月平均值	大气压月极大值	大气压月极小值
2016	7	943833.3	958000	936000
	8	949333.3	967000	943000
	9	949310.3	967000	944000
	10	957741.9	969000	942000
	11	959066.7	971000	950000
	12	959290.3	976000	941000
2017	1	959322.6	971000	946000
	2	957500	969000	947000
	3	957903.2	967000	945000
	4	947933.3	964000	930000
	5	946322.6	965000	933000
	6	941600	960000	944000
	7	940866.7	956000	935000
	8	938533.3	959000	937000
	9	942000	965000	934000
	10	960096.8	973000	945000
	11	954733.3	967000	942000
	12	958290.3	969000	948000
2018	1	956290.3	968000	948000
	2	957250	971000	944000
	3	955322.6	973000	934000
	4	952400	970000	933000
	5	951290.3	965000	935000
	6	945266.7	956000	938000
	7	935466.7	959000	939000
	8	953935.5	964000	946000
	9	951566.7	964000	937000
	10	954032.3	964000	938000
	11	957700	972000	935000
	12	958258.1	978000	941000
2019	1	957645.2	977000	945000
	2	957035.7	967000	945000
	3	953258.1	964000	939000
	4	950933.3	962000	930000
	5	946645.2	964000	932000
	6	948333.3	960000	939000

（续）

(续)

年份	月份	大气压月平均值	大气压月极大值	大气压月极小值
2019	7	945133.3	956000	940000
	8	951129	961000	943000
	9	954800	965000	939000
	10	957225.8	971000	939000
	11	957433.3	971000	939000
	12	958290.3	969000	948000
2020	1	960645.2	973000	953000
	2	960724.1	969000	944000
	3	951548.4	968000	937000
	4	957100	969000	944000
	5	948741.9	959000	933000
	6	948566.7	957000	941000
	7	947612.9	956000	941000
	8	950551.7	962000	937000
	9	955966.7	972000	934000
	10	955741.9	968000	941000
	11	959133.3	971000	943000
	12	956225.8	967000	948000
2021	1	956871	975000	946000
	2	954285.7	968000	938000
	3	954612.9	971000	929000
	4	955066.7	972000	937000
	5	944838.7	956000	932000
	6	943300	955000	928000
	7	946966.7	959000	944000
	8	952193.5	964000	939000
	9	956766.7	968000	939000
	10	959645.2	974000	937000
	11	955966.7	974000	940000
	12	956742.2	971000	937000

4.1.4 降水量

数据集名称：兴安落叶松林降水数据集；

观测场编码：NJYFZH01SW01；

数据集内容：月降水量、年降水量；

数据集时间：2015—2021年；

数据：见表4-4。

第4章 森林气象要素数据集

表4-4 兴安落叶松林降水数据

毫米

年份	1月	2月	3月	4月	5月	6月	7月	8月	9月	10月	11月	12月	年降水量
2015	0	0	1.2	5.2	83.6	128.2	77.0	147.6	64.8	21.0	0	0	528.6
2016	0	0	0.8	25.0	53.2	122.4	60.8	106.0	182.2	2.0	0	0	552.4
2017	0	0	0.4	12.0	68.2	57.2	95.4	208.8	61.8	42.2	0	0	546.0
2018	0	0	2.2	0.6	13.4	119.4	123.8	59.0	95.0	1.0	0	0	414.4
2019	0	0	0.4	10.2	108.6	46.8	184.8	125.0	22.2	24.6	0	0	522.6
2020	0	0	2.6	3.8	32.6	121.2	66.0	210.2	126.4	24.8	0	0	587.6
2021	0	0	28.2	6.8	61.2	154.9	191.9	111.3	50.8	39.2	0	0	644.3

4.1.5 风速

数据集名称：兴安落叶松林风速数据集；

观测场编码：NJYFZH01QX01；

数据集内容：18米、1.5米风速月平均值、月极大值；

数据集时间：2015—2021年；

数据：见表4-5。

表4-5 兴安落叶松林风速数据

米/秒

年份	月份	18米风速月平均值	1.5米风速月平均值	18米风速月极大值	1.5米风速月极大值
2015	1	1.25	0.40	6.81	4.01
	2	1.62	0.48	9.74	3.58
	3	1.77	0.54	9.55	3.85
	4	2.38	0.72	14.18	4.28
	5	2.15	0.63	9.95	3.77
	6	1.70	0.36	9.20	2.97
	7	1.53	0.30	7.82	2.57
	8	1.43	0.25	9.55	2.09
	9	1.64	0.38	7.61	2.68
	10	2.02	0.59	11.28	4.30
	11	1.08	0.31	6.67	2.55
	12	1.49	0.44	6.11	3.24
2016	1	1.44	0.50	7.26	3.66
	2	1.39	0.48	8.32	4.78
	3	2.02	0.60	8.86	3.72
	4	1.93	0.63	9.34	3.90
	5	2.32	0.64	12.11	3.85
	6	1.77	0.35	9.79	2.81

（续）

年份	月份	18米风速月平均值	1.5米风速月平均值	18米风速月极大值	1.5米风速月极大值
2016	7	1.70	0.33	10.83	2.87
	8	1.66	0.31	7.63	2.68
	9	1.66	0.34	7.18	2.76
	10	1.53	0.48	8.30	3.61
	11	1.30	0.37	7.02	3.53
	12	1.29	0.37	5.95	2.89
2017	1	1.28	0.42	8.62	3.34
	2	1.75	0.61	8.19	4.12
	3	1.71	0.62	10.32	4.33
	4	2.50	0.78	12.59	4.76
	5	2.31	0.60	10.32	4.76
	6	1.91	0.38	11.17	3.05
	7	1.65	0.30	10.22	2.97
	8	1.63	0.17	9.52	2.76
	9	1.66	0.29	8.94	3.05
	10	1.36	0.38	6.94	3.08
	11	1.51	0.46	9.02	3.61
	12	1.14	0.35	5.79	3.10
2018	1	1.29	0.41	8.72	3.77
	2	1.15	0.42	5.56	3.32
	3	1.98	0.65	13.76	4.92
	4	2.35	0.83	12.27	4.89
	5	2.07	0.53	10.93	3.40
	6	1.73	0.28	10.83	2.87
	7	1.72	0.21	8.48	2.25
	8	1.32	0.18	8.86	2.39
	9	1.90	0.37	10.61	3.42
	10	1.84	0.51	9.10	3.88
	11	1.36	0.29	7.63	3.26
	12	1.31	0.37	7.39	3.50
2019	1	1.26	0.39	5.98	3.50
	2	1.46	0.51	7.71	4.44
	3	1.76	0.58	9.10	3.90
	4	2.07	0.69	10.61	4.57
	5	2.64	0.66	15.57	4.68
	6	1.73	0.26	8.86	2.79
	7	1.57	0.15	9.79	2.49
	8	1.69	0.14	9.28	2.28

（续）

年份	月份	18米风速月平均值	1.5米风速月平均值	18米风速月极大值	1.5米风速月极大值
2019	9	1.82	0.26	9.20	3.08
	10	1.71	0.36	9.58	3.02
	11	1.57	0.41	7.45	3.48
	12	1.10	0.25	5.40	3.45
2020	1	1.09	0.25	5.71	2.65
	2	1.45	0.42	7.10	3.32
	3	1.82	0.45	9.20	3.66
	4	2.83	0.82	12.11	4.65
	5	2.21	0.44	10.72	3.96
	6	1.64	0.15	7.58	2.44
	7	1.67	0.11	10.38	2.28
	8	1.86	0.11	7.87	2.28
	9	1.89	0.19	10.56	3.32
	10	1.70	0.31	8.32	3.13
	11	1.50	0.36	6.62	4.06
	12	1.40	0.30	6.25	2.92
2021	1	1.12	0.25	6.49	2.84
	2	1.66	0.43	8.30	3.21
	3	1.88	0.44	13.52	3.82
	4	2.44	0.62	13.65	4.60
	5	1.99	0.32	11.57	3.40
	6	1.97	0.13	12.48	2.79
	7	1.60	0.05	8.06	1.64
	8	1.54	0.07	9.68	2.41
	9	1.45	0.13	8.59	2.57
	10	1.70	0.33	7.61	3.74
	11	1.86	0.39	9.39	4.04
	12	1.41	0.30	6.51	3.05

4.1.6 土壤温度

数据集名称：兴安落叶松林土壤温度数据集；

观测场编码：NJYFZH01QX01；

数据集内容：5厘米、10厘米、20厘米、30厘米、40厘米土壤温度月平均值、极大值、极小值；

数据集时间：2015—2021年；

数据：见表4-6。

表 4-6 兴安落叶松林土壤温度数据

℃

年份	月份	5厘米月平均值	10厘米月平均值	20厘米月平均值	30厘米月平均值	40厘米月平均值	5厘米极大值	10厘米极大值	20厘米极大值	30厘米极大值	40厘米极大值	5厘米极小值	10厘米极小值	20厘米极小值	30厘米极小值	40厘米极小值
2015	1	-5.70	-5.39	-4.64	-3.72	-3.20	-4.12	-3.84	-3.16	-2.31	-1.81	-6.96	-6.60	-5.81	-4.87	-4.35
	2	-5.87	-5.70	-5.25	-4.66	-4.29	-4.34	-4.30	-4.10	-3.79	-3.56	-7.67	-7.28	-6.43	-5.48	-4.94
	3	-3.53	-3.53	-3.45	-3.28	-3.13	-0.41	-0.60	-0.92	-1.25	-1.36	-5.27	-5.11	-4.71	-4.21	-3.92
	4	0.35	0.05	-0.38	-0.55	-0.60	6.75	4.85	0.76	-0.05	-0.36	-1.66	-1.36	-1.06	-1.25	-1.36
	5	5.26	4.61	3.12	1.77	1.15	13.35	11.41	8.00	5.55	4.39	0.09	0.04	0.00	-0.27	-0.38
	6	13.69	12.91	11.07	9.18	8.16	20.14	17.95	14.70	12.33	11.19	4.81	5.22	5.32	4.49	3.86
	7	17.35	16.66	15.05	13.41	12.52	22.68	20.46	17.28	15.39	14.40	9.95	10.25	10.51	10.07	9.61
	8	17.97	17.55	16.56	15.47	14.84	22.58	21.08	18.41	16.45	15.64	14.37	14.67	14.73	14.01	13.45
	9	10.63	10.74	10.99	11.11	11.13	18.98	18.04	16.39	15.36	14.84	3.14	4.01	5.80	7.00	7.49
	10	3.18	3.48	4.20	4.85	5.20	10.16	9.33	8.42	7.98	7.87	0.03	0.48	1.27	2.00	2.39
	11	-3.57	-2.98	-1.57	-0.15	0.53	0.30	0.57	1.28	2.01	2.40	-9.26	-8.35	-6.13	-3.73	-2.45
	12	-7.97	-7.53	-6.37	-4.99	-4.16	-6.28	-6.05	-5.35	-3.72	-2.44	-10.01	-9.21	-7.33	-6.06	-5.33
2016	1	-9.06	-8.74	-7.86	-6.80	-6.16	-7.10	-6.93	-6.34	-5.52	-4.97	-10.72	-10.28	-9.18	-7.99	-7.28
	2	-9.65	-9.42	-8.75	-7.91	-7.36	-7.91	-7.85	-7.56	-7.08	-6.70	-11.01	-10.65	-9.74	-8.74	-8.13
	3	-5.02	-5.08	-5.14	-5.09	-4.98	-0.26	-0.52	-1.03	-1.56	-1.78	-10.75	-10.41	-9.58	-8.65	-8.09
	4	0.10	-0.18	-0.61	-0.83	-0.91	5.79	3.98	0.33	-0.23	-0.34	-3.13	-2.60	-1.78	-1.56	-1.78
	5	6.39	5.59	3.82	2.21	1.48	13.66	11.61	7.73	4.78	3.98	0.73	0.61	0.10	-0.24	-0.36
	6	12.19	11.44	9.73	7.97	7.03	17.79	16.04	12.83	10.66	9.63	6.30	6.18	5.55	4.40	3.65
	7	16.45	15.67	13.90	12.14	11.23	21.74	19.53	15.74	13.33	12.27	10.02	10.23	10.18	9.38	8.77
	8	14.84	14.49	13.70	12.76	12.22	20.62	19.12	16.52	14.31	13.24	8.00	8.83	9.90	10.26	10.27
	9	11.43	11.34	11.16	10.89	10.72	17.30	16.30	14.67	13.46	12.88	4.44	5.20	6.68	7.59	7.85
	10	1.58	1.93	2.75	3.52	3.91	9.21	8.69	8.17	8.04	8.07	-0.58	-0.07	0.62	1.27	1.62
	11	-2.59	-2.25	-1.23	-0.27	0.20	-0.58	-0.07	0.62	1.28	1.63	-3.86	-3.25	-2.28	-1.29	-0.69
	12	-4.21	-3.97	-3.22	-2.38	-1.84	-2.42	-2.28	-1.78	-1.16	-0.68	-5.15	-4.92	-4.20	-3.41	-2.92
2017	1	-5.92	-5.73	-5.06	-4.33	-3.85	-4.77	-4.60	-4.02	-3.35	-2.90	-6.99	-6.74	-5.99	-5.17	-4.67
	2	-6.53	-6.35	-5.79	-5.18	-4.78	-5.46	-5.38	-5.06	-4.66	-4.36	-7.67	-7.30	-6.40	-5.61	-5.19
	3	-3.67	-3.67	-3.58	-3.49	-3.38	-0.26	-0.47	-0.85	-1.14	-1.25	-8.08	-7.68	-6.77	-5.98	-5.50
	4	0.31	0.04	-0.34	-0.53	-0.60	4.66	3.25	0.56	-0.17	-0.28	-2.49	-2.04	-1.38	-1.30	-1.31
	5	5.96	5.21	3.60	2.07	1.37	11.94	10.21	7.74	5.54	4.46	0.32	0.27	0.07	-0.18	-0.29
	6	12.84	11.96	10.06	8.19	7.23	19.42	17.35	14.00	11.39	10.33	5.10	5.16	4.90	4.12	3.57
	7	16.50	15.75	14.17	12.57	11.71	21.58	19.33	16.07	13.62	12.60	11.39	11.72	11.96	10.99	10.15
	8	16.72	16.30	15.43	14.50	13.97	21.56	20.20	18.15	16.50	15.84	9.63	10.07	10.93	11.48	11.46
	9	10.41	10.41	10.46	10.47	10.45	15.21	14.55	13.57	12.76	12.35	4.64	5.21	6.41	7.32	7.66
	10	1.70	2.01	2.79	3.54	3.93	7.13	6.91	6.96	7.38	7.67	-0.04	0.30	0.97	1.60	1.95
	11	-1.93	-1.49	-0.52	0.34	0.71	-0.04	0.30	0.97	1.61	1.96	-4.02	-3.39	-1.90	-0.58	-0.06
	12	-5.66	-5.24	-4.17	-3.00	-2.25	-3.09	-2.67	-1.63	-0.57	-0.05	-7.83	-7.37	-6.26	-5.09	-4.37

(续)

年份	月份	5厘米月平均值	10厘米月平均值	20厘米月平均值	30厘米月平均值	40厘米月平均值	5厘米极大值	10厘米极大值	20厘米极大值	30厘米极大值	40厘米极大值	5厘米极小值	10厘米极小值	20厘米极小值	30厘米极小值	40厘米极小值
2018	1	-8.24	-7.87	-6.95	-5.98	-5.35	-5.38	-5.24	-4.76	-4.17	-3.74	-11.74	-11.08	-9.58	-8.34	-7.61
	2	-10.72	-10.42	-9.60	-8.68	-8.06	-9.85	-9.68	-9.09	-8.23	-7.55	-11.69	-11.27	-10.26	-9.25	-8.62
	3	-6.58	-6.58	-6.48	-6.32	-6.15	-0.36	-0.64	-1.16	-1.69	-1.90	-11.27	-10.87	-9.98	-9.12	-8.55
	4	-0.16	-0.48	-0.89	-1.11	-1.21	5.06	3.13	0.19	-0.35	-0.48	-4.97	-4.38	-3.30	-2.65	-2.40
	5	5.78	4.95	3.24	1.67	0.99	13.46	11.33	8.01	5.45	4.22	0.14	0.09	0.00	-0.35	-0.50
	6	12.31	11.53	9.82	8.04	7.09	16.40	14.64	12.27	10.25	9.26	7.31	7.30	6.54	5.06	4.18
	7	16.93	16.14	14.45	12.76	11.85	21.06	19.47	16.83	14.65	13.56	12.34	12.16	11.34	10.02	9.19
	8	15.49	15.08	14.21	13.21	12.64	19.53	18.26	16.17	14.42	13.54	12.29	12.58	12.83	12.43	12.06
	9	10.01	9.99	9.99	9.86	9.76	16.06	15.19	13.84	13.03	12.50	5.72	6.50	7.34	7.72	7.81
	10	3.78	3.97	4.49	4.94	5.15	8.91	8.37	8.07	7.99	7.94	1.11	1.54	2.36	2.82	3.06
	11	-0.62	-0.31	0.49	1.13	1.41	1.73	1.88	2.36	2.82	3.06	-3.25	-2.76	-1.41	-0.19	0.15
	12	-4.95	-4.57	-3.41	-2.18	-1.50	-2.63	-2.35	-1.41	-0.18	0.16	-5.99	-5.67	-4.69	-3.68	-3.07
2019	1	-6.87	-6.60	-5.77	-4.87	-4.31	-5.26	-5.07	-4.39	-3.60	-3.06	-8.15	-7.78	-6.72	-5.71	-5.10
	2	-7.57	-7.41	-6.82	-6.15	-5.70	-5.23	-5.25	-5.14	-4.90	-4.67	-9.32	-8.98	-8.01	-7.10	-6.52
	3	-4.35	-4.33	-4.12	-3.88	-3.70	-3.11	-3.23	-3.30	-3.24	-3.12	-5.56	-5.44	-5.14	-4.90	-4.67
	4	-0.76	-0.96	-1.20	-1.40	-1.48	3.39	0.95	-0.22	-0.45	-0.54	-4.48	-4.42	-4.12	-3.83	-3.62
	5	5.02	4.23	2.63	1.26	0.67	10.91	8.96	5.71	3.57	2.72	0.06	0.01	-0.22	-0.46	-0.55
	6	11.52	10.71	8.94	7.19	6.27	16.69	15.05	11.96	9.57	8.55	4.91	4.89	4.37	3.33	2.69
	7	15.88	15.19	13.66	12.05	11.16	20.34	19.14	16.77	14.65	13.59	10.55	10.55	10.06	8.99	8.27
	8	15.61	15.26	14.51	13.65	13.14	20.40	19.10	17.11	15.18	14.31	12.08	12.50	12.99	12.74	12.44
	9	10.48	10.47	10.54	10.49	10.43	16.86	16.01	14.59	13.50	12.97	4.67	5.47	6.86	7.55	7.79
	10	2.64	2.90	3.57	4.20	4.52	9.80	9.20	8.48	8.21	8.30	0.45	0.88	1.82	2.34	2.59
	11	-0.11	0.10	0.62	1.09	1.34	1.45	1.56	1.95	2.35	2.60	-1.00	-0.77	-0.14	0.29	0.51
	12	-2.16	-1.90	-1.16	-0.41	-0.06	-0.89	-0.73	-0.13	0.30	0.53	-3.92	-3.58	-2.65	-1.58	-0.96
2020	1	-4.04	-3.84	-3.22	-2.50	-2.05	-3.15	-3.00	-2.50	-1.58	-0.95	-5.06	-4.80	-4.08	-3.38	-2.98
	2	-4.71	-4.60	-4.16	-3.65	-3.32	-4.26	-4.21	-3.80	-3.28	-2.94	-5.42	-5.22	-4.60	-3.91	-3.54
	3	-3.09	-3.11	-2.99	-2.85	-2.71	-0.39	-0.62	-0.98	-1.21	-1.30	-4.41	-4.32	-3.98	-3.60	-3.34
	4	0.21	-0.03	-0.30	-0.48	-0.55	4.16	1.67	-0.12	-0.22	-0.29	-0.39	-0.63	-0.98	-1.21	-1.30
	5	5.43	4.67	3.11	1.75	1.16	13.10	11.01	7.75	5.47	4.43	0.18	0.08	-0.12	-0.24	-0.29
	6	10.94	10.24	8.80	7.31	6.53	14.95	13.73	11.54	9.68	8.74	6.36	6.43	5.94	4.91	4.30
	7	16.60	15.86	14.35	12.76	11.90	20.40	18.91	16.71	14.93	14.05	11.81	11.66	10.82	9.56	8.74
	8	15.11	14.85	14.37	13.74	13.36	19.24	18.31	16.62	15.01	14.27	11.32	11.80	12.50	12.58	12.40
	9	11.54	11.49	11.48	11.36	11.26	15.24	14.64	13.72	13.00	12.66	7.57	8.20	9.08	9.49	9.55
	10	3.47	3.74	4.45	5.12	5.45	8.63	8.50	9.30	9.53	9.57	0.63	0.91	1.63	2.37	2.75
	11	0.01	0.22	0.80	1.33	1.62	0.75	0.95	1.63	2.37	2.76	-1.28	-0.93	-0.05	0.48	0.74
	12	-3.85	-3.51	-2.40	-1.26	-0.68	-1.27	-0.93	-0.04	0.48	0.75	-6.54	-6.14	-4.83	-3.55	-2.78
2021	1	-8.46	-8.17	-7.17	-6.03	-5.33	-6.28	-5.93	-4.79	-3.54	-2.78	-9.98	-9.58	-8.34	-7.07	-6.37
	2	-7.99	-7.84	-7.27	-6.59	-6.15	-6.27	-6.28	-6.08	-5.70	-5.41	-9.58	-9.33	-8.49	-7.53	-6.93
	3	-4.11	-4.15	-4.12	-4.03	-3.93	0.01	-0.37	-0.78	-1.20	-1.40	-8.39	-8.15	-7.35	-6.56	-6.12
	4	-0.39	-0.51	-0.64	-0.80	-0.86	0.57	-0.01	-0.21	-0.36	-0.40	-3.49	-2.99	-1.92	-1.43	-1.40
	5	3.98	3.29	1.99	0.91	0.44	8.90	7.33	5.02	3.24	2.31	0.06	-0.03	-0.22	-0.37	-0.42

(续)

年份	月份	5厘米月平均值	10厘米月平均值	20厘米月平均值	30厘米月平均值	40厘米月平均值	5厘米极大值	10厘米极大值	20厘米极大值	30厘米极大值	40厘米极大值	5厘米极小值	10厘米极小值	20厘米极小值	30厘米极小值	40厘米极小值
2021	6	11.24	10.40	8.69	6.99	6.10	16.64	14.96	12.33	10.16	9.08	4.92	4.76	4.09	3.05	2.31
	7	16.28	15.64	14.25	12.73	11.88	19.76	18.60	16.65	14.86	13.94	11.87	11.53	10.69	9.49	8.78
	8	15.34	15.01	14.35	13.57	13.11	17.78	16.82	15.90	14.61	13.86	11.88	12.14	12.57	12.62	12.50
	9	10.92	10.89	10.89	10.78	10.69	15.34	14.63	13.56	12.82	12.55	7.15	7.61	8.40	8.68	8.77
	10	2.80	3.05	3.73	4.35	4.68	8.11	8.04	8.40	8.69	8.77	0.69	0.95	1.59	2.16	2.45
	11	-0.66	-0.40	0.28	0.85	1.14	0.69	0.96	1.60	2.17	2.47	-1.88	-1.46	-0.52	0.10	0.37
	12	-4.35	-3.93	-2.74	-1.56	-0.95	-1.64	-1.34	-0.52	0.11	0.38	-7.53	-6.95	-5.48	-4.07	-3.22

4.1.7 土壤水分

数据集名称：兴安落叶松林土壤水分数据集；

观测场编码：NJYFZH01QX01；

数据集内容：5厘米、10厘米、20厘米、30厘米、40厘米土壤水分含量月平均值、极大值、极小值；

数据集时间：2015—2021年；

数据：见表4-7。

表4-7 兴安落叶松林土壤水分数据

%

年份	月份	5厘米月平均值	10厘米月平均值	20厘米月平均值	30厘米月平均值	40厘米月平均值	5厘米极大值	10厘米极大值	20厘米极大值	30厘米极大值	40厘米极大值	5厘米极小值	10厘米极小值	20厘米极小值	30厘米极小值	40厘米极小值
2015	1	4.14	5.60	6.50	6.50	10.91	4.40	5.90	7.00	7.00	12.00	4.00	5.40	6.20	6.20	10.20
	2	4.05	5.45	6.25	6.12	10.05	4.30	5.60	6.40	6.30	10.30	3.80	5.30	6.10	6.00	9.90
	3	4.67	5.87	6.63	6.34	10.23	8.60	7.50	7.90	7.00	11.30	4.10	5.50	6.30	6.20	10.00
	4	14.75	11.63	10.64	10.23	12.57	30.30	30.20	40.90	18.60	13.30	5.50	6.90	7.70	7.00	11.20
	5	26.23	26.40	31.91	28.19	29.76	45.30	43.20	45.50	43.30	45.50	22.90	22.50	22.10	10.80	13.30
	6	24.33	22.38	21.10	29.10	32.62	38.80	32.60	29.20	34.60	38.70	20.50	20.90	19.80	27.80	31.30
	7	19.24	19.16	17.43	25.47	29.11	27.50	25.80	20.60	29.10	31.60	11.90	14.90	14.20	21.80	25.40
	8	24.11	21.67	19.24	27.70	31.17	36.00	31.90	28.00	38.80	48.30	19.60	19.60	17.20	25.80	29.30
	9	23.70	20.74	18.21	26.36	29.72	30.10	24.90	21.60	31.10	34.90	20.10	19.20	16.90	25.30	28.70
	10	22.16	20.53	18.07	26.31	29.28	30.10	24.70	20.60	30.00	33.20	13.50	18.90	16.70	24.90	28.00
	11	6.78	10.04	11.33	18.54	22.18	19.90	19.80	16.90	25.00	28.00	3.70	6.00	6.50	7.50	7.80
	12	3.89	6.07	6.38	7.01	7.22	4.00	6.20	6.60	7.50	7.80	3.70	5.90	6.20	6.80	7.00
2016	1	3.81	5.89	6.09	6.63	6.82	4.00	6.10	6.30	6.90	7.00	3.60	5.70	5.80	6.40	6.60
	2	3.74	5.78	5.89	6.39	6.58	3.90	5.90	6.00	6.50	6.70	3.60	5.60	5.80	6.30	6.50
	3	4.66	6.57	6.51	6.79	6.93	7.20	8.20	7.70	7.60	7.60	3.60	5.50	5.80	6.30	6.50
	4	16.46	14.94	12.44	10.00	9.33	46.70	30.50	32.00	18.50	12.20	6.10	7.70	7.70	7.60	7.60
	5	23.83	24.02	26.02	31.31	32.09	31.20	28.50	48.40	38.40	44.80	21.50	22.10	21.50	12.00	11.60

(续)

年份	月份	5厘米月平均值	10厘米月平均值	20厘米月平均值	30厘米月平均值	40厘米月平均值	5厘米极大值	10厘米极大值	20厘米极大值	30厘米极大值	40厘米极大值	5厘米极小值	10厘米极小值	20厘米极小值	30厘米极小值	40厘米极小值
2016	6	22.80	22.53	21.47	30.80	37.80	34.70	28.60	25.70	37.20	42.70	17.00	19.20	17.60	27.60	33.20
	7	15.58	18.09	16.33	24.71	29.78	24.60	23.40	21.70	30.70	36.00	11.50	15.30	14.40	22.10	26.90
	8	19.19	19.85	17.74	24.88	29.15	27.30	24.70	21.60	28.70	32.90	12.10	15.50	14.30	21.40	26.30
	9	25.21	22.53	20.54	28.63	33.64	38.10	31.10	29.70	37.20	44.20	14.90	17.20	15.60	23.00	27.70
	10	18.01	19.20	17.67	25.68	30.16	23.80	21.50	19.60	27.40	32.00	5.60	12.50	15.10	24.40	28.90
	11	4.87	7.88	8.96	14.38	22.45	5.70	12.50	15.20	24.40	28.90	4.60	7.40	7.70	7.40	11.40
	12	4.60	7.21	7.30	6.92	10.22	5.00	7.70	7.80	7.50	11.50	4.50	7.00	6.90	6.50	9.50
2017	1	4.37	6.77	6.76	6.34	9.16	4.60	7.00	7.00	6.60	9.50	4.20	6.60	6.50	6.10	8.90
	2	4.28	6.64	6.56	6.11	8.77	4.40	6.80	6.70	6.20	8.90	4.10	6.50	6.40	6.00	8.70
	3	5.52	7.36	7.06	6.40	9.06	14.10	9.40	8.30	7.20	9.70	4.10	6.40	6.40	6.00	8.60
	4	15.79	14.18	11.20	8.48	10.67	28.90	27.60	28.20	12.30	12.30	7.50	8.50	8.00	7.10	9.70
	5	22.58	23.03	23.18	30.30	31.12	29.80	35.80	49.80	38.00	44.80	19.00	20.90	19.20	11.50	12.30
	6	19.33	20.48	18.55	27.55	33.38	30.80	27.10	22.00	30.50	37.80	14.30	17.30	15.60	25.30	31.20
	7	13.34	16.33	14.77	22.34	28.08	18.70	20.70	19.00	27.50	33.30	9.60	13.30	12.80	18.90	25.10
	8	24.67	23.80	21.31	29.13	35.13	33.50	29.70	27.90	37.00	42.80	15.80	15.80	13.30	19.00	25.10
	9	24.42	22.75	20.37	27.98	33.58	31.70	26.50	23.30	31.50	40.30	22.10	21.80	19.50	27.00	32.50
	10	23.24	22.21	19.76	27.36	32.57	30.80	26.50	23.30	31.40	37.20	11.00	20.10	18.40	25.90	31.00
	11	4.69	9.10	11.44	21.75	28.34	11.00	20.10	18.40	25.90	31.10	4.00	6.60	7.20	11.10	24.70
	12	3.75	6.15	6.45	8.14	12.55	4.10	6.70	7.30	11.10	24.80	3.50	5.80	5.90	7.30	10.20
2018	1	3.47	5.69	5.79	7.10	9.84	3.70	6.00	6.10	7.50	10.30	3.20	5.30	5.40	6.60	9.20
	2	3.20	5.29	5.29	6.53	9.00	3.30	5.40	5.40	6.60	9.20	3.10	5.20	5.20	6.40	8.80
	3	4.31	6.03	5.85	6.93	9.31	7.60	7.90	7.20	8.20	10.50	3.10	5.20	5.20	6.40	8.80
	4	14.06	13.23	10.08	9.08	11.25	26.70	33.40	34.80	13.20	12.50	5.40	6.70	6.70	7.90	10.40
	5	19.89	23.70	24.21	25.75	26.80	23.20	26.90	35.10	34.50	43.50	16.40	21.10	20.30	11.70	12.50
	6	18.46	21.83	20.48	28.30	34.67	28.80	28.50	26.60	34.10	41.30	13.60	18.80	17.50	25.90	31.70
	7	20.63	22.76	21.56	28.48	34.80	31.60	28.60	34.00	40.60	16.20	20.20	18.80	26.60	33.10
	8	15.04	19.06	17.16	23.06	29.14	22.50	25.30	20.50	26.90	33.30	10.60	15.90	14.60	20.90	27.10
	9	19.96	22.15	20.43	26.21	31.83	26.40	27.80	25.30	32.40	42.60	14.60	18.90	16.70	21.20	27.10
	10	17.98	20.41	18.70	25.56	31.15	19.80	21.80	20.30	26.90	32.70	16.20	19.70	18.00	24.90	30.30
	11	9.98	15.07	15.49	23.82	29.55	20.70	21.90	19.70	25.30	30.60	4.00	7.80	9.30	18.70	27.10
	12	3.76	7.16	8.28	8.38	14.36	4.10	7.80	9.40	18.70	27.20	3.60	6.80	7.70	7.20	10.30
2019	1	3.54	6.62	7.42	6.90	9.85	3.70	6.90	7.80	7.20	10.40	3.40	6.40	7.20	6.70	9.60
	2	3.43	6.41	7.11	6.59	9.31	3.70	6.70	7.40	6.80	9.60	3.30	6.20	6.90	6.40	9.10
	3	3.75	6.85	7.60	6.87	9.69	3.90	7.10	7.80	7.10	9.80	3.60	6.60	7.40	6.60	9.40
	4	10.90	11.13	9.63	8.15	10.83	23.00	26.50	11.40	9.00	11.70	3.80	6.90	7.60	6.90	9.70
	5	19.06	23.57	23.74	26.15	28.61	24.40	28.30	50.10	36.90	43.90	17.10	21.60	11.40	8.90	11.60
	6	15.68	20.61	19.62	26.86	33.41	19.90	24.80	23.00	29.40	36.00	11.70	17.60	16.70	24.20	30.80
	7	18.42	22.28	20.90	26.80	33.39	26.90	31.50	27.60	35.90	42.20	10.70	17.10	16.00	23.30	29.80
	8	20.75	22.69	21.49	28.04	35.11	28.60	28.80	27.10	34.80	42.70	15.30	19.70	18.50	25.60	32.60
	9	22.27	22.14	20.80	26.56	33.36	25.10	23.70	22.10	28.20	35.30	20.70	20.70	19.60	25.80	32.50
	10	20.24	21.00	19.54	25.28	31.69	25.10	23.60	21.10	25.80	32.50	15.40	19.60	18.30	24.60	31.00
	11	10.47	15.26	17.30	24.38	30.70	22.10	22.10	20.70	25.70	31.90	5.10	9.20	13.80	22.60	29.00
	12	4.69	8.09	9.44	15.35	24.10	5.20	9.30	13.80	22.70	29.00	4.20	7.20	8.00	8.70	15.60
2020	1	4.20	7.13	7.68	8.11	13.81	4.30	7.30	8.00	8.70	15.60	4.00	6.90	7.30	7.70	12.90
	2	4.04	6.89	7.26	7.60	12.62	4.10	7.00	7.40	7.70	12.90	3.90	6.80	7.20	7.50	12.50
	3	4.62	7.28	7.55	7.75	12.71	13.50	9.10	8.70	10.40	13.60	4.00	6.90	7.30	7.50	12.50
	4	16.03	15.14	11.56	9.92	14.60	26.10	32.30	19.70	11.30	15.60	7.40	9.10	8.70	9.20	13.60

(续)

年份	月份	5厘米月平均值	10厘米月平均值	20厘米月平均值	30厘米月平均值	40厘米月平均值	5厘米极大值	10厘米极大值	20厘米极大值	30厘米极大值	40厘米极大值	5厘米极小值	10厘米极小值	20厘米极小值	30厘米极小值	40厘米极小值
2020	5	20.21	24.67	25.98	28.88	32.56	24.70	30.80	47.60	37.70	44.50	17.20	21.90	19.50	11.20	15.50
	6	18.04	22.00	20.92	27.63	33.88	25.40	27.40	26.30	33.40	39.40	13.30	18.80	17.50	25.30	31.50
	7	15.25	19.89	19.06	24.47	30.98	22.40	23.70	22.90	28.80	35.20	11.80	17.10	16.30	21.50	28.10
	8	20.69	23.32	23.19	28.37	35.18	28.80	30.70	30.70	36.70	42.40	13.70	18.60	17.10	21.60	28.20
	9	22.02	23.62	23.53	28.87	35.61	28.40	28.60	28.60	34.30	41.80	18.20	20.90	20.40	26.10	32.70
	10	21.49	22.87	22.55	27.35	33.55	26.70	26.70	25.60	30.90	37.40	18.50	22.00	21.60	26.30	32.40
	11	12.33	17.98	19.23	25.17	31.28	20.20	22.10	22.10	26.50	32.50	5.00	9.00	15.70	23.50	29.70
	12	4.30	7.32	9.81	12.75	20.70	5.00	9.00	15.80	23.50	29.70	3.90	6.60	8.20	7.30	12.50
2021	1	3.61	6.15	7.53	6.67	11.19	3.90	6.60	8.30	7.30	12.50	3.50	6.00	7.30	6.50	10.70
	2	3.65	6.12	7.43	6.48	10.68	3.80	6.30	7.60	6.60	10.80	3.50	5.90	7.20	6.40	10.50
	3	4.55	7.01	8.32	6.95	11.26	6.80	8.80	9.90	7.70	12.30	3.60	6.10	7.40	6.50	10.70
	4	11.64	12.33	10.50	8.16	12.93	26.30	34.20	12.40	8.80	13.70	5.10	7.60	9.40	7.70	12.20
	5	21.33	28.71	32.91	30.06	28.88	27.60	53.40	46.30	39.40	44.20	19.60	25.60	12.40	8.80	13.70
	6	19.26	25.89	26.36	31.70	38.24	43.00	53.60	45.30	38.40	42.00	12.50	19.60	18.30	25.80	32.80
	7	19.76	24.86	23.49	28.59	35.63	48.20	53.20	45.80	36.80	41.80	12.10	19.00	17.70	25.00	32.00
	8	20.50	24.78	23.45	28.37	35.51	30.40	32.10	29.80	34.60	41.10	14.90	21.10	19.70	25.80	33.20
	9	21.65	24.57	23.21	28.16	35.20	29.10	30.80	26.90	31.40	38.30	18.60	23.00	21.60	26.70	33.80
	10	21.47	23.96	22.52	27.45	34.17	27.50	29.00	26.30	31.70	38.20	19.10	23.00	21.50	26.20	32.80
	11	6.61	14.12	16.50	24.34	31.06	19.10	23.00	21.50	26.30	32.90	4.40	8.60	9.70	22.40	29.00
	12	3.97	7.38	7.72	11.37	19.66	4.60	8.60	9.70	22.40	29.00	3.50	6.60	6.70	7.40	12.10

4.1.8 太阳辐射

数据集名称：兴安落叶松林太阳辐射数据集；

观测场编码：NJYFZH01QX01；

数据集内容：总辐射月平均值、总辐射月极大值；光合有效辐射月平均值、光合有效辐射月极大值；净辐射月平均值、净辐射月极大值、净辐射月极小值；

数据集时间：2015—2021年；

数据：见表4-8。

表4-8 兴安落叶松林太阳辐射数据

年份	月份	总辐射月平均值（瓦/平方米）	总辐射月极大值（瓦/平方米）	光合有效辐射月平均值[微摩尔/（平方米·秒）]	光合有效辐射月极大值[微摩尔/（平方米·秒）]	净辐射月平均值（瓦/平方米）	净辐射月极大值（瓦/平方米）	净辐射月极小值（瓦/平方米）
2015	1	17.59	317.60	105.90	692.00	-18.43	99.00	-93.70
	2	32.94	421.30	164.52	1018.00	-14.42	201.20	-570.10

（续）

年份	月份	总辐射月平均值（瓦/平方米）	总辐射月极大值（瓦/平方米）	光合有效辐射月平均值[微摩尔/（平方米·秒）]	光合有效辐射月极大值[微摩尔/（平方米·秒）]	净辐射月平均值（瓦/平方米）	净辐射月极大值（瓦/平方米）	净辐射月极小值（瓦/平方米）
2015	3	91.56	666.10	304.76	1526.00	13.11	492.40	-499.80
	4	108.56	779.70	339.74	1697.00	50.66	577.40	-127.00
	5	116.98	889.00	375.32	1943.00	55.61	653.90	-281.50
	6	126.11	976.00	430.31	1989.00	61.77	722.40	-119.70
	7	117.31	1015.00	412.90	2224.00	66.39	668.00	-110.90
	8	84.31	783.20	318.29	1781.00	47.19	619.00	-92.80
	9	72.43	684.20	298.24	1684.00	33.22	571.90	-86.20
	10	43.92	511.10	166.30	1201.00	5.77	375.00	-285.10
	11	22.47	418.60	94.09	955.00	-14.01	275.30	-61.94
	12	12.39	255.00	76.25	599.60	-11.09	123.40	-55.63
2016	1	18.25	506.70	95.06	660.80	-13.25	170.00	-57.89
	2	47.76	503.20	183.14	1114.00	-3.52	307.10	-77.35
	3	51.53	628.40	186.82	1311.00	7.39	453.00	-147.60
	4	107.81	861.00	363.82	1887.00	51.05	663.40	-234.60
	5	128.88	941.00	415.78	1943.00	70.05	748.90	-103.90
	6	108.17	945.00	382.47	1966.00	56.96	754.30	-174.50
	7	118.22	935.00	457.58	2112.00	71.42	753.90	-79.16
	8	88.36	816.00	367.24	1808.00	52.25	649.00	-53.45
	9	58.16	616.60	236.24	1548.00	27.58	540.30	-52.52
	10	46.10	519.10	197.83	1270.00	4.44	411.60	-426.40
	11	13.86	332.10	116.96	775.00	-6.17	229.30	-54.16
	12	5.39	120.70	75.80	504.20	-6.32	161.70	-39.11
2017	1	10.34	285.50	106.88	675.70	-11.13	181.20	-66.78
	2	43.26	433.30	190.35	1013.00	-7.47	259.90	-93.20
	3	84.65	627.60	298.78	1449.00	27.35	511.70	-115.30
	4	100.66	772.50	333.93	1821.00	49.25	614.70	-213.60
	5	119.70	868.00	398.45	1960.00	63.45	669.90	-273.40
	6	122.75	963.00	408.37	2026.00	67.84	771.90	-130.00
	7	110.88	897.00	421.50	2149.00	63.74	774.60	-93.90
	8	70.67	785.10	239.89	1819.00	41.45	646.80	-95.30
	9	63.86	707.00	238.46	1506.00	28.88	593.70	-127.70
	10	41.67	535.20	181.21	1197.00	2.38	401.40	-404.80
	11	16.61	295.70	107.81	844.00	-10.67	192.10	-61.17
	12	6.40	102.70	77.10	520.30	-4.60	128.10	-62.78
2018	1	11.01	227.50	99.43	667.60	-11.86	94.80	-96.60
	2	43.52	417.50	184.83	1087.00	-14.48	182.70	-111.50
	3	86.56	593.90	302.88	1411.00	19.48	479.90	-419.00
	4	121.46	778.70	399.27	1667.00	61.50	562.50	-121.70
	5	121.79	856.00	435.81	1936.00	68.01	684.40	-118.80
	6	101.95	907.00	379.13	1963.00	56.98	739.10	-98.70
	7	111.75	855.00	447.78	1865.00	74.30	753.70	-67.66
	8	87.92	779.00	351.80	1887.00	56.01	682.50	-77.30

(续)

年份	月份	总辐射月平均值（瓦/平方米）	总辐射月极大值（瓦/平方米）	光合有效辐射月平均值[微摩尔/（平方米·秒）]	光合有效辐射月极大值[微摩尔/（平方米·秒）]	净辐射月平均值（瓦/平方米）	净辐射月极大值（瓦/平方米）	净辐射月极小值（瓦/平方米）
2018	9	66.92	617.10	260.62	1503.00	31.79	532.80	-76.17
	10	44.11	497.20	174.73	1182.00	9.22	375.90	-347.70
	11	22.98	319.10	106.56	755.10	-13.91	197.30	-103.40
	12	11.18	176.10	71.20	552.80	-10.87	190.80	-73.29
2019	1	15.08	279.90	92.42	718.40	-15.93	171.40	-93.50
	2	40.63	420.00	171.18	994.00	-8.28	222.10	-113.40
	3	74.54	568.60	272.11	1481.00	18.24	406.00	-444.00
	4	109.34	718.50	350.15	1589.00	55.20	556.50	-392.20
	5	114.46	947.00	343.82	1790.00	61.14	674.30	-106.30
	6	121.70	948.00	421.50	1911.00	65.00	724.30	-114.00
	7	97.40	855.00	315.48	1790.00	60.85	712.50	-86.00
	8	81.65	757.90	275.41	1668.00	47.28	603.60	-32.17
	9	66.79	698.30	251.01	1485.00	29.00	577.10	-146.60
	10	46.92	505.50	169.36	1059.00	10.60	368.30	-436.40
	11	16.36	307.00	98.91	715.00	-11.78	184.00	-83.90
	12	3.49	56.74	67.44	439.60	-5.14	74.77	-52.69
2020	1	8.51	165.80	87.49	590.70	-9.29	136.40	-60.85
	2	30.48	415.50	155.01	911.00	-8.28	186.70	-130.40
	3	75.88	606.90	244.45	1246.00	17.69	475.70	-270.70
	4	121.67	804.00	352.67	1528.00	61.07	582.20	-97.20
	5	124.42	979.00	363.38	1653.00	68.27	711.50	-120.80
	6	102.21	945.00	314.99	1779.00	53.05	735.60	-92.90
	7	115.03	856.00	383.78	1624.00	69.33	671.90	-83.70
	8	67.84	793.30	228.40	1532.00	37.19	602.80	-53.34
	9	60.67	612.20	205.80	1419.00	28.75	524.60	-42.22
	10	40.02	492.70	140.17	1041.00	5.29	398.30	-187.20
	11	16.48	394.70	98.37	690.20	-15.88	133.40	-393.00
	12	12.48	227.10	63.86	452.80	-13.46	97.30	-46.43
2021	1	8.11	186.20	74.84	547.80	-5.59	147.50	-48.87
	2	22.44	392.50	141.05	837.00	-7.83	172.20	-397.20
	3	63.61	556.40	221.96	1248.00	15.63	501.60	-645.10
	4	100.31	680.70	312.38	1376.00	54.87	548.30	-308.20
	5	108.83	904.00	301.43	1759.00	65.43	728.80	-124.90
	6	113.92	943.00	352.16	1680.00	63.75	718.50	-76.39
	7	96.26	899.00	309.73	1671.00	61.43	690.80	-48.78
	8	78.32	815.00	246.43	1619.00	47.86	650.10	-62.19
	9	64.88	704.60	218.80	1453.00	31.18	606.30	-66.54
	10	44.76	488.80	169.26	1040.00	8.28	404.80	-529.60

（续）

年份	月份	总辐射月平均值（瓦/平方米）	总辐射月极大值（瓦/平方米）	光合有效辐射月平均值[微摩尔/（平方米·秒）]	光合有效辐射月极大值[微摩尔/（平方米·秒）]	净辐射月平均值（瓦/平方米）	净辐射月极大值（瓦/平方米）	净辐射月极小值（瓦/平方米）
2021	11	15.86	304.20	90.73	690.90	-11.25	239.70	-62.59
	12	7.88	310.40	65.09	445.70	-15.32	92.30	-76.92

4.1.9 土壤热通量

数据集名称：兴安落叶松林土壤热通量数据集；

观测场编码：NJYFZH01QX01；

数据集内容：5厘米、10厘米土壤热通量月平均值、月极大值、月极小值；

数据集时间：2015—2021年；

数据：见表4-9。

表4-9 兴安落叶松林土壤热通量数据

瓦/平方米

年份	月份	5厘米土壤热通量			10厘米土壤热通量		
		月平均值	月极大值	月极小值	月平均值	月极大值	月极小值
2015	1	211.75	-3.36	-6.84	336.79	-1.87	-3.11
	2	292.91	-0.66	-6.39	501.79	-0.56	-2.95
	3	485.43	7.51	-5.42	769.56	6.17	-4.88
	4	559.72	101.00	-23.25	873.83	43.81	-15.62
	5	632.16	107.50	-21.14	999.31	37.50	-5.73
	6	703.16	115.50	-27.06	1025.39	39.59	-6.92
	7	713.95	111.30	-22.48	1145.20	36.72	-7.75
	8	550.75	82.63	-32.75	914.10	27.73	-7.67
	9	491.22	66.64	-34.08	858.61	18.90	-16.15
	10	338.70	41.80	-30.84	603.39	13.07	-12.64
	11	256.35	-2.23	-33.01	470.50	-2.14	-15.18
	12	165.63	-3.78	-21.70	294.26	-3.21	-12.12
2016	1	300.88	-2.30	-13.86	323.78	-2.14	-7.25
	2	343.17	-0.33	-14.15	555.24	-1.02	-6.90
	3	407.61	24.94	-37.79	659.20	54.16	-14.11
	4	612.41	97.35	-27.52	969.03	40.22	-16.24
	5	678.39	98.35	-18.11	1006.53	40.14	-5.03
	6	663.74	102.40	-15.48	1011.48	36.64	-4.15
	7	696.29	91.50	-21.64	1091.71	34.56	-7.62
	8	591.62	75.69	-26.56	930.13	30.27	-13.19
	9	426.42	53.19	-29.35	787.79	16.30	-15.60

(续)

年份	月份	5厘米土壤热通量			10厘米土壤热通量		
		月平均值	月极大值	月极小值	月平均值	月极大值	月极小值
2016	10	358.47	28.76	-27.43	637.22	9.18	-14.48
	11	224.53	-4.27	-23.09	384.42	-3.48	-12.58
	12	98.25	-3.65	-13.44	248.94	-3.10	-7.93
2017	1	196.19	-3.28	-12.74	332.29	-2.67	-6.83
	2	311.83	1.17	-15.42	502.77	-0.05	-8.44
	3	463.19	25.58	-27.35	738.18	31.95	-21.58
	4	553.22	70.20	-17.57	935.13	34.67	-9.78
	5	633.23	86.50	-15.90	1011.73	36.83	-4.98
	6	685.69	84.85	-17.20	1046.92	35.53	-5.46
	7	659.25	75.51	-13.47	1106.37	31.78	-5.48
	8	512.50	61.45	-24.14	930.23	29.85	-13.09
	9	472.73	48.41	-26.61	767.44	15.06	-14.77
	10	358.21	14.48	-23.73	599.69	2.35	-12.47
	11	201.76	-1.34	-22.79	416.67	-2.40	-11.52
	12	89.90	-3.72	-15.78	257.85	-3.05	-8.26
2018	1	163.47	-2.50	-11.98	327.87	-2.14	-7.65
	2	301.17	-0.34	-12.54	536.26	-1.39	-6.82
	3	448.39	33.98	-32.35	715.24	17.15	-7.55
	4	588.99	90.25	-29.03	864.25	52.28	-22.61
	5	645.91	76.72	-12.67	1002.01	33.68	-3.90
	6	643.07	75.98	-11.68	1009.99	33.82	-2.18
	7	651.39	68.24	-15.15	969.65	29.22	-4.38
	8	565.40	56.16	-17.40	971.51	22.43	-6.95
	9	438.86	40.15	-30.78	767.40	14.72	-16.04
	10	335.97	29.67	-22.50	595.61	9.77	-11.40
	11	212.83	-4.20	-19.16	370.60	-3.07	-13.62
	12	123.65	-5.16	-14.81	270.97	-5.25	-11.89
2019	1	186.16	-3.39	-11.89	351.24	-3.69	-9.02
	2	295.59	0.87	-12.09	492.86	-0.27	-8.51
	3	420.36	3.11	-6.09	749.62	1.44	-3.84
	4	534.33	75.98	-14.23	822.10	35.88	-7.86
	5	645.41	73.85	-10.71	925.57	39.19	-1.87
	6	684.75	75.71	-24.33	988.00	34.30	-3.42
	7	585.24	64.78	-11.48	925.43	29.11	-0.62
	8	516.66	57.36	-20.45	857.64	25.33	-10.11
	9	474.66	43.99	-26.01	757.00	16.22	-15.31
	10	337.43	24.25	-25.57	534.80	9.78	-15.35
	11	202.96	-2.95	-15.09	351.61	-2.67	-6.60
	12	62.09	-3.17	-10.24	217.23	-3.22	-7.91
2020	1	126.65	-3.84	-8.48	290.71	-3.67	-7.03
	2	285.26	-1.56	-6.42	451.36	-1.74	-5.25
	3	425.68	11.08	-13.03	631.85	18.79	-6.90

(续)

(续)

年份	月份	5厘米土壤热通量			10厘米土壤热通量		
		月平均值	月极大值	月极小值	月平均值	月极大值	月极小值
2020	4	578.34	71.52	-9.34	794.54	47.17	-3.47
	5	671.19	67.70	-9.50	860.64	32.18	-1.71
	6	630.00	60.52	-9.24	916.03	27.35	-1.62
	7	619.89	54.24	-12.04	846.67	33.56	-4.01
	8	510.85	42.60	-17.68	784.60	19.18	-9.57
	9	409.00	27.92	-22.40	723.88	11.11	-13.33
	10	316.44	14.28	-21.26	523.15	4.81	-13.55
	11	246.54	-4.05	-11.43	337.16	-2.84	-7.58
	12	145.48	-4.56	-12.98	219.67	-4.47	-9.39
2021	1	130.52	-3.37	-11.33	271.11	-3.35	-8.32
	2	266.78	0.05	-10.45	414.59	-0.43	-6.20
	3	389.18	13.89	-9.83	631.82	14.24	-25.98
	4	496.54	52.17	-28.39	715.44	14.09	-16.27
	5	602.72	62.58	-9.97	912.22	34.80	-0.56
	6	647.58	79.80	-12.93	871.88	35.86	-4.24
	7	604.37	84.70	-5.15	866.22	32.90	-2.51
	8	530.72	37.33	-13.51	833.43	17.22	-6.68
	9	461.70	29.14	-21.40	742.09	13.42	-11.94
	10	329.03	9.58	-19.38	524.14	2.67	-11.62
	11	197.47	-1.95	-18.94	339.83	-2.35	-9.79
	12	187.75	-3.74	-16.18	215.19	-3.53	-9.96

4.2 兴安落叶松林微气象碳通量数据集

数据集名称：兴安落叶松林碳通量数据集；

观测场编码：NJYFZH01QX01；

数据集内容：三维风速、脉动温度、水汽浓度、CO_2浓度、CO_2垂直通量；

数据集时间：2014年8月至2016年5月；

数据：见表4-10。

表4-10　兴安落叶松林碳通量数据

年份	月份	风速平均值（米/秒）			脉动温度平均值（℃）	水汽浓度平均值（克/立方米）	CO_2浓度平均值（毫克/立方米）	CO_2垂直通量平均值［克/（平方米·秒）］
		X轴	Y轴	Z轴				
2014	8	0.2523	-0.3706	0.0242	20.0167	10.6243	651.9381	-0.1100
	9	-0.0016	-1.1265	0.0176	10.6808	4.1065	662.4819	0.0103

（续）

年份	月份	风速平均值（米/秒）			脉动温度平均值（℃）	水汽浓度平均值（克/立方米）	CO_2浓度平均值（毫克/立方米）	CO_2垂直通量平均值[克/（平方米·秒）]
		X轴	Y轴	Z轴				
2014	10	0.0403	-0.6188	0.0090	1.8210	1.1571	678.2448	0.0092
	11	-0.0821	-0.5285	0.0050	-5.7287	0.3460	705.8629	-0.0272
	12	-0.3552	0.4086	-0.0619	-17.3986	-0.8318	750.4599	-0.0010
2015	1	-0.0805	-0.2389	-0.0072	-13.9203	-0.5752	744.4206	-0.0376
	2	-0.2984	0.1862	-0.0307	-9.1336	-0.1295	714.0957	-0.0814
	3	-0.0802	-0.4583	-0.0045	-2.8044	0.3160	698.0909	-0.0481
	4	-0.2428	1.5866	-0.0449	-1.1462	-0.0006	693.2220	-0.0715
	5	-0.2272	1.2690	-0.0571	11.2322	2.9234	660.8444	-0.1166
	6	0.0392	-0.0686	0.0012	19.3877	7.1717	603.5572	-0.1870
	7	-0.4446	0.2174	-0.0844	21.1870	10.0282	643.7275	-0.1280
	8	0.0494	0.7328	-0.0030	20.7856	11.0615	691.1419	-0.0255
	9	-0.1417	-0.1439	-0.0181	13.3048	4.8275	671.0388	-0.1013
	10	0.0514	-0.4746	0.0055	5.5186	1.4495	677.9932	-0.0383
	11	0.0267	0.1186	-0.1520	-5.9126	-0.2757	706.7646	-0.0202
	12	0.2621	-2.0222	0.0946	-4.8701	0.3625	710.3506	-0.0108
2016	1	-0.8018	-0.6710	-0.0760	-15.6224	-0.6485	734.7051	-0.0755
	2	0.5773	1.2650	-0.1687	-11.4748	-0.7350	728.9142	-0.0971
	3	-0.2836	0.7711	0.0880	-1.8089	0.6214	689.6767	-0.0841
	4	0.2754	2.4833	0.1228	-1.1519	0.1454	696.9302	-0.0389
	5	-0.7941	1.2201	-0.0724	11.9379	4.3527	658.8685	-0.0670

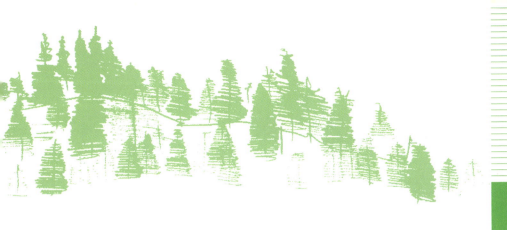

第 5 章

森林生物要素数据集

5.1 森林群落主要成分数据集

5.1.1 森林群落乔木层特征数据集

（1）杜鹃落叶松林。

数据集名称：杜鹃落叶松林乔木层特征数据集；

观测场编码：NJYFZH01YD01；

数据集内容：起源、林龄、林型、树种组成、郁闭度、密度、数量、平均树高、平均胸径；

数据集时间：2019 年；

数据：见表 5-1、表 5-2。

表 5-1　杜鹃落叶松林监测样地乔木层特征数据

年度	面积（公顷）	起源	龄组	林型	树种组成	郁闭度	密度（株/公顷）	平均树高（米）	平均胸径（厘米）
2019	1	天然林	中龄林	针叶林	兴安落叶松，少量白桦、山杨、大黄柳、毛赤杨、蒙古栎、黑桦	0.60	2163	7.1	6.7

表 5-2　杜鹃落叶松林监测样地乔木基础数据

年度	面积（公顷）	种名	学名	数量（株）	平均树高（米）	平均胸径（厘米）
2019	1	兴安落叶松	*Larix gmelini*	1388	7.8	7.9
	1	白桦	*Betula platyphylla*	562	7.1	6.7
	1	山杨	*Populus davidiana*	101	5.1	3.8
	1	大黄柳	*Salix raddeana*	56	3.5	3.0
	1	毛赤杨	*Alnus hirsuta*	48	4.5	4.0
	1	蒙古栎	*Quercus mongolica*	7	2.5	2.8
	1	黑桦	*Betula dahurica*	1	6.0	3.9

(2) 蒙古栎落叶松林。

数据集名称：蒙古栎落叶松林乔木层特征数据集；

观测场编码：NJYFZH01YD02；

数据集内容：起源、林龄、林型、树种组成、郁闭度、密度、数量、平均树高、平均胸径；

数据集时间：2006 年、2011 年、2016 年；

数据：见表 5-3、表 5-4。

表 5-3　蒙古栎落叶松林监测样地乔木层特征数据

年度	面积（公顷）	起源	龄组	林型	树种组成	郁闭度	密度（株/公顷）	平均树高（米）	平均胸径（厘米）
2006	0.25	天然	中龄林	针阔混交	兴安落叶松、蒙古栎、白桦、山杨、黑桦	0.80	2100	8.6	11.4
2011	0.25	天然	中龄林	针阔混交	兴安落叶松、蒙古栎、白桦、山杨、黑桦	0.78	2050	8.8	11.9
2016	0.25	天然	中龄林	针阔混交	兴安落叶松、蒙古栎、白桦、山杨、黑桦	0.75	1080	8.9	12.2

表 5-4　蒙古栎落叶松林监测样地乔木基础数据

年度	面积（公顷）	种名	学名	数量（株）	平均树高（米）	平均胸径（厘米）
2006	0.25	兴安落叶松	*Larix gmelini*	274	9.6	12.1
	0.25	蒙古栎	*Quercus mongolica*	215	6.9	9.8
	0.25	白桦	*Betula platyphylla*	25	11.3	16.2
	0.25	黑桦	*Betula dahurica*	9	11.9	16.3
	0.25	山杨	*Populus davidiana*	2	8.0	8.3
2011	0.25	兴安落叶松	*Larix gmelini*	268	9.5	12.6
	0.25	蒙古栎	*Quercus mongolica*	217	7.2	10.0
	0.25	白桦	*Betula platyphylla*	24	11.6	16.6
	0.25	黑桦	*Betula dahurica*	8	12.1	18.2
	0.25	山杨	*Populus davidiana*	2	9.5	9.4
2016	0.25	兴安落叶松	*Larix gmelini*	232	9.8	13.6
	0.25	蒙古栎	*Quercus mongolica*	188	6.8	9.7
	0.25	白桦	*Betula platyphylla*	24	11.5	16.9
	0.25	黑桦	*Betula dahurica*	6	11.8	16.1
	0.25	山杨	*Populus davidiana*	1	11.2	14.7

(3)草类落叶松林。

数据集名称:草类落叶松林乔木层特征数据集;

观测场编码:NJYFZH01YD03;

数据集内容:起源、林龄、林型、树种组成、郁闭度、密度、数量、平均树高、平均胸径;

数据集时间:2006年、2011年、2016年;

数据:见表5-5、表5-6。

表5-5 草类落叶松林监测样地乔木层特征数据

年度	面积(公顷)	起源	龄组	林型	树种组成	郁闭度	密度(株/公顷)	平均树高(米)	平均胸径(厘米)
2006	0.25	天然	中龄林	针叶林	兴安落叶松,少量蒙古栎、白桦、山杨、黑桦	0.82	2220	11.5	9.8
2011	0.25	天然	中龄林	针叶林	兴安落叶松,少量蒙古栎、白桦、山杨、黑桦	0.85	2240	12.0	10.4
2016	0.25	天然	中龄林	针叶林	兴安落叶松,少量蒙古栎、白桦、山杨、黑桦	0.76	1800	13.2	12.1

表5-6 草类落叶松林监测样地乔木基础数据

年度	面积(公顷)	种名	学名	数量(株)	平均树高(米)	平均胸径(厘米)
2006	0.25	兴安落叶松	*Larix gmelini*	351	12.8	11.0
	0.25	白桦	*Betula platyphylla*	140	10.2	8.3
	0.25	毛赤杨	*Alnus hirsuta*	65	7.6	7.0
	0.25	大黄柳	*Salix raddeana*	1	2.3	2.7
2011	0.25	兴安落叶松	*Larix gmelini*	351	13.4	11.7
	0.25	白桦	*Betula platyphylla*	150	10.6	8.8
	0.25	毛赤杨	*Alnus hirsuta*	60	7.7	7.1
	0.25	大黄柳	*Salix raddeana*	1	2.5	2.8
2016	0.25	兴安落叶松	*Larix gmelini*	304	14.4	13.0
	0.25	白桦	*Betula platyphylla*	121	11.3	10.3
	0.25	毛赤杨	*Alnus hirsuta*	25	9.1	9.3
	0.25	大黄柳	*Salix raddeana*	1	2.7	3.0

(4)蒙古栎林。

数据集名称:蒙古栎林乔木层特征数据集;

观测场编码:NJYFZH01YD04;

数据集内容:起源、林龄、林型、树种组成、郁闭度、密度、数量、平均树高、平均胸径;

数据集时间:2006年、2011年、2016年;

数据:见表5-7、表5-8。

表5-7 蒙古栎林监测样地乔木层特征数据

年度	面积（公顷）	起源	龄组	林型	树种组成	郁闭度	密度（株/公顷）	平均树高（米）	平均胸径（厘米）
2006	0.125	天然	中龄林	阔叶林	蒙古栎、白桦、黑桦、山杨，少量兴安落叶松	0.70	1900	9.2	9.0
2011	0.125	天然	中龄林	阔叶林	蒙古栎、白桦、黑桦、山杨，少量兴安落叶松	0.75	2100	8.7	8.9
2016	0.125	天然	中龄林	阔叶林	蒙古栎、白桦、黑桦、山杨，少量兴安落叶松	0.75	2300	9.2	9.0

表5-8 蒙古栎林监测样地乔木基础数据

年度	面积（公顷）	种名	学名	数量（株）	平均树高（米）	平均胸径（厘米）
2006	0.125	蒙古栎	*Quercus mongolica*	184	8.3	7.8
	0.125	白桦	*Betula platyphylla*	20	15.6	20.0
	0.125	兴安落叶松	*Larix gmelini*	17	11.2	8.9
	0.125	黑桦	*Betula dahurica*	15	10.8	11.4
	0.125	山杨	*Populus davidiana*	6	6.6	2.7
2011	0.125	蒙古栎	*Quercus mongolica*	205	8.3	7.8
	0.125	白桦	*Betula platyphylla*	18	15.8	20.6
	0.125	兴安落叶松	*Larix gmelini*	17	12.5	10.5
	0.125	黑桦	*Betula dahurica*	18	10.2	10.3
	0.125	山杨	*Populus davidiana*	5	7.1	3.2
2016	0.125	蒙古栎	*Quercus mongolica*	223	8.3	7.9
	0.125	白桦	*Betula platyphylla*	22	15.5	20.5
	0.125	兴安落叶松	*Larix gmelini*	17	12.9	10.7
	0.125	黑桦	*Betula dahurica*	18	10.6	10.5
	0.125	山杨	*Populus davidiana*	9	6.7	3

（5）毛赤杨林。

数据集名称：毛赤杨林乔木层特征数据集；

观测场编码：NJYFZH01YD05；

数据集内容：起源、林龄、林型、树种组成、郁闭度、密度、数量、平均树高、平均胸径；

数据集时间：2006年、2011年、2016年；

数据：见表5-9、表5-10。

表 5-9　毛赤杨林监测样地乔木层特征数据

年度	面积（公顷）	起源	龄组	林型	树种组成	郁闭度	密度（株/公顷）	平均树高（米）	平均胸径（厘米）
2006	0.12	天然	中龄林	阔叶林	毛赤杨、白桦，少量兴安落叶松	0.60	4080	10.2	7.3
2011	0.12	天然	中龄林	阔叶林	毛赤杨、白桦，少量兴安落叶松	0.57	3150	10.9	8.8
2016	0.12	天然	中龄林	阔叶林	毛赤杨、白桦，少量兴安落叶松	0.50	2100	11.8	10.1

表 5-10　毛赤杨林监测样地乔木基础数据

年度	面积（公顷）	种名	学名	数量（株）	平均树高（米）	平均胸径（厘米）
2006	0.12	毛赤杨	*Alnus hirsuta*	430	10.2	7.2
	0.12	白桦	*Betula platyphylla*	38	9.2	6.6
	0.12	兴安落叶松	*Larix gmelini*	22	13	11.2
2011	0.12	毛赤杨	*Alnus hirsuta*	327	10.8	8.5
	0.12	白桦	*Betula platyphylla*	30	10.7	9.1
	0.12	兴安落叶松	*Larix gmelini*	22	13.9	12.5
2016	0.12	毛赤杨	*Alnus hirsuta*	203	11.6	9.7
	0.12	白桦	*Betula platyphylla*	27	11.5	10.6
	0.12	兴安落叶松	*Larix gmelini*	21	14.4	13.1

（6）草类白桦林。

数据集名称：草类白桦林乔木层特征数据集；

观测场编码：NJYFZH01YD06；

数据集内容：起源、林龄、林型、树种组成、郁闭度、密度、数量、平均树高、平均胸径；

数据集时间：2011 年、2016 年；

数据：见表 5-11、表 5-12。

表 5-11　草类白桦林监测样地乔木层特征数据

年度	面积（公顷）	起源	龄组	林型	树种组成	郁闭度	密度（株/公顷）	平均树高（米）	平均胸径（厘米）
2011	0.09	天然	中龄林	阔叶林	白桦，少量兴安落叶松	0.70	1510	13.7	14.1
2016	0.09	天然	中龄林	阔叶林	白桦、蒙古栎，少量兴安落叶松	0.71	1670	13.4	13.5

表 5-12　草类白桦林监测样地乔木基础数据

年度	面积（公顷）	种名	学名	数量（株）	平均树高（米）	平均胸径（厘米）
2011	0.09	白桦	*Betula platyphylla*	86	15.6	15.1
	0.09	兴安落叶松	*Larix gmelini*	50	10.6	12.4
2016	0.09	白桦	*Betula platyphylla*	97	15	14.3
	0.09	兴安落叶松	*Larix gmelini*	50	11	12.7
	0.09	蒙古栎	*Quercus mongolica*	3	2.5	2.2

（7）杜香落叶松林。

数据集名称：杜香落叶松乔木层特征数据集；

观测场编码：NJYFZH01YD07；

数据集内容：起源、林龄、林型、树种组成、郁闭度、密度、数量、平均树高、平均胸径；

数据集时间：2011 年、2016 年；

数据：见表 5-13、表 5-14。

表 5-13　杜香落叶松林监测样地乔木层特征数据

年度	面积（公顷）	起源	龄组	林型	树种组成	郁闭度	密度（株/公顷）	平均树高（米）	平均胸径（厘米）
2011	0.09	天然	中龄林	针叶林	兴安落叶松为主、伴有少量白桦	0.50	710	7.0	12.9
2016	0.09	天然	中龄林	针叶林	兴安落叶松为主、伴有少量白桦	0.51	730	7.6	12.9

表 5-14　杜香落叶松林监测样地乔木基础数据

年度	面积（公顷）	种名	学名	数量（株）	平均树高（米）	平均胸径（厘米）
2011	0.09	兴安落叶松	*Larix gmelini*	57	7.3	13.9
	0.09	白桦	*Betula platyphylla*	7	4.7	4.9
2016	0.09	兴安落叶松	*Larix gmelini*	57	8	14.2
	0.09	白桦	*Betula platyphylla*	9	4.9	5

（8）杜鹃白桦林。

数据集名称：杜鹃白桦林乔木层特征数据集；

观测场编码：NJYFZH01YD08；

数据集内容：起源、林龄、林型、树种组成、郁闭度、密度、数量、平均树高、平均胸径；

数据集时间：2019 年；

数据：见表 5-15、表 5-16。

第 5 章　森林生物要素数据集

表 5-15　杜鹃白桦林监测样地乔木层特征数据

年度	面积（公顷）	起源	龄组	林型	树种组成	郁闭度	密度（株/公顷）	平均树高（米）	平均胸径（厘米）
2019	0.25	天然	中龄林	针阔混交	白桦、兴安落叶松、山杨、大黄柳、毛赤杨	0.70	2700	9.7	7.6

表 5-16　杜鹃白桦林监测样地乔木基础数据

年度	面积（公顷）	种名	学名	数量（株）	平均树高（米）	平均胸径（厘米）
2019	0.25	白桦	*Betula platyphylla*	431	10.3	8.4
	0.25	兴安落叶松	*Larix gmelini*	124	10.1	7.6
	0.25	山杨	*Populus davidiana*	75	7.8	4.3
	0.25	毛赤杨	*Alnus hirsuta*	36	6.2	5.1
	0.25	大黄柳	*Salix raddeana*	6	4.3	3.5

（9）湿地岛状林。

数据集名称：湿地岛状林乔木层特征数据集；

观测场编码：NJYFFZ01YD01；

数据集内容：起源、林龄、林型、树种组成、郁闭度、密度、数量、平均树高、平均胸径；

数据集时间：2006 年、2011 年、2016 年；

数据：见表 5-17、表 5-18。

表 5-17　湿地岛状林监测样地乔木层特征数据

年度	面积（公顷）	起源	龄组	林型	树种组成	郁闭度	密度（株/公顷）	平均树高（米）	平均胸径（厘米）
2006	0.25	天然	中龄林	针阔混交	兴安落叶松、白桦、黑桦、山杨	0.60	960	15.4	15.8
2011	0.25	天然	中龄林	阔叶林	白桦、黑桦、山杨、稠李、少量兴安落叶松	0.62	1200	14.2	14.6
2016	0.25	天然	中龄林	阔叶林	白桦、黑桦、山杨、稠李、少量兴安落叶松	0.58	920	15.5	16.4

表 5-18　湿地岛状林监测样地乔木基础数据

年度	面积（公顷）	种名	学名	数量（株）	平均树高（米）	平均胸径（厘米）
2006	0.25	兴安落叶松	*Larix gmelini*	194	15.4	14.5
	0.25	白桦	*Betula platyphylla*	39	16.8	23.8
	0.25	山杨	*Populus davidiana*	3	10.2	9.5

(续)

年度	面积（公顷）	种名	学名	数量（株）	平均树高（米）	平均胸径（厘米）
2006	0.25	黑桦	*Betula dahurica*	3	2.6	2.2
2011	0.25	兴安落叶松	*Larix gmelini*	227	15.5	14.7
	0.25	白桦	*Betula platyphylla*	42	16.2	21.6
	0.25	山杨	*Populus davidiana*	2	11.6	10.3
	0.25	黑桦	*Betula dahurica*	3	3.2	3.5
	0.25	稠李	*Prunus padus*	28	3	3.1
2016	0.25	兴安落叶松	*Larix gmelini*	168	17.2	17.1
	0.25	白桦	*Betula platyphylla*	33	16.5	23
	0.25	山杨	*Populus davidiana*	4	8.8	6.8
	0.25	黑桦	*Betula dahurica*	2	7.3	3.9
	0.25	稠李	*Prunus padus*	22	3.1	4

5.1.2 森林群落灌木层特征数据集

（1）杜鹃落叶松林。

数据集名称：杜鹃落叶松林灌木层特征数据集；

观测场编码：NJYFZH01YD01；

数据集内容：种数、株数、盖度、平均基径、平均高；

数据集时间：2019 年；

数据：见表 5-19、表 5-20。

表 5-19 杜鹃落叶松林监测样地灌木层特征数据

年度	面积（公顷）	种数（个）	总株数（株）	盖度（%）	平均基径（厘米）	平均高（米）
2019	1	6	53200	62	0.4	0.60

表 5-20 杜鹃落叶松林监测样地灌木基础数据

年度	面积（公顷）	种名	学名	株数（株）	平均基径（厘米）	平均高（米）
2019	1	兴安杜鹃	*Rhododendron dauricum*	10800	0.8	1.60
	1	笃斯越橘	*Vaccinium uliginosum*	13600	0.5	0.40
	1	越橘	*Vaccinium vitis-idaea*	26400	0.2	0.20
	1	山刺玫	*Rosa davurica*	1600	0.4	0.30
	1	绣线菊	*Spiraea salicifolia*	600	0.3	0.40
	1	杜香	*Rhododendron tomentosum*	200	0.3	0.50

(2) 蒙古栎落叶松林。

数据集名称:蒙古栎落叶松林灌木层特征数据集;

观测场编码:NJYFZH01YD02;

数据集内容:种数、株数、盖度、平均基径、平均高;

数据集时间:2016年;

数据:见表5-21、表5-22。

表5-21 蒙古栎落叶松林监测样地灌木层特征数据

年度	面积（公顷）	种数（个）	总株数（株）	盖度（%）	平均基径（厘米）	平均高（米）
2016	0.25	5	14000	15	0.74	0.79

表5-22 蒙古栎落叶松林监测样地灌木基础数据

年度	面积（公顷）	种名	学名	株数（株）	平均基径（厘米）	平均高（米）
2016	0.25	兴安杜鹃	*Rhododendron dauricum*	6750	1.1	1.20
	0.25	越橘	*Vaccinium vitis-idaea*	4250	0.2	0.15
	0.25	胡枝子	*Lespedeza bicolor*	1500	0.6	0.74
	0.25	榛	*Corylus heterophylla*	750	1.0	1.20
	0.25	山刺玫	*Rosa davurica*	750	0.5	0.36

(3) 草类落叶松林。

数据集名称:草类落叶松林灌木层特征数据集;

观测场编码:NJYFZH01YD03;

数据集内容:种数、株数、盖度、平均基径、平均高;

数据集时间:2016年;

数据:见表5-23、表5-24。

表5-23 草类落叶松林监测样地灌木层特征数据

年度	面积（公顷）	种数（个）	总株数（株）	盖度（%）	平均基径（厘米）	平均高（米）
2016	0.25	2	1250	8	0.8	1.20

表5-24 草类落叶松林监测样地灌木基础数据

年度	面积（公顷）	种名	学名	株数（株）	平均基径（厘米）	平均高（米）
2016	0.25	细叶沼柳	*Salix rosmarinifolia*	1125	0.8	1.15
	0.25	柴桦	*Betula fruticosa*	125	0.9	1.35

(4) 蒙古栎林。

数据集名称：蒙古栎林灌木层特征数据集；

观测场编码：NJYFZH01YD04；

数据集内容：种数、株数、盖度、平均基径、平均高；

数据集时间：2016年；

数据：见表5-25、表5-26。

表5-25　蒙古栎林监测样地灌木层特征数据

年度	面积（公顷）	种数（个）	总株数（株）	盖度（%）	平均基径（厘米）	平均高（米）
2016	0.125	4	20310	20	0.6	0.85

表5-26　蒙古栎林监测样地灌木基础数据

年度	面积（公顷）	种名	学名	株数（株）	平均基径（厘米）	平均高（米）
2016	0.125	兴安杜鹃	*Rhododendron dauricum*	1500	0.6	0.88
	0.125	越橘	*Vaccinium vitis-idaea*	2250	0.5	0.40
	0.125	山刺玫	*Rosa davurica*	8120	1.0	1.70
	0.125	胡枝子	*Lespedeza bicolor*	8440	0.2	0.10

(5) 毛赤杨林。

数据集名称：毛赤杨林灌木层特征数据集；

观测场编码：NJYFZH01YD05；

数据集内容：种数、株数、盖度、平均基径、平均高；

数据集时间：2016年；

数据：见表5-27、表5-28。

表5-27　毛赤杨林监测样地灌木层特征数据

年度	面积（公顷）	种数（个）	总株数（株）	盖度（%）	平均基径（厘米）	平均高（米）
2016	0.12	1	1020	0.8	0.2	0.25

表5-28　毛赤杨林监测样地灌木基础数据

年度	面积（公顷）	种名	学名	株数（株）	平均基径（厘米）	平均高（米）
2016	0.12	笃斯越橘	*Vaccinium uliginosum*	1020	0.2	0.25

(6) 草类白桦林。

数据集名称：草类白桦林灌木层特征数据集；

观测场编码：NJYFZH01YD06；

数据集内容：种数、株数、盖度、平均基径、平均高；

数据集时间：2016 年；

数据：见表 5-29、表 5-30。

表 5-29　草类白桦林监测样地灌木层特征数据

年度	面积（公顷）	种数（个）	总株数（株）	盖度（%）	平均基径（厘米）	平均高（米）
2016	0.09	5	15120	8	0.2	0.29

表 5-30　草类白桦林监测样地灌木基础数据

年度	面积（公顷）	种名	学名	株数（株）	平均基径（厘米）	平均高（米）
2016	0.09	越橘	*Vaccinium vitis-idaea*	10800	0.2	0.15
	0.09	笃斯越橘	*Vaccinium uliginosum*	2700	0.3	0.48
	0.09	山刺玫	*Rosa davurica*	540	0.4	1.15
	0.09	绣线菊	*Spiraea salicifolia*	720	0.3	0.82
	0.09	珍珠梅	*Sorbaria sorbifolia*	360	0.3	0.63

（7）杜香落叶松林。

数据集名称：杜香落叶松林灌木层特征数据集；

观测场编码：NJYFZH01YD07；

数据集内容：种数、株数、盖度、平均基径、平均高；

数据集时间：2016 年；

数据：见表 5-31、表 5-32。

表 5-31　杜香落叶松林监测样地灌木层特征数据

年度	面积（公顷）	种数（个）	总株数（株）	盖度（%）	平均基径（厘米）	平均高（米）
2016	0.09	5	37080	75	0.3	0.33

表 5-32　杜香落叶松林监测样地灌木基础数据

年度	面积（公顷）	种名	学名	株数（株）	平均基径（厘米）	平均高（米）
2016	0.09	杜香	*Rhododendron tomentosum*	27000	0.3	0.35
	0.09	越橘	*Vaccinium vitis-idaea*	7200	0.2	0.20
	0.09	笃斯越橘	*Vaccinium uliginosum*	2520	0.3	0.40
	0.09	兴安杜鹃	*Rhododendron dauricum*	180	0.4	1.00
	0.09	珍珠梅	*Sorbaria sorbifolia*	180	0.3	0.60

(8) 杜鹃白桦林。

数据集名称：杜鹃白桦林灌木层特征数据集；

观测场编码：NJYFZH01YD08；

数据集内容：种数、株数、盖度、平均基径、平均高；

数据集时间：2019 年；

数据：见表 5-33、表 5-34。

表 5-33　杜鹃白桦林监测样地灌木层特征数据

年度	面积（公顷）	种数（个）	总株数（株）	盖度（%）	平均基径（厘米）	平均高（米）
2019	0.25	5	151120	40	0.3	0.52

表 5-34　杜鹃白桦林监测样地灌木基础数据

年度	面积（公顷）	种名	学名	株数（株）	平均基径（厘米）	平均高（米）
2019	0.25	越橘	*Vaccinium vitis-idaea*	80000	0.2	0.21
	0.25	笃斯越橘	*Vaccinium uliginosum*	37125	0.3	0.48
	0.25	兴安杜鹃	*Rhododendron dauricum*	31875	0.4	1.32
	0.25	土庄绣线菊	*Spiraea pubescens*	1870	0.4	0.55
	0.25	山刺玫	*Rosa davurica*	250	0.3	0.41

(9) 湿地岛状林。

数据集名称：湿地岛状林灌木层特征数据集；

观测场编码：NJYFFZ01YD01；

数据集内容：种数、株数、盖度、平均基径、平均高；

数据集时间：2016 年；

数据：见表 5-35、表 5-36。

表 5-35　湿地岛状林监测样地灌木层特征数据

年度	面积（公顷）	种数（个）	总株数（株）	盖度（%）	平均基径（厘米）	平均高（米）
2016	0.25	3	2875	5	0.3	0.87

表 5-36　湿地岛状林监测样地灌木基础数据

年度	面积（公顷）	种名	学名	株数（株）	平均基径（厘米）	平均高（米）
2016	0.25	珍珠梅	*Sorbaria sorbifolia*	1500	0.3	0.65
	0.25	山刺玫	*Rosa davurica*	1000	0.4	1.20
	0.25	绣线菊	*Spiraea salicifolia*	375	0.3	0.85

(10)草本沼泽。

数据集名称:草本沼泽灌木层特征数据集;

观测场编码:NJYFFZ01YD02;

数据集内容:种数、株数、盖度、平均基径、平均高;

数据集时间:2016年;

数据:见表5-37、表5-38。

表5-37 草本沼泽监测样地灌木层特征数据

年度	面积 (公顷)	种数 (个)	总株数 (株)	盖度 (%)	平均基径 (厘米)	平均高 (米)
2016	0.25	1	3100	8	0.2	0.42

表5-38 草本沼泽监测样地灌木基础数据

年度	面积 (公顷)	种名	学名	株数 (株)	平均基径 (厘米)	平均高 (米)
2016	0.25	绣线菊	*Spiraea salicifolia*	3100	0.2	0.42

5.1.3 森林群落草本层特征数据集

(1)杜鹃落叶松林。

数据集名称:杜鹃落叶松林草本层特征数据集;

观测场编码:NJYFZH01YD01;

数据集内容:种数、株数、盖度、平均高;

数据集时间:2019年;

数据:见表5-39、表5-40。

表5-39 杜鹃落叶松林监测样地草本层特征数据

年度	面积 (公顷)	种数 (个)	总株数 (株)	盖度 (%)	平均高 (厘米)
2019	1	30	2002276	65	42.7

表5-40 杜鹃落叶松林监测样地草本基础数据

年度	面积 (公顷)	种名	学名	株数 (株)	平均高 (厘米)
2019	1	长白沙参	*Adenophora pereskiifolia*	2500	71
	1	宽叶山蒿	*Artemisia stolonifera*	10000	35
	1	大叶柴胡	*Bupleurum longiradiatum*	1100	43
	1	薹草	*Carex* spp.	1020000	39
	1	柳兰	*Chamerion angustifolium*	6700	66

(续)

年度	面积（公顷）	种名	学名	株数（株）	平均高（厘米）
2019	1	半种铁线莲	*Clematis sibirica* var. *ochotensis*	100	96
	1	铃兰	*Convallaria keiskei*	78000	25
	1	紫点杓兰	*Cypripedium guttatum*	220	11
	1	大叶章	*Deyeuxia purpurea*	540000	64
	1	东方草莓	*Fragaria orientalis*	90000	15
	1	北方拉拉藤	*Galium boreale*	200	18
	1	北方老鹳草	*Geranium erianthum*	2000	52
	1	兴安老鹳草	*Geranium maximowiczii*	1000	35
	1	鼠掌老鹳草	*Geranium sibiricum*	1500	43
	1	伞花山柳菊	*Hieracium umbellatum*	3300	92
	1	紫苞鸢尾	*Iris ruthenica*	7500	38
	1	矮山黧豆	*Lathyrus humilis*	3200	25
	1	二叶舞鹤草	*Maianthemum bifolium*	71000	12
	1	大齿山芹	*Ostericum grosseserratum*	12000	16
	1	旌节马先蒿	*Pedicularis sceptrum-carolinum*	5700	27
	1	蕨	*Pteridium aquilinum* var. *latiusculum*	25000	61
	1	红花鹿蹄草	*Pyrola incarnata*	40000	8
	1	石生悬钩子	*Rubus saxatilis*	16000	38
	1	地榆	*Sanguisorba officinalis*	50000	35
	1	风毛菊	*Saussurea japonica*	700	21
	1	齿叶风毛菊	*Saussurea neoserrata*	450	71
	1	唐松草	*Thalictrum aquilegifolium* var. *sibiricum*	1500	43
	1	七瓣莲	*Trientalis europaea*	2800	12
	1	北野豌豆	*Vicia ramuliflora*	9000	52
	1	鸡腿堇菜	*Viola cuminate*	800	25

（2）蒙古栎落叶松林。

数据集名称：蒙古栎落叶松林草本层特征数据集；

观测场编码：NJYFZH01YD02；

数据集内容：种数、株数、盖度、平均高；

数据集时间：2016年；

数据：见表5-41、表5-42。

表 5-41 蒙古栎落叶松林监测样地草本层特征数据

年度	面积（公顷）	种数（个）	总株数（株）	盖度（%）	平均高（厘米）
2016	0.25	20	302500	8	32.9

表 5-42 蒙古栎落叶松林监测样地草本基础数据

年度	面积（公顷）	种名	学名	株数（株）	平均高（厘米）
2016	0.25	兴安升麻	*Actaea dahurica*	2500	113
	0.25	轮叶沙参	*Adenophora tetraphylla*	3000	33
	0.25	宽叶山蒿	*Artemisia stolonifera*	1000	35
	0.25	射干	*Belamcanda chinensis*	7500	53
	0.25	薹草	*Carex* spp.	236250	34
	0.25	柳兰	*Chamerion angustifolium*	500	62
	0.25	铃兰	*Convallaria keiskei*	4000	25
	0.25	东方草莓	*Fragaria orientalis*	14000	18
	0.25	兴安老鹳草	*Geranium maximowiczii*	1750	41
	0.25	矮山黧豆	*Lathyrus humilis*	3750	26
	0.25	蹄叶橐吾	*Ligularia fischeri*	250	65
	0.25	兴安鹿药	*Maianthemum dahuricum*	1000	61
	0.25	小玉竹	*Polygonatum humile*	250	54
	0.25	蕨	*Pteridium aquilinum* var. *latiusculum*	750	58
	0.25	红花鹿蹄草	*Pyrola incarnata*	20000	8
	0.25	石生悬钩子	*Rubus saxatilis*	250	42
	0.25	地榆	*Sanguisorba officinalis*	1500	26
	0.25	羽叶风毛菊	*Saussurea maximowiczii*	1000	55
	0.25	唐松草	*Thalictrum aquilegifolium* var. *sibiricum*	3000	46
	0.25	野火球	*Trifolium lupinaster*	250	38

（3）草类落叶松林。

数据集名称：草类落叶松林草本层特征数据集；

观测场编码：NJYFZH01YD03；

数据集内容：种数、株数、盖度、平均高；

数据集时间：2016年；

数据：见表5-43、表5-44。

表 5-43　草类落叶松林监测样地草本层特征数据

年度	面积（公顷）	种数（个）	总株数（株）	盖度（%）	平均高（厘米）
2016	0.25	14	737750	90	37.1

表 5-44　草类落叶松林监测样地草本基础数据

年度	面积（公顷）	种名	学名	株数（株）	平均高（厘米）
2016	0.25	轮叶沙参	Adenophora tetraphylla	250	45
	0.25	薹草	Carex spp.	625000	35
	0.25	柳兰	Chamerion angustifolium	1500	56
	0.25	紫堇	Corydalis edulis	7000	35
	0.25	大叶章	Deyeuxia purpurea	76500	55
	0.25	东方草莓	Fragaria orientalis	250	18
	0.25	兴安老鹳草	Geranium maximowiczii	1250	35
	0.25	二叶舞鹤草	Maianthemum bifolium	500	20
	0.25	红花鹿蹄草	Pyrola incarnata	11250	20
	0.25	石生悬钩子	Rubus saxatilis	1500	48
	0.25	地榆	Sanguisorba officinalis	3500	58
	0.25	风毛菊	Saussurea japonica	5000	50
	0.25	七瓣莲	Trientalis europaea	3750	35
	0.25	藜芦	Veratrum nigrum	500	80

（4）蒙古栎林。

数据集名称：蒙古栎林草本层特征数据集；

观测场编码：NJYFZH01YD04；

数据集内容：种数、株数、盖度、平均高；

数据集时间：2016 年；

数据：见表 5-45、表 5-46。

表 5-45　蒙古栎林监测样地草本层特征数据

年度	面积（公顷）	种数（个）	总株数（株）	盖度（%）	平均高（厘米）
2016	0.125	21	209750	10	35.7

表 5-46　蒙古栎林监测样地草本基础数据

年度	面积（公顷）	种名	学名	株数（株）	平均高（厘米）
2016	0.125	兴安升麻	*Actaea dahurica*	125	105
	0.125	轮叶沙参	*Adenophora tetraphylla*	750	35
	0.125	射干	*Belamcanda chinensis*	1875	50
	0.125	薹草	*Carex* spp.	175000	35
	0.125	柳兰	*Chamerion angustifolium*	1750	55
	0.125	西伯利亚铁线莲	*Clematis sibirica*	125	95
	0.125	铃兰	*Convallaria keiskei*	4000	24
	0.125	大叶章	*Deyeuxia purpurea*	4500	80
	0.125	东方草莓	*Fragaria orientalis*	2250	18
	0.125	兴安老鹳草	*Geranium maximowiczii*	500	40
	0.125	蹄叶橐吾	*Ligularia fischeri*	250	66
	0.125	二叶舞鹤草	*Maianthemum bifolium*	1875	22
	0.125	兴安鹿药	*Maianthemum dahuricum*	125	42
	0.125	北重楼	*Paris verticillata*	250	45
	0.125	蕨	*Pteridium aquilinum* var. *latiusculum*	3375	55
	0.125	红花鹿蹄草	*Pyrola incarnata*	7875	10
	0.125	石生悬钩子	*Rubus saxatilis*	625	45
	0.125	地榆	*Sanguisorba officinalis*	625	68
	0.125	唐松草	*Thalictrum aquilegifolium* var. *sibiricum*	250	38
	0.125	北野豌豆	*Vicia ramuliflora*	3125	50

（5）毛赤杨林。

数据集名称：毛赤杨林草本层特征数据集；

观测场编码：NJYFZH01YD05；

数据集内容：种数、株数、盖度、平均高；

数据集时间：2016 年；

数据：见表 5-47、表 5-48。

表 5-47　毛赤杨林监测样地草本层特征数据

年度	面积（公顷）	种数（个）	总株数（株）	盖度（%）	平均高（厘米）
2016	0.12	12	313200	45	36.8

表 5-48　毛赤杨林监测样地草本基础数据

年度	面积（公顷）	种名	学名	株数（株）	平均高（厘米）
2016	0.12	薹草	Carex spp.	282960	35
	0.12	柳兰	Chamerion angustifolium	1080	55
	0.12	大叶章	Deyeuxia purpurea	13440	70
	0.12	林问荆	Equisetum sylvaticum	960	40
	0.12	问荆	Equisetum arvense	2520	40
	0.12	二叶舞鹤草	Maianthemum bifolium	120	15
	0.12	蕨	Pteridium aquilinum var. latiusculum	720	45
	0.12	石生悬钩子	Rubus saxatilis	4200	48
	0.12	地榆	Sanguisorba officinalis	1680	35
	0.12	风毛菊	Saussurea japonica	1440	50
	0.12	唐松草	Thalictrum aquilegifolium var. sibiricum	2280	40
	0.12	七瓣莲	Trientalis europaea	1800	15

（6）草类白桦林。

数据集名称：草类白桦林草本层特征数据集；

观测场编码：NJYFZH01YD06；

数据集内容：种数、株数、盖度、平均高；

数据集时间：2016 年；

数据：见表 5-49、表 5-50。

表 5-49　草类白桦林监测样地草本层特征数据

年度	面积（公顷）	种数（个）	总株数（株）	盖度（%）	平均高（厘米）
2016	0.09	17	44230	87	43.5

表 5-50　草类白桦林监测样地草本基础数据

年度	面积（公顷）	种名	学名	株数（株）	平均高（厘米）
2016	0.09	轮叶沙参	Adenophora tetraphylla	330	36
	0.09	宽叶山蒿	Artemisia stolonifera	150	55
	0.09	兴安柴胡	Bupleurum sibiricum	210	35
	0.09	薹草	Carex spp.	18400	33

(续)

年度	面积 (公顷)	种名	学名	株数 (株)	平均高 (厘米)
2016	0.09	柳兰	*Chamerion angustifolium*	320	55
	0.09	大叶章	*Deyeuxia purpurea*	13500	65
	0.09	林问荆	*Equisetum sylvaticum*	1000	38
	0.09	蚊子草	*Filipendula palmata*	700	43
	0.09	兴安老鹳草	*Geranium maximowiczii*	360	46
	0.09	矮山黧豆	*Lathyrus humilis*	300	48
	0.09	二叶舞鹤草	*Maianthemum bifolium*	1100	23
	0.09	蕨	*Pteridium aquilinum* var. *latiusculum*	550	45
	0.09	红花鹿蹄草	*Pyrola incarnata*	3500	20
	0.09	风毛菊	*Saussurea japonica*	470	50
	0.09	地榆	*Sanguisorba officinalis*	1600	60
	0.09	唐松草	*Thalictrum aquilegifolium* var. *sibiricum*	1500	34
	0.09	七瓣莲	*Trientalis europaea*	240	32

（7）杜香落叶松林。

数据集名称：杜香落叶松林草本层特征数据集；

观测场编码：NJYFZH01YD07；

数据集内容：种数、株数、盖度、平均高；

数据集时间：2016 年；

数据：见表 5-51、表 5-52。

表 5-51 杜香落叶松林监测样地草本层特征数据

年度	面积 (公顷)	种数 (个)	总株数 (株)	盖度 (%)	平均高 (厘米)
2016	0.09	8	22210	40	37.8

表 5-52 杜香落叶松林林监测样地草本基础数据

年度	面积 (公顷)	种名	学名	株数 (株)	平均高 (厘米)
2016	0.09	沼委陵菜	*Comarum palustre*	450	26
	0.09	薹草	*Carex* spp.	13400	32
	0.09	大叶章	*Deyeuxia purpurea*	5500	56
	0.09	草问荆	*Equisetum pratense*	860	54

(续)

年度	面积（公顷）	种名	学名	株数（株）	平均高（厘米）
2016	0.09	二叶舞鹤草	*Maianthemum bifolium*	870	17
	0.09	兴安鹿药	*Maianthemum dahuricum*	120	48
	0.09	红花鹿蹄草	*Pyrola incarnata*	850	20
	0.09	风毛菊	*Saussurea japonica*	160	43

（8）杜鹃白桦林。

数据集名称：杜鹃白桦林草本层特征数据集；

观测场编码：NJYFZH01YD08；

数据集内容：种数、株数、盖度、平均高；

数据集时间：2019年；

数据：见表5-53、表5-54。

表5-53　杜鹃白桦林监测样地草本层特征数据

年度	面积（公顷）	种数（个）	总株数（株）	盖度（%）	平均高（厘米）
2019	0.25	29	598100	52	32.3

表5-54　杜鹃白桦林监测样地草本基础数据

年度	面积（公顷）	种名	学名	株数（株）	平均高（厘米）
2019	0.25	蔓乌头	*Aconitum volubile*	100	168
	0.25	长白沙参	*Adenophora pereskiifolia*	400	55
	0.25	轮叶沙参	*Adenophora tetraphylla*	100	42
	0.25	大叶柴胡	*Bupleurum longiradiatum*	400	33
	0.25	薹草	*Carex* spp.	310500	41
	0.25	毒芹	*Cicuta virosa*	2800	18
	0.25	铃兰	*Convallaria keiskei*	1200	31
	0.25	斑花杓兰	*Cypripedium guttatum*	300	20
	0.25	大叶章	*Deyeuxia purpurea*	65100	59
	0.25	东方草莓	*Fragaria orientalis*	4500	15
	0.25	北方拉拉藤	*Galium boreale*	1000	20
	0.25	北方老鹳草	*Geranium erianthum*	1200	27
	0.25	兴安老鹳草	*Geranium maximowiczii*	600	29

（续）

年度	面积 （公顷）	种名	学名	株数 （株）	平均高 （厘米）
2019	0.25	伞花山柳菊	*Hieracium umbellatum*	100	42
	0.25	紫苞鸢尾	*Iris ruthenica*	800	30
	0.25	溪荪	*Iris sanguinea*	1200	55
	0.25	矮山黧豆	*Lathyrus humilis*	600	28
	0.25	二叶舞鹤草	*Maianthemum bifolium*	8400	9
	0.25	兴安鹿药	*Maianthemum dahuricum*	3600	58
	0.25	大齿山芹	*Ostericum grosseserratum*	1800	13
	0.25	旌节马先蒿	*Pedicularis sceptrum-carolinum*	3600	25
	0.25	蕨	*Pteridium aquilinum* var. *latiusculum*	6000	39
	0.25	红花鹿蹄草	*Pyrola incarnata*	168000	8
	0.25	石生悬钩子	*Rubus saxatilis*	200	24
	0.25	地榆	*Sanguisorba officinalis*	1400	36
	0.25	齿叶风毛菊	*Saussurea neoserrata*	9600	23
	0.25	七瓣莲	*Trientalis europaea*	2000	10
	0.25	北野豌豆	*Vicia ramuliflora*	1800	30
	0.25	鸡腿堇菜	*Viola acuminata*	800	6

（9）湿地岛状林。

数据集名称：湿地岛状林草本层特征数据集；

观测场编码：NJYFFZ01YD01；

数据集内容：种数、株数、盖度、平均高；

数据集时间：2016年；

数据：见表5-55、表5-56。

表5-55　湿地岛状林监测样地草本层特征数据

年度	面积 （公顷）	种数 （个）	总株数 （株）	盖度 （%）	平均高 （厘米）
2016	0.25	25	717250	48	42.8

表5-56　湿地岛状林监测样地草本基础数据

年度	面积 （公顷）	种名	学名	株数 （株）	平均高 （厘米）
2016	0.25	长白沙参	*Adenophora pereskiifolia*	2500	92

(续)

年度	面积（公顷）	种名	学名	株数（株）	平均高（厘米）
2016	0.25	宽叶山蒿	Artemisia stolonifera	10500	86
	0.25	射干	Belamcanda chinensis	2250	45
	0.25	薹草	Carex spp.	450000	38
	0.25	柳兰	Chamerion angustifolium	750	60
	0.25	西伯利亚铁线莲	Clematis sibirica	2000	98
	0.25	大叶章	Deyeuxia purpurea	107500	76
	0.25	林问荆	Equisetum sylvaticum	1500	45
	0.25	蚊子草	Filipendula palmata	15000	42
	0.25	东方草莓	Fragaria orientalis	32000	18
	0.25	鼠掌老鹳草	Geranium sibiricum	250	66
	0.25	莴苣	Lactuca sativa	750	33
	0.25	矮山黧豆	Lathyrus humilis	500	48
	0.25	毛百合	Lilium pensylvanicum	2250	75
	0.25	二叶舞鹤草	Maianthemum bifolium	2000	18
	0.25	兴安鹿药	Maianthemum dahuricum	250	45
	0.25	北重楼	Paris verticillata	3000	46
	0.25	红花鹿蹄草	Pyrola incarnata	62500	20
	0.25	中国茜草	Rubia chinensis	750	42
	0.25	石生悬钩子	Rubus saxatilis	1500	60
	0.25	地榆	Sanguisorba officinalis	500	78
	0.25	羽叶风毛菊	Saussurea maximowiczii	11000	65
	0.25	唐松草	Thalictrum aquilegifolium var. sibiricum	250	41
	0.25	七瓣莲	Trientalis europaea	7500	16
	0.25	短瓣金莲花	Trollius ledebourii	250	65

（10）草本沼泽。

数据集名称：草本沼泽草本层特征数据集；

观测场编码：NJYFFZ01YD02；

数据集内容：种数、株数、盖度、平均高；

数据集时间：2016年；

数据：见表5-57、表5-58。

第 5 章　森林生物要素数据集

表 5-57　草本沼泽监测样地草本层特征数据

年度	面积（公顷）	种数（个）	总株数（株）	盖度（%）	平均高（厘米）
2016	0.25	23	1095000	95	79.4

表 5-58　草本沼泽监测样地草本基础数据

年度	面积（公顷）	种名	学名	株数（株）	平均高（厘米）
2016	0.25	细叶乌头	*Aconitum macrorhynchum*	2000	83
	0.25	东北羊角芹	*Aegopodium alpestre*	500	128
	0.25	二歧银莲花	*Anemone dichotoma*	12500	60
	0.25	黑水当归	*Angelica amurensis*	1500	95
	0.25	狭叶当归	*Angelica anomala*	2000	99
	0.25	宽叶山蒿	*Artemisia stolonifera*	21000	35
	0.25	狐尾蓼	*Bistorta alopecuroides*	500	134
	0.25	薹草	*Carex* spp.	650000	84
	0.25	大叶章	*Deyeuxia purpurea*	235000	99
	0.25	香青兰	*Dracocephalum moldavica*	500	55
	0.25	北方拉拉藤	*Galium boreale*	27500	32
	0.25	三花龙胆	*Gentiana triflora*	500	44
	0.25	东北老鹳草	*Geranium erianthum*	14000	53
	0.25	兴安老鹳草	*Geranium maximowiczii*	4000	81
	0.25	鼠掌老鹳草	*Geranium sibiricum*	3000	59
	0.25	燕子花	*Iris laevigata*	500	71
	0.25	酸模	*Rumex acetosa*	500	97
	0.25	地榆	*Sanguisorba officinalis*	10000	72
	0.25	齿叶凤毛菊	*Saussurea neoserrata*	75000	40
	0.25	缬草	*Valeriana officinalis*	15000	40
	0.25	广布野豌豆	*Vicia cracca*	15000	70
	0.25	东方野豌豆	*Vicia japonica*	500	97
	0.25	北野豌豆	*Vicia ramuliflora*	4000	63

5.1.4　幼树和幼苗数据集

（1）杜鹃落叶松林。

数据集名称：杜鹃落叶松林幼树幼苗数据集；

观测场编码：NJYFZH01YD01；

数据集内容：种名、株数、平均高、平均基径；

数据集时间：2019 年；

数据：见表 5-59。

表 5-59　杜鹃落叶松林监测样地幼树幼苗基础数据

年度	面积（公顷）	种名	株数（株）	平均高（米）	平均基径（厘米）
2019	1	兴安落叶松	210	1.2	1.5
	1	白桦	55	1.0	1.0
	1	蒙古栎	43	0.8	0.9
	1	山杨	18	1.1	1.2
	1	大黄柳	4	1.2	2.0

（2）蒙古栎落叶松林。

数据集名称：蒙古栎落叶松林幼树幼苗数据集；

观测场编码：NJYFZH01YD02；

数据集内容：种名、株数、平均高、平均基径；

数据集时间：2016 年；

数据：见表 5-60。

表 5-60　蒙古栎落叶松林监测样地幼树幼苗基础数据

年度	面积（公顷）	种名	株数（株）	平均高（米）	平均基径（厘米）
2016	0.25	蒙古栎	360	0.6	1.0
	0.25	兴安落叶松	23	0.7	1.1

（3）草类落叶松林。

数据集名称：草类落叶松林幼树幼苗数据集；

观测场编码：NJYFZH01YD03；

数据集内容：种名、株数、平均高、平均基径；

数据集时间：2016 年；

数据：见表 5-61。

表 5-61　草类落叶松林监测样地幼树幼苗基础数据

年度	面积（公顷）	种名	株数（株）	平均高（米）	平均基径（厘米）
2016	0.25	兴安落叶松	50	1.0	1.1
	0.25	白桦	35	1.1	0.7

(4) 蒙古栎林。

数据集名称：蒙古栎林幼树幼苗数据集；

观测场编码：NJYFZH01YD04；

数据集内容：种名、株数、平均高、平均基径；

数据集时间：2016 年；

数据：见表 5-62。

表 5-62　蒙古栎林监测样地幼树幼苗基础数据

年度	面积（公顷）	种名	株数（株）	平均高（米）	平均基径（厘米）
2016	0.25	蒙古栎	430	0.5	0.8
	0.25	山杨	31	0.7	0.9

(5) 毛赤杨林。

数据集名称：毛赤杨林幼树幼苗数据集；

观测场编码：NJYFZH01YD05；

数据集内容：种名、株数、平均高、平均基径；

数据集时间：2016 年；

数据：见表 5-63。

表 5-63　毛赤杨林监测样地幼树幼苗基础数据

年度	面积（公顷）	种名	株数（株）	平均高（米）	平均基径（厘米）
2016	0.12	毛赤杨	420	0.7	0.8

(6) 草类白桦林。

数据集名称：草类白桦林幼树幼苗数据集；

观测场编码：NJYFZH01YD06；

数据集内容：种名、株数、平均高、平均基径；

数据集时间：2016 年；

数据：见表 5-64。

表 5-64　草类白桦林监测样地幼树幼苗基础数据

年度	面积（公顷）	种名	株数（株）	平均高（米）	平均基径（厘米）
2016	0.09	白桦	18	1.1	0.9
	0.09	山杨	22	1.0	0.9

(7) 杜香落叶松林。

数据集名称：杜香落叶松林幼树幼苗数据集；

观测场编码：NJYFZH01YD07；

数据集内容：种名、株数、平均高、平均基径；

数据集时间：2016 年；

数据：见表 5-65。

表 5-65　杜香落叶松林监测样地幼树幼苗基础数据

年度	面积（公顷）	种名	株数（株）	平均高（米）	平均基径（厘米）
2016	0.09	兴安落叶松	18	0.9	1.0
	0.09	白桦	12	1.0	0.9

（8）杜鹃白桦林。

数据集名称：杜鹃白桦林幼树幼苗数据集；

观测场编码：NJYFZH01YD08；

数据集内容：种名、株数、平均高、平均基径；

数据集时间：2019 年；

数据：见表 5-66。

表 5-66　杜鹃白桦林监测样地幼树幼苗基础数据

年度	面积（公顷）	种名	株数（株）	平均高（米）	平均基径（厘米）
2019	0.25	兴安落叶松	22	0.8	0.9
	0.25	白桦	14	1.1	1.0
	0.25	山杨	32	0.8	0.8

（9）湿地岛状林。

数据集名称：湿地岛状林幼树幼苗数据集；

观测场编码：NJYFFZ01YD01；

数据集内容：种名、株数、平均高、平均基径；

数据集时间：2016 年；

数据：见表 5-67。

表 5-67　湿地岛状林监测样地幼树幼苗基础数据

年度	面积（公顷）	种名	株数（株）	平均高（米）	平均基径（厘米）
2016	0.25	白桦	220	0.9	0.8
	0.25	山杨	24	1.1	1.4

5.2 森林群落林木生长量和生物量数据集

5.2.1 森林群落林木生长量数据集

数据集名称：杜鹃落叶松林林木生长量数据集；

观测场编码：NJYFZH01YD01；

数据集内容：树高年均生长量、胸径年均生长量；

数据集时间：2011年、2016年、2019年；

数据：见表5-68。

表5-68 杜鹃落叶松林林木生长量数据

年度	树高年均生长量（米）	胸径年均生长量（厘米）
2011	0.31	0.22
2016	0.25	0.21
2019	0.22	0.19

5.2.2 群落生物量数据集

数据集名称：森林生态系统植被生物量数据集；

观测场编码：NJYFZH01；

数据集内容：乔木层生物量、灌木层生物量、草本层生物量、凋落物生物量；

数据集时间：2012年；

数据：见表5-69。

表5-69 主要森林植被生物量数据

千克/公顷

类型	乔木层生物量	灌木层生物量	草本层生物量	凋落物生物量
落叶松林	198397.30	6033.11	5870.88	4541.43
白桦林	99291.24	3833.07	9943.67	2459.02
蒙古栎林	101986.75	1383.53	931.54	2303.94

数据集名称：湿地生态系统植被生物量数据集；

观测场编码：NJYFFZ01；

数据集内容：灌木层生物量、草本层生物量、凋落物生物量；

数据集时间：2012年；

数据：见表5-70。

表5-70 主要沼泽植被生物量数据

千克/公顷

类型	灌木层生物量	草本层生物量	凋落物生物量
灌丛沼泽	8596.05	10593.59	2614.09
草本沼泽	—	12001.73	2303.94

5.3 植被碳储量数据集

数据集名称：森林生态系统植被碳储量数据集；

观测场编码：NJYFZH01；

数据集内容：乔木层碳储量、灌木层碳储量、草本层碳储量、凋落物碳储量；

数据集时间：2012年；

数据：见表5-71。

表5-71 主要森林植被碳储量数据   吨/公顷

类型	乔木层碳储量	灌木层碳储量	草本层碳储量	凋落物碳储量
落叶松林	94.08	2.66	2.71	2.05
白桦林	46.23	1.69	4.59	1.11
蒙古栎林	46.2	0.61	0.43	1.04

数据集名称：湿地生态系统植被碳储量数据集；

观测场编码：NJYFFZ01；

数据集内容：灌木层碳储量、草本层碳储量、凋落物碳储量；

数据集时间：2012年；

数据：见表5-72。

表5-72 主要沼泽植被碳储量数据   吨/公顷

类型	灌木层碳储量	草本层碳储量	凋落物碳储量
灌丛沼泽	3.79	4.89	1.18
草本沼泽	—	5.54	1.04

5.4 森林动物观测数据集

数据集名称：森林哺乳动物观测数据集；

观测场编码：NJYFZH01YX01、NJYFZH01YX02、NJYFZH01YX03；

数据集内容：种名、实体数量、足迹数量；

数据集时间：2021年；

数据：见表5-73。

表5-73 森林哺乳动物数据

种名	学名	样线总长（千米）	实体数量（只）	足迹数量（处）
西伯利亚狍	*Capreolus pygargus*	15	2	40
驼鹿	*Alces alces*	15	0	2
野猪	*Sus scrofa*	15	1	3
猞猁	*Lynx lynx*	15	0	1
雪兔	*Lepus timidus*	15	2	25

黑龙江嫩江源森林生态站野外长期观测和研究

研究篇

第 6 章
森林生态系统水文要素特征

随着世界人口的不断增加，人们对自然资源的需求日渐增大，尤其是水资源，它是人类生存最不可或缺的资源之一，但世界水资源分布不均匀，水污染、水生态效益每况愈下等问题越来越突出，所以水文生态的环境保护和可持续利用的重要性备受关注。森林是全球储水和水循环的重要组成部分，水资源与森林植被的关系成为众多学者研究的重点：其一，水能够为森林生态系统提供一定的生活物质基础，是森林生态系统的重要组成部分，它以不同形式进入土壤，成为森林能量和物质循环过程的载体；其二，森林具有防止雨水侵蚀土壤、减少土壤流失、涵养水源、调节地表径流、减弱洪峰等作用；其三，对平衡生态系统和改善区域生态环境具有重要作用。

森林水文学作为生态学和水文学交叉学科，是研究森林生态系统中水文过程和森林与水分循环相互影响的学科，包括土壤侵蚀、水土流失、气候变化以及水质变化和物质循环等，通过内在机制调节森林生态系统的平衡，达到森林生态系统可持续发展。

6.1 森林生态系统蒸散量特征

蒸腾是森林生态系统水分循环的主要组成部分，同时蒸腾与冠层光合作用有紧密的联系，因此蒸腾也是碳循环的一部分。森林生态系统中，为了量化蒸腾，在计算蒸腾时间与空间上有众多的方法，其中树干液流的测定是估算蒸腾最有效的方法。这种方法不受地形以及空间异质性的限制。为了估算林分水平或者整个生态系统的蒸散量，有必要掌握单木树干液流的规律，从单木外推到林分的尺度有重要的科学意义。

通过定位观测兴安落叶松单木树干液流量，了解兴安落叶松的蒸腾耗水规律及其主导影响因子，为研究兴安落叶松林生态系统的水分耗散及水分利用效率、水文动态变化规律及水文时空分布格局提供基础数据。

6.1.1 观测方法

6.1.1.1 观测内容

单木树干液流量。

6.1.1.2 观测方法

（1）观测场设置。单木树干液流量观测场设置要求地势平坦，植被分布均匀。

（2）观测仪器。观测系统由数据采集器（DT-80，澳大利亚）、插针式径流传感器（TDP-30，美国）、电源及相关附件组成。

（3）单木树干液流观测方法。采用插针式液流计测量单木树干液流；具体操作参照国家标准《森林生态系统长期定位观测方法》（GB/T 33027—2016）执行。

（4）液流系统的布设和安装。在南瓮河国家级自然保护区兴安落叶松林内设置10米×10米样地作为单木树干液流观测场，对样地内的树木进行每木检尺，观测场基本信息见表6-1，选择生长良好、树干通直、无机械和生物损伤、与样地平均胸径相近的树木作为标准木；考虑到尽可能减少电缆长度对测定结果的影响，在标准木附近选择生长良好、无损伤的不同胸径树木进行同步观测。选好样木后，编号并记录其胸径、树高及冠幅数据，见表6-2；在树干1.3米处的南北两侧用小刀将树干死皮刮去一圈，不要损坏韧皮部，使其平整；同时用生长锥取样，确定边材宽度；然后钻孔插入探针，注意不要弄弯探头；最后在外面包裹防辐射膜（图6-1）。

表6-1 树干液流观测场基本信息

面积（平方米）	林分密度（株/公顷）	平均林龄（年）	平均胸径（厘米）	平均树高（米）
100	1500	53	18.2	9.8

表6-2 被测样木信息

树号	胸径（厘米）	树高（米）	平均冠幅（米）	边材面积（平方厘米）
1号树	18.6	9.4	3.6	41.6
2号树	21.3	11.6	2.8	49.4
3号树	12.8	8.3	3	29.2
4号树	11.3	7.6	3.2	27.3

图 6-1 树干液流观测系统的布设

（5）液流数据采集。将各液流传感器接入数据采集器，在计算机上打开系统软件，设置通信端口，选择数据采集器，设置测量间隔时间为 30 分钟，将数据发送至采集器，开始测量并记录数据。

（6）数据计算。将液流数据导入计算机后，按不同时间、不同胸径和不同朝向的树干液流数据分类统计，得到树干径流的日变化、朝向变化和不同胸径树干液流的差异比较，分析不同时间、不同胸径和不同朝向的兴安落叶松树干液流的特点及变化规律。

6.1.2 兴安落叶松树干液流变化规律

6.1.2.1 兴安落叶松树干液流日变化

在夏季观测嫩江源兴安落叶松树干液流速率日变化如图 6-2 所示，兴安落叶松树干液流速率表现出明显的昼夜变化，表现为单峰曲线，白天和夜间液流速率变化明显不同。

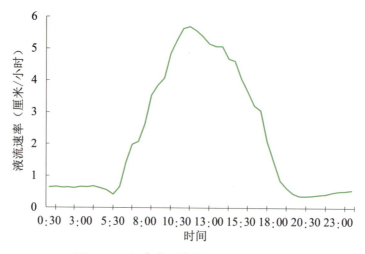

图 6-2 兴安落叶松树干液流日变化

6.1.2.2 兴安落叶松树干液流南北向差异

在兴安落叶松单木树干液流的观测中发现，同一棵树木南北朝向树干液流存在差异，图 6-3 是 7 月标准木（1 号树）南北朝向树干液流速率日变化图，不同朝向树干液流均表现出昼夜周期变化，整体表现为单峰曲线，不同朝向树干液流存在差异，白天南侧明显高于北侧，而夜间北侧略高于南侧，夜间差异较小。

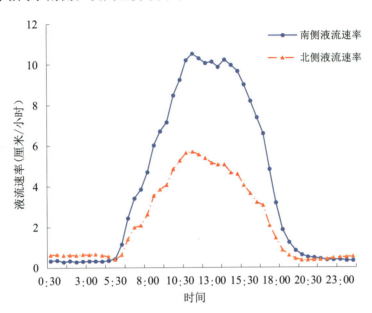

图 6-3　兴安落叶松树干液流南北向差异

6.1.2.3 不同胸径的兴安落叶松树干液流量差异

观测发现在 4 株不同胸径的被测木中，其树干液流量差异如图 6-4 所示。

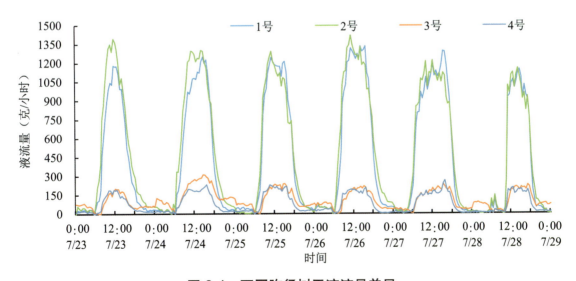

图 6-4　不同胸径树干液流量差异

从图 6-4 可以看出，不同胸径的兴安落叶松树干液流量日变化趋势一致，均大致呈单峰曲线，但不同胸径的曲线峰值有明显的差异，整体来看白天液流量大小依次为 2 号＞1 号＞

3号＞4号，液流量大小和胸径大小一致；夜间不同胸径兴安落叶松树干液流量都明显比白天小。不同胸径树干液流速率增大开始时间基本一致，约在早上5:30，各曲线均在11:00和13:00出现波动。

6.1.2.4 分析与讨论

兴安落叶松的树干液流速率呈昼高夜低的规律。不同月份的树干液流率日变化差异显著，且不同日期的单木树干液流差异较大，这与其他研究结果相一致（池波等，2013；田源等，2018）。影响树干液流速率的主要环境因子有太阳辐射、空气温度、相对湿度和土壤含水量等，环境因子的变化都能引起树干液流的变化（马海波，2009）。

不同胸径的兴安落叶松单木树干液流量存在差异，白天胸径较大的树木其液流量较多，夜间则差异较小；不同胸径树干液流量差异和树龄、养分、周围环境等有关，需结合周围环境分析其差异性（田原，2020）。通过对兴安落叶松树干液流速率的研究发现，兴安落叶松树干液流速率不仅受树木本身生物学特性的影响，还与气象因子以及生长季节等其他因素有关。引起兴安落叶松树干液流速率变化的因素，还需作进一步研究。

6.2 森林生态系统水量空间分配格局特征

大气降水到达树木的林冠层，被第一次截留，进行降水分配。林区降水分为穿透雨、树干径流两部分，且受降水量、降水强度等影响，同时在一定程度上对流域尺度的水文过程产生一定的影响。森林生态系统的水量平衡和水分循环最主要的组成部分即为林冠截留，其研究内容一直是森林水文过程研究的核心。

通过定量研究兴安落叶松林冠截留率、凋落物蓄水能力、土壤的渗透和蓄水能力，分析森林生态系统水量空间分配格局及水量平衡，揭示嫩江源森林生态系统水文要素的时空分布规律，为研究该区域森林植被变化对水分的分配和径流的调节提供基础数据。

6.2.1 观测方法

6.2.1.1 观测内容

大气降水量、穿透降水量、树干径流量、枯枝落叶层持水量、地表径流量。

6.2.1.2 观测方法与仪器

（1）观测场设置。在南瓮河小流域，以兴安落叶松林为基本观测对象，围绕典型兴安落叶松林冠层、枯枝落叶层和土壤层，设置降水量观测点、地表径流场、坡面水量平衡场、树干径流和穿透降水观测样地、土壤水分观测样地。在水量平衡观测场、地表径流观测场中，观测大气降水、穿透雨、树干径流、地表径流，同时设置枯落物层观测样点，观测枯落物持水量。

(2) 仪器设备。观测所用的仪器及设备参照国家标准《森林生态系统长期定位观测方法》(GB/T 33027—2016) 执行。

(3) 降水量观测。

①布点方法及数量。雨量观测点数应按集水区的面积配置，具体配置参照国家标准《森林生态系统长期定位观测方法》(GB/T 33027—2016) 执行。雨量观测点要均匀铺设，要进行水质分析的雨量观测点，应离林缘、公路或居民点有一定距离。采用自记雨量计（日记、月记等）和标准雨量筒测定森林降水量。仪器放置在径流场或标准地附近的空旷地上，或者用特殊设施（如森林蒸散观测铁塔）架设在林冠上方，或者选一株直径较大且干形较好的最高树木，去其顶梢，降雨量承接器水平固定在树顶上（高于周围林冠层），然后用胶管将雨水引致林地进行测定。在林中空地和林外50～100米处空旷地分别设置激光雨滴谱仪1台，自动观测降水量、降水强度、降水等级、降水速度、降水粒径大小及其分布谱图。

②观测设备安装。自动记录雨量计安装参照国家标准《森林生态系统长期定位观测方法》(GB/T 33027—2016) 执行。

③雨量计算。较大流域平均雨量计算采用泰森多边形法，小流域采用加权平均法（控制圈法）。

(4) 穿透雨量观测。

①布点方法及数量。网格机械布点法是指在标准地内，根据样地形状及面积，按一定距离画出方格线，在方格网的交点均匀布设雨量收集器。收集器口高出林地70厘米。

布设雨量仪器个数计算公式如下：

$$n \geqslant \frac{N}{1+N \times \frac{\alpha^2}{c^2}} \tag{6-1}$$

式中：n——需要的观测计（器）数；

N——抽采样本所代表的区域大小，$N=A/a$。其中，A 为调查区面积（平方米），a 为观测计（器）受雨口面积（平方米）；

α——精度；

c——变异系数（样本标准差/样本平均差）。

②穿透雨量观测。观测仪器采用自记雨量计和沟槽式收集器。在一次性降水量较大的地区（1000毫米），穿透雨的收集器会出现溢流，在实验中同时设置水量分流装置解决暴雨期间穿透雨测定仪满溢问题。

(5) 树干径流量测定。

①观测树木的选取及数量。采用径阶标准木法，调查观测样地内所有树木的胸径，按胸径对树木进行分级（一般2～4厘米为1个径级），从各级树木中选取2～3株标准木进

行树干径流观测。本研究选择兴安落叶松，径级为 10 厘米、12 厘米、14 厘米、16 厘米、18 厘米、20 厘米，每个径级选取 3 株标准木。

②观测设备安装。将直径为 2.0～3.0 厘米的聚乙烯橡胶环开口向上，呈螺旋形缠绕于标准木树干下部，缠绕时与水平面成 30°，缠绕树干 2～3 圈；固定后，用密封胶将接缝处封严。将导管伸入量水器的进水口，并用密封胶带将导管固定于进水口，旋紧进水口的螺纹盖。收集导入量水器的树干径流，并进行人工或自动观测。

③树干径流量计算。公式如下：

$$C = \frac{1}{M}\sum_{i=1}^{n}\frac{C_n}{K_n}\times M_n \qquad (6\text{-}2)$$

式中：C——树干径流量（毫米）；

M——单位面积上的树木株数（株/平方米）；

C_n——每一径级的树干径流量（毫米）；

K_n——每一径阶的树冠平均投影面积（平方米）；

n——各径阶数（阶）；

M_n——每一径阶树木的株数（株）。

(6) 枯枝落叶层持水量。

①采样点设置。每个样地内坡面上部、中部、下部与等高线平行各设置一条样线。环境异质性较小的林分，每条样线上等距设 3 个采样点；环境异质性较大的林分，在每条样线上设置 5 个采样点。

②采样。凋落物采用直接收集法收集。用孔径为 1.0 毫米的尼龙网做成 1 米×1 米×0.25 米的收集器，网底离地面 0.5 米，放置于每个采样点。采样时间以秋季落叶时间为准。将收集的凋落物按叶，枝条，繁殖器官（果、花、花序轴、胚轴等），树皮，杂物（小动物残体、虫鸟粪和一些不明细小杂物等）5 种组分分别采样，并带回实验室。

现存凋落物（林地枯落物）采样在样地内划定 20 厘米×20 厘米小样方，将小样方内所有现存凋落物按未分解层、半分解层和分解层分别收集，装入尼龙袋中，带回实验室。森林生态系统现存凋落物未分解层、半分解层和分解层的分层见表 6-3。

表 6-3　森林生态系统现存凋落物分层

层次	特征
未分解层	即凋落层，凋落物如叶、枝条、繁殖器官等的颜色和形态基本保持刚落地时的状态，外表看不出被分解的迹象
半分解层	即发酵分解层，在上一层次已被分解，其叶形不十分完整，叶肉组织变色开始腐烂，但有可辨认的叶脉相连，颜色多为灰褐至灰黑色，质地变软。在夏秋季，该层具大量白色菌丝、菌丝膜和多种形态的菌素及菌丝束，肉眼可辨

(续)

层次	特征
全分解层	即腐殖质层，凋落物被完全分解成细碎状态，近似于土壤，但较土壤轻、松软，具一定的弹性

(7) 地表径流量测定。径流场的选择要遵循以下几点：

①径流场应选择在地形、坡向、土壤、土质、植被、地下水和土地利用情况具有当地代表性的典型地段上。

②坡面应处于自然状态，不应有土坑、道路、坟墓、土堆及其影响径流的障碍物。

③坡地的整个地段上应有一致性、无急剧转折的坡度，植被覆盖和土壤特征一致。

④林地的枯枝落叶层不应被破坏。

在坡面径流场（20 米 ×30 米）下方设置地表径流出水口和壤中流出水口，并在出水口处连接坡面径流测量记录仪（YC-SR-02），分别记录地表径流量和壤中流量。

6.2.2 典型森林生态系统水量空间特征

6.2.2.1 林外降水特征

2014 年 5 ～ 10 月，在树干径流待测木所属区域的邻近空旷地放置 6 个自制雨量筒（雨量筒直径 30 厘米、高 21.5 厘米；雨量筒间隔 0.6 ～ 0.8 米）测定林外降雨量。研究期间，每日 8：00 ～ 16：00 用雨量筒进行雨量观测，相邻两场降雨时间相隔 1.5 小时以内，则定义为同场降雨；否则，则定义为 2 场降雨。若 8：00 正在下雨，则待雨停后进行观测；下午 16：00 以后至翌日 8：00 前的多场降雨均定义为同场降雨。

观测期间共观测到 21 场降雨，历场降雨量分布状况如图 6-5。总降雨量 387.6 毫米，其中小雨（0.0 ～ 10.0 毫米）9 次、中雨（10.1 ～ 25.0 毫米）6 次、大雨（25.1 ～ 50.0 毫米）4 次和暴雨（> 50.0 毫米）2 次，累计降雨量分别为 52.3 毫米、74.3 毫米、154.1 毫米和 106.9 毫米，分别占总降雨量的 13.5%、19.2%、27.6% 和 39.7%。单场最大和最小降雨量分别为 55.7 毫米和 1.1 毫米；< 10.0 毫米降雨次数最多，占降雨总次数的 42.9%。

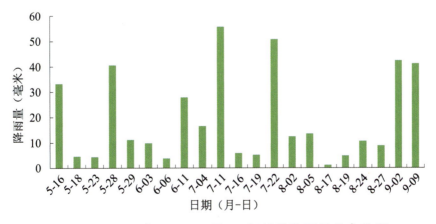

图 6-5　2014 年 5 ～ 10 月 21 场林外降雨量分布状况

6.2.2.2 不同林型林分穿透雨量

穿透雨量的大小主要受其上方的林冠盖度和距离树干的距离远近的影响。5种林型穿透雨量为162.4～338.1毫米（表6-4）。草类落叶松林最高达338.1毫米，草类白桦林最低，为162.4毫米，除杜鹃白桦林略高外，阔叶林均低于针叶林。比较不同林分密度和穿透雨量的关系可以看出，林分密度越大，穿透雨量越低。

表6-4　2014年5～10月嫩江源主要林型雨季林冠截留特征

林型	密度（株/公顷）	穿透雨量（毫米）	树干径流量（毫米）	林冠截留量（毫米）	林冠截留率（%）
草类落叶松林	1280	338.1	2.4	72.9	18.81
杜鹃落叶松林	1118	270	1.9	115.7	29.85
杜香落叶松林	967	222.7	2.1	162.8	42.00
草类白桦林	2385	162.4	12.4	212.8	54.91
杜鹃白桦林	1583	250.5	7.4	129.7	33.46

6.2.2.3 不同林型林冠截留量

根据不同林型树干径流量和穿透雨量，再结合林外雨量（2014年5～10月林外总雨量387.6毫米），计算不同林型林冠截留量，结果见表6-4。除杜香落叶松林（162.8毫米）外，阔叶林林冠截留量（129.7～212.8毫米）高于针叶林（72.9～115.7毫米）。再加上林分密度可知，密度大的阔叶林（草类白桦林、杜鹃白桦林）明显比密度小的针叶林（草类落叶松林、杜鹃落叶松林）林冠层能够截留较多的降水。

研究发现，不同林型和密度的林分，林冠截留率不同，与曾杰等（1997）发现针叶林的林冠截留率均明显高于阔叶林的研究结果相反，不同林分树种树冠结构（如叶形、大小、枝条分支角度、树皮粗糙程度等）是导致林冠截留率差异的重要原因。研究发现，针叶林和阔叶林林冠截留率分别为18.81%～42.00%和33.46%～54.91%，结果与我国针叶林林冠截留率的变动范围分别为14.5%～50.0%基本一致（彭焕华，2010），白桦林林冠截留率（33.56%～54.91%）较高，原因是草类白桦林密度大、叶片宽广等，导致白桦林冠层截留较多的降水。

6.2.2.4 树干径流

大气降雨时，雨水降落在林冠层后，经过枝叶的汇集，林木树体表面湿润饱和后形成树干径流量。从表6-4中可以看出，嫩江源不同林型树种的树干径流存在差异，草类白桦林和杜鹃白桦林，树干径流量较高分别为12.4毫米和7.4毫米，其次是草类落叶松林、杜香落叶松林和杜鹃落叶松林，分别是2.4毫米、2.1毫米和1.9毫米。

阔叶树种的树干径流明显高于针叶树种，这是由于树种形态结构不同造成的，落叶松树皮纵裂呈鳞片状，树体吸收雨量较多，叶呈针状，不能长时间截留降水，掉落后形成穿透雨量，形成树干径流量较小。蒙古栎树皮呈浅裂状，叶片较大呈革质，叶柄粗大，能够截留吸收水分较少；白桦和山杨树皮光滑，利于水分流动，且树叶较大。所以3种阔叶树种的树干径流量较大。其次树干径流的大小也与林分的密度、郁闭度、树干的直径等因素有关，简单的按不同林分研究树干径流的大小存在局限性，有待进一步研究。

6.2.2.5 不同林型枯落物持水量

嫩江源5种林型枯落物层总持水量为33.40~97.15吨/公顷，其中未分解层和半分解层最大持水量分别为13.94~27.66吨/公顷和18.18~69.49吨/公顷（表6-5）。不同林型、不同分解层次枯落物层的最大持水量间存在差异：5种林型的最大持水量半分解层均高于未分解层，此结论和王美莲等（2015）的结论相符；除杜鹃落叶松林外，2种白桦林（草类和杜鹃）的总持水量、分解层和半分解层的最大持水量均高于2种兴安落叶松林（草类和杜鹃）。

5种林型不同分解层的枯落物最大持水率亦不同，未分解层和半分解层最大持水率分别为356.20%~401.82%和345.90%~525.48%。其中，最大持水率在未分解层最高的为杜香落叶松林，其后分别为草类落叶松林、杜鹃白桦林、草类白桦林和杜鹃落叶松林。在半分解层最大持水率最高的为草类落叶松林，其后分别为杜鹃落叶松林、杜鹃白桦林、草类白桦林和杜香落叶松林。

嫩江源森林枯落物现存量和最大持水量较高，这可能是因为嫩江源地处寒温带，温度较低，枯落物分解速度较慢；另一方面，是由于该区属于保护区，无人居住，因此枯落物层受人为干扰影响较小。针叶林枯落物层现存量高于阔叶林，是因为针叶林枯落物层分解速度比阔叶林慢，易大量积累。不同林型枯落物的质和量不同，其持水能力也不相同，枯落物的持水能力用干物质的最大持水量和最大持水率表示（陈晓燕等，2009），其大小与林分类型、林龄、枯落物的组成、分解速度和积累量等因素有关。

表6-5 嫩江源5种林型不同分解程度枯落物层最大持水量

林型	最大持水率（%）		最大持水量（吨/公顷）		总持水量（吨/公顷）
	未分解层	半分解层	未分解层	半分解层	
草类落叶松林	395.39（66.06）	525.48（47.71）	13.94（2.34）	26.25（5.21）	40.20
杜鹃落叶松林	356.20（46.16）	505.95（14.69）	27.66（1.92）	69.49（21.29）	97.15
杜香落叶松林	401.82（88.43）	345.90（90.07）	15.22（1.28）	18.18（6.01）	33.40
草类白桦林	359.94（21.40）	425.31（46.99）	16.98（0.29）	43.66（17.58）	60.63
杜鹃白桦林	373.91（37.13）	426.43（27.54）	20.98（4.68）	35.37（7.95）	56.36

注：括号内数据为标准差。

研究结果表明，除杜鹃落叶松林外，阔叶林枯落物的持水能力高于针叶林，虽然针叶林总持水量相对阔叶林较小，但是由于针叶林枯落物现存量较大，所以其持水率也会增大，这一结果与姜海燕（2008）的研究结果相同。

6.3 森林集水区流域产水量特征

通过森林集水区和流域降水量、径流量等野外系统观测，分析研究森林植被分布格局、造林和采伐、土地利用、水土保持措施等因素对径流过程的影响，为揭示流域尺度内森林生态系统对集水区和径流的调蓄作用及理解森林流域水文过程机理和累积效应提供科学依据。

6.3.1 观测方法

6.3.1.1 观测内容

降雨量、水位、流量、径流总量、径流模数、径流深度、径流系数、水量、水温。

6.3.1.2 观测方法

（1）集水区的设置。设置的集水区植被、土壤、气候、立地因素及环境等自然条件应具有代表性。集水区的地形外貌和基岩要能完整地闭合，分水线明显，地表分水线和地下分水线一致。集水区的出水口收容性要尽量狭窄。集水区域的基底不透水，不宜选取地质断层带上、岩层破碎或有溶洞的地方。水区面积大小要充分考虑集水区内各项因子的可控性，面积不宜太小或太大，不失去其代表性，一般为数公顷至数平方千米。

（2）森林集水区降雨量观测。在集水区空旷处布设带有数据采集器的雨量计，自动观测降雨量和降雨强度。

（3）森林集水区流域水位观测。

①水位计的安装和布设。将水位计放置在与水连通的 PVC 管或测井中。利用水位计观测水位时应在水位计安装处设置水尺，以建立水位参照点及检验水位计是否准确，同时还可以对水位计观测到的水位进行标定。考虑泥沙在此处可能淤积，还要定期清理槽中或堰内的泥沙或其他外来物。

②数据采集。通过内置数据采集器设置水位计记录数据的时间间隔为 30 分钟。定期下载并清空数据。

③数据处理。通过 PC 机与数据采集器相连，下载数据，输出保存为 Excel 表格。数据内容应包括记录序号、日期、时间、具体数值和数值单位。

平均水位的计算：不同时段水位的均值；如果一日内水位变化不大，或虽有变化但观测时距相等时，可以用算术平均法求得当日 8:00 至翌日 8:00 的水位平均值，记为日平均水位。

(4) 森林集水区流域流量观测。

①观测设施的选择。根据嫩江源的降雨情况、流域面积的大小、历年最大和最小流量等资料选择量水建筑物为三角形溢流堰。

②数据采集。利用超声波流速仪测量流速，设置数据采集时间间隔为30分钟。

③数据处理。通过 PC 机与数据采集器相连，下载数据，输出保存为 Excel 表格。数据内容应包括记录序号、日期、时间、具体数值和数值单位。流量主要是在流速和水位测定的基础上根据特定关系式计算得出。

三角形薄壁溢流堰流量计算公式如下：

$$Q = \frac{4}{5} C_v \times \frac{\theta}{2} \times \sqrt{2g} \times H^{2.5} \qquad (6\text{-}3)$$

式中：Q——流量（立方米/秒）；

θ——三角形堰顶角（°）；

H——堰上水头，即水深（米）；

C_v——流量系数，由公式算出或试验得出。

若 $\theta=90°$，流量公式简化如下：

$$Q = 1.4 H^{2.5} \qquad (6\text{-}4)$$

6.3.2 森林集水区产水量特征

6.3.2.1 集水区水量变化

嫩江源设置的集水区面积为 518 公顷，在出水区设置 1 个三角形薄壁测流堰，顶角 $\theta=90°$，经过 2015 年 6 月 10 日至 9 月 29 日的观测，计算结果如图 6-6 所示。6 月集水区堰流量最高，为 0.05 立方米/秒；9 月最小，为 0.009 立方米/秒；整个生长季平均流量为 0.027 立方米/秒，水量约为 247492.51 立方米。比较同期的降雨量如图 6-7 所示，降雨量在 6 月、8 月较多，7 月、9 月相对较少。

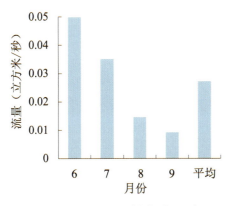

图 6-6　不同月份集水区流量

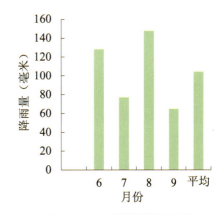

图 6-7　不同月份降雨量

6.3.2.2 讨论和分析

通过对比 2015 年降雨量（图 6-7）发现：6 月与 8 月降雨量相差不多，但 6 月明显比 8 月径流量大，主要是由于该区域普遍存在的多年冻土区，在 6 月冻土仅上层融化，下层由于存在未融化的冻土，使之形成隔水层，降雨及春季融化的雪水不能下渗，在表层形成径流，使径流量增大；而在 8 月，冻土基本融化到最大深度，使土壤下渗能力增强，大部分降雨下渗到土壤中，使径流量减小。

6.4 森林生态系统水质特征

嫩江源森林生态站研究区是黑龙江、嫩江等流域的发源地和水源涵养地，是当地及整个松嫩平原生活饮用、农田灌溉的生命线。作为我国北方的一道生态屏障，在维护生态系统的平衡及生态文明建设方面具有重要的作用，水源的质量好坏关系着整个地区乃至下游的用水安全。

通过对嫩江源森林生态系统水质参数的定位观测，了解该森林生态系统中养分随降水和径流的输入和输出规律以及污染物的迁移分布规律，以及兴安落叶松不同月份总磷、总氮、Ca、Mg、K、Na 变化趋势，分析研究森林生态系统对化学物质成分的吸附、贮存、过滤及调节的过程，为阐明该森林生态系统在改善和净化水质过程中的重要作用提供科学依据。

6.4.1 观测方法

6.4.1.1 观测内容

pH、钙离子、镁离子、钾离子、钠离子、氨离子、碳酸根、碳酸氢根、氰化物、氟化物、硫酸根、硝酸根、总磷、总氮、电导率（总溶解固体 TDS、总盐、密度）、溶氧、氧化还原电位、浊度（TSS）；微量元素（B、Mn、Mo、Zn、Fe、Cu）；重金属元素（Cd、Pb、Ni、Cr、Se、As、Ti）。

6.4.1.2 观测方法和仪器

大气降水、树干径流、地表水和河水样品采集样地的设置，地表径流样品采集的径流场设置，地下水水质观测井，水质离子测量方法参照国家标准《森林生态系统长期定位观测方法》（GB/T 33027—2016）。

（1）观测方法。森林大气降水、树干径流、地表径流、河水和地下水土壤渗漏水和地下水的水质观测，采用以下两种方法进行：野外定期采集水样，带回实验室，用离子分析仪测定；应用便携式水质分析仪，在野外定期定点现场速测。

①采样容器。

a. 水质采样容器应选用带盖的、化学性质稳定、不吸附待测组分、易清洗可反复使用并且大小和形状适宜的塑料容器（聚四氟乙烯、聚乙烯）或玻璃容器（石英、硼硅）。

b. 容器不应引起新的污染。

c. 容器壁不应吸收或吸附某些待测组分。

d. 容器不应与某些待测组分发生反应。

e. 测定对光敏感的组分，其水样应贮存于深色容器中。

f. 容器采用直径20厘米、容积2～5升为宜。

②观测井的井口设备。

a. 在观测井口牢固的地方设置观测点，并用水准仪测高程，作为水文观测的高程控制标志。

b. 观测台周围用粘土填实，一般要高出地面0.5米，以防止地面水流入井内。

c. 自流井压力水头不高时，可加套管观测。若水头过高，可装水压表测算水位。

d. 泉水观测点装置。在泉水出口处，修建引水渠道并设置水尺和量水建筑物。引水系统应不影响水量、水位与水质的观测精度。引水渠应有防渗与隔离地面水的措施。

e. 凡井孔被抽水设备封闭的，应在适当位置凿孔焊接钢管作为观测孔，使观测不影响抽水工作。

(2) 林外大气降水采样。

①采样容器的数量和布设。林外大气降水采样设备数量与布设参照国家标准《森林生态系统长期定位观测方法》（GB/T 33027—2016）执行。

②林外大气降水采样。由安装在集水区高于林冠层的观测铁塔上采样容器采集，或者把采样容器设于林外距林缘1.5～2倍树高的空旷地上，采样容器距地面≥70厘米，待降水时接收水样。

(3) 树干径流采样。

①采样器的数量和布设。为排除树干径流差异的影响，布设5～10个树干径流采集容器。采样数量确定后，采用系统原则布设采样设备：如果树体差异很大，要在不同直径和树冠大小等级上进行树干径流采样，每个类型选择2～3株标准树安装采样设备。

②树干径流采样。树干径流采集容器应固定在样地内的样树上。树干径流采集容器应围绕树干放置，并离地面0.5～1.5米。应不能干扰样地上的其他监测活动，而且不伤害树木。

(4) 地表径流采样。水样在测流建筑物上游（回水以外）控制断面上采取。

(5) 地下水水质观测。

①地下水采样。在停滞的观测孔及水井中采样，应先抽去停滞水，待新的地下水流入后再进行采样。采样后，样品应在现场封闭好，贴好标签，并在48小时内送至实验室。

②地下水水质测量。将便携式水质分析仪的多参数组合探头通过缆线与便携式读表连接，然后将探头放入观测井中直至没入水面，开启电源，进行地下水水质参数测量。测量的数据会即时保存在便携式读表的存储单元中。测量结束后，下载数据，进行数据处理和分析。

（6）水样采集时间与频率。每次降水都应采集。对每次降水的各项水文要素（降水、穿透水、树干径流水、枯落物层水、土壤渗透水、地表径流水、地下水）都应采样，每一种水样都要均匀混合后提取其平均值。

（7）水样采集数量。采集水样体积取决于分析项目、要求的精确度及水矿化度等。通常应超过各项测定所需水样体积总和的20%～30%，一般简单分析需水样500～1000毫升，全分析需要3000毫升。

（8）样品登记与管理。水样采集后，应根据测定项目要求分装。为防止在采样过程及运输管理中出现样品丢失、混淆等状况，在采样过程中要将每个样点的调查与采样情况进行填表记录，填写水样采集记录表。每一份样品都对应一张水样标签。水样标签的格式见表6-6。

水样的保存方式和保存条件对研究结果有很大的重要性，酸碱度、不同金属等都需要特有的容器保存，见表6-6。

表6-6　水样采集记录表

样地编号：

样品编号		海拔	
经纬度		距林缘位置	
坡度、坡向		叶面积指数	
树种		测试项目	
水样 类型		采样地点（样地中位置）	
样品预处理		采样时间	
备注			

观测单位：　　　　　　　　　　　　　　　观测员：

6.4.1.3 数据处理

将野外采集带回实验室的大气降水、穿透水、树干径流、枯落物层、土壤渗漏水、地表径流和地下水样样品，分类分指标监测水质参数含量，记录每个采样点各水质参数，统计分析水质特点，水质保存条件见表6-7。

表6-7　水样保存条件

测定项目	容器	水样数量（毫升）	最长保存时间和条件
残渣	塑料瓶、硼硅玻璃瓶	100	7天，应立即过滤分离
pH	塑料瓶、硼硅玻璃瓶	100	立即分析

(续)

测定项目	容器	水样数量（毫升）	最长保存时间和条件
酸度	塑料瓶、硼硅玻璃瓶	100	24小时，冷藏（4℃）
碱度	塑料瓶、硼硅玻璃瓶	200	24小时，冷藏（4℃）
有机酸	棕色玻璃瓶	100	7小时，尽可能快分析，冷藏（4℃）
有机质	塑料瓶、玻璃瓶	500	7小时，尽可能快分析，冷藏（4℃）
氨态氮	塑料瓶、玻璃瓶	500	7小时，尽可能快分析，冷藏（4℃）
PO_4^{3-}	玻璃瓶	100	7小时，立即过滤分解的PO_4^{3-}，冰冻在≤-10℃或每升加40毫克氯化汞
硅	塑料瓶	240	6个月，用蜡封存
钙	塑料瓶、玻璃瓶	240	7天，冷藏
金属	塑料瓶	500	6个月，立即过滤分解溶解的金属，每升加5毫升浓硝酸
SO_4^{2-}	塑料瓶、玻璃瓶	240	7天，冷藏
Cl^-	塑料瓶、玻璃瓶	240	7天，冷藏
溶解氧	玻璃瓶	300	立即分析

6.4.2 典型森林生态系统水质特征

6.4.2.1 pH

2016 年夏季收集并测定嫩江源森林生态系统大气降水、树干径流、地表径流、南瓮河国家级自然保护区砍都河河水和南瓮河国家级自然保护区地下水的 pH，统计结果如图 6-8 所示。

在生长季嫩江源森林生态系统大气降水 pH 呈中性偏弱碱性，pH 7.0～7.6；树干径流呈酸性，pH 4.2～5.7；地表径流 pH 呈弱碱性，pH 7.2～7.4；河水 pH 中性偏弱碱性，pH 7.3～7.6；地下水 pH 6～7 月呈碱性（pH 7.7～8.1），8 月呈弱酸性（pH 6.8）。

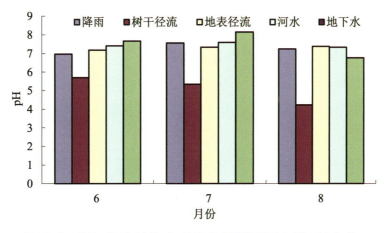

图 6-8　嫩江源森林生态系统生长季不同水样 pH 变化

由于降水经过林冠及树干的淋溶后，使树干径流 pH 下降呈酸性，说明这一过程中降水从树冠层和枝干中吸入了某些酸性物质，从而导致 pH 略有下降；降水在经过树冠层、树干、枯落物层和土壤层后经过地表径流进入河水，此时的 pH 均有所增高，说明枯落物层和土壤层能吸收酸性物质或者释放出碱性物质，促使地表径流和河水的 pH 升高；而地下水，在 6 月、7 月由于降雨较多，下渗形成地下水也较多，使 pH 有较大增加，在 8 月随着降雨减少，地表水下渗至地下的水量减少，使得地下水的 pH 下降。整体来看，在生长季，降水通过嫩江源森林生态系统之后河流和地下水的 pH 有所增加，但在生态系统的不同层次位置 pH 存在差异。

6.4.2.2 林外降雨养分含量月际变化

兴安落叶松林生长季林外降雨 N 含量在 6 月较高，月际变化幅度在 1.21 ~ 2.45 毫克/升之间。Mg 和 K 的养分含量并未检测出，P 只在 6 月检出，含量很低为 0.0036 毫克/升，Ca 只在 8 月检出。Na 的含量除 6 月未检出，其他月份变化较小。

表 6-8　兴安落叶松林生长季林外降雨养分含量变化

毫克/升

月份	Ca	Mg	K	Na	P	N
5	—	—	—	0.12	—	1.78
6	—	—	—	—	0.0036	2.45
7	—	—	—	0.17	—	2.12
8	3.26	—	—	0.27	—	1.21

注：表中"—"表示养分含量未检测出。

嫩江源森林生态站 N 元素不同月份含量均高于大兴安岭站，月际变化较大；P 含量在不同月份均低于大兴安岭站；Na 元素除 7 月外，其他月份含量均低于大兴安岭站。当地环境和水文条件的差异是造成降水养分含量差异的原因。一方面嫩江源站地处大兴安岭东坡南部，离居民区较远，受大气环流携带的化学元素或者大气污染的影响较小，导致金属离子未检测出；另一方面是本地区气象条件的随机性改变了降水格局、降水条件等。

6.4.2.3 兴安落叶松林树干径流生长季养分含量变化

雨水降入森林，经林冠截留后，一部分形成穿透雨；另一部分通过树叶、枝条和树干形成径流，这个过程中雨水对树叶、枝条和树干物质沉降及化学元素进行淋洗，使化学组成发生变化，从而使得树干径流中水分的化学元素数量发生了变化，并且在不同的季节存在差异（表 6-9）。从表 6-9 可以看出，5 ~ 9 月嫩江源兴安落叶松的树干径流中各元素含量存在差异。树干径流中的 N、P 两种元素含量出现随月份先增长后减少的情况，这与植物的生长有关系；5 月天气较冷，植物刚刚开始发芽生长，而到 6 月、7 月植物逐渐生长达到鼎盛，代谢的元素也增加，到 8 月、9 月入秋天气渐冷，叶片开始枯黄飘落表面养分又减少。Ca 元素仅在 8 月检出，这与雨水中只有 8 月有 Ca 检出相一致。Mg、K、Na、NO 的各月含量变化并没有一定的规律性，Mg、Na 的含量呈波动性变化，K 含量比较平稳在 4.21 ~ 4.8 毫

第 6 章 森林生态系统水文要素特征

克/升，NO 的含量为 2.1～5.7 毫克/升。

表 6-9 兴安落叶松林树干径流不同月份养分含量变化

毫克/升

月份	N	P	Ca	Mg	K	Na	NO
5	1.82	2.11	—	3.5	4.52	1.12	3.11
6	2.58	2.7	—	1.78	4.21	1.52	5.7
7	3.37	8.16	—	4.72	4.41	1.05	3.5
8	1.33	7.03	11.74	5.68	4.33	1.47	3.1
9	0.98	5.89	—	4.89	4.8	0.25	2.1
平均	2.02	5.18	2.87	3.91	4.56	1.08	3.5

注：表中"—"表示养分含量未检测出。

6.4.2.4 兴安落叶松林外降雨量和树干径流元素含量变化

2016 年 5～9 月嫩江源兴安落叶松林大气降雨和树干径流各元素平均含量变化见表 6-10。研究期内大气降雨通过林冠层形成树干径流过程中，树干径流中除了 NO 的含量降低外，其他各元素的含量均高于大气降雨，其中变化幅度最大的 P，树干径流中含量为 5.18 毫克/升，约是大气降雨的 58 倍，树干径流各元素浓度排列顺序为 NO ＜ Na ＜ N ＜ Ca ＜ Mg ＜ K ＜ P。NO 含量低于雨水中的含量，说明在嫩江源兴安落叶松的树干和枝叶表面对其有吸附净化的作用。而其他元素的含量均比降水中含量高，说明这些元素经过树干和枝叶表面后溶解在树干径流中，溶淋大于吸附。

6.4.2.5 森林生态系统生长季不同水体养分差异

降水进入森林生态系统，途经林冠层、枯枝落叶层和土壤层，以地表径流和地下水的形式输出森林生态系统，这一过程中不同月份养分会发生一系列的变化。

（1）NO 离子。检测 2016 年 5～9 月的嫩江源落叶松林大气降雨、树干径流、地表径流、溪流水和地下水中养分含量，统计结果见表 6-10。5 种水体中，大气降水的 NO 含量最高，可能是由于雷电释放大量的能量使空气中的氮气与氧气反应产生；降水通过树干和枝叶后，NO 的含量降低，是大气降水的 18.9%，说明森林生态系统能够很好地将其吸收。地表径流出口的 NO 含量降为最低的 3.00 毫克/升。该地区地下水的 NO 含量略高于地表径流，可能是由于雨水经过土壤层时溶解了土壤有机质中的可溶性氮造成的。溪流水中的 NO 含量占大气降水的 18.2%，仅高于地表径流，这是由于雨水降落在溪流水里，使 NO 含量得到了稀释，从而降低了 NO 浓度。

表 6-10 嫩江源森林生态系统生长季不同水体养分差异

毫克/升

项目	N	P	Ca	Mg	K	Na	NO
大气降雨	1.89	0.0009	0.82	—	—	0.073	18.53

(续)

项目	N	P	Ca	Mg	K	Na	NO
树干径流	1.96	5.18	2.87	3.91	4.56	1.08	3.50
地表径流	0.15	0.11	10.52	0.895	—	2.23	3.00
溪流水	3.19	0.05	16.87	1.50	0.24	2.26	3.37
地下水	1.09	0.049	16.52	0.72	0.19	2.56	3.82

注：表中"—"表示养分含量未检测出。

（2）K、Ca、Na、Mg 含量。降水中未检测出 K，通过树干、枝叶表面后，K 的含量显著增高，达到 4.56 毫克/升，虽然在降雨时会出现少部分蒸发，但是不会对 K 含量的变化产生很大的影响，造成 K 含量浓度巨变的原因是大气降水对林冠、枝条和树体的淋洗。地表径流、溪流水和地下水的 K 明显降低，降幅达 3.16 毫克/升，可能是由于土壤中某些成分对 K 产生吸附作用，使 K 含量降低，地表径流的 K 含量也略有下降，沟道也会对 K 含量产生一定的影响。通过土壤的层层吸附，地下水的 K 含量也就最小（表 6-10）。

嫩江源生长季降水中 Na 的含量均比较低（表 6-10），降水通过林冠层以后，到达树干径流 Na 的含量有所增高，是降水的 14.8 倍，说明降水淋洗树冠和树枝，树体表面的 Na 被释放出来。地表径流中的 Na 含量更高为 2.23 毫克/升，说明降水沿地面流动的过程中，枯枝落叶层中的 Na 也被淋洗出来，使地表径流中的 Na 含量升高；溪流水中的 Na 含量与地表径流相差不多；而地下水的 Na 含量略高于地表径流和溪流，说明在渗透过程中，土壤中也会释放一定量的 Na，从而积累了 Na 的含量。

（3）N 和 P 含量。在生长季嫩江源森林生态系统不同水体中 N 和 P 含量较少（表 6-10），不同水体差异较大。其中，N 在地表径流中含量最少，为 0.15 毫克/升，其次是地下水，在溪流中最高，为 3.19 毫克/升，其他水体差别不大。P 含量在不同水体差异也较大，其中树干径流中含量最高，为 5.18 毫克/升，其他水体含量都较少。由此可以看出，降水在经过嫩江源森林生态系统之后，不同的水体 N 和 P 的含量也发生了变化。

通过对嫩江源研究区域降水在森林生态系统内部的迁移，以及生态系统不同层次对降水影响的研究发现，大气降水通过森林生态系统是个复杂的过程，不同层次的水体化学成分存在差异，降水对树体的淋溶，与枯枝落叶层和土壤的离子交换等过程，使得部分化学物质进入土壤，实现森林生态系统的化学物质循环。

6.4.2.6 森林生态系统地表水特征

2015—2021 年 6 ~ 9 月在嫩江源森林集水区水量观测点（样地编号 NJYFZH01SW02）进行长期水温、电导率、TDS、密度、pH、溶解氧、浊度、TSS 指标的观测，观测结果如数据集表 2-9 地表水自动监测水质数据表所示。分析发现，嫩江源森林地表水质在不同的时间段呈现出不同的变化规律。

2015—2021年嫩江源森林生态系统地表水温月平均值变化随年季呈现周期性变化（图6-9），其中6月水温最低，7月、8月升高，9月又降低，水温月平均值在7月、8月最高，在6月、9月水温月平均值较低，生长季水温月平均值在2～12℃之间，水温月平均值变化和嫩江源气温变化相一致，嫩江源森林生态站最高气温出现在7月、8月。

2015—2021年嫩江源森林生态系统生长季地表水电导率月平均值除2017年9月异常高之外，其他时间随年季呈周期性变化（图6-10），从6～9月地表水电导率月平均值逐渐增大，6月最低，9月最高，除2017年9月偏高（高达0.148毫西门子/厘米）外，其他月平均值在0.02～0.07毫西门子/厘米，不同年份相同月份电导率值略有不同，但总体变化趋势一致。

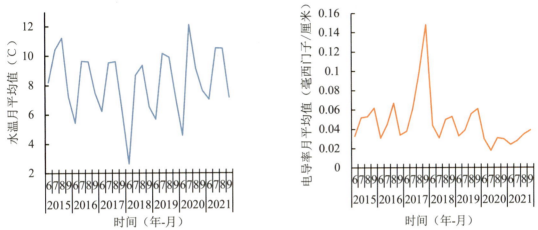

图6-9　森林地表水生长季水温月平均值　　图6-10　森林地表水生长季电导率月平均值变化

2015—2021年嫩江源森林生态系统生长季地表水TDS月平均值除2017年9月异常高之外，其他时间随年季呈周期性变化（图6-11），6～9月地表水TDS月平均值逐渐增大，6月最低，9月最高，年季之间变化略又不同，但总体变化趋势一致。嫩江源森林生态系统生长季地表水电导率月平均值和TDS的月平均值年季变化趋势相似。

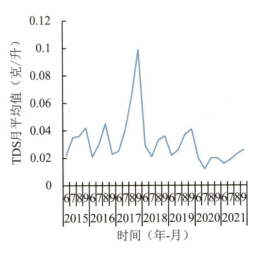

图6-11　森林地表水生长季TDS月平均值变化

嫩江源森林生态系统 2015—2021 年生长季地表水密度月平均值随年季周期性变化（图 6-12），6～9 月地表水密度月平均值逐渐减小，除 2020 年 8 月略低之外，其他时间均在 999.6～1000 克/升之间，变化较小。

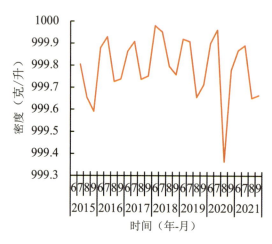

图 6-12　森林地表水生长季密度月平均值变化

嫩江源森林生态系统 2015—2021 年生长季地表水 pH 月平均值随年季周期性变化（图 6-13），逐年有降低的趋势，pH 变化范围为 6.5～9.6；6～9 月，地表水 pH 月平均值逐渐增大。

嫩江源森林生态系统 2015—2021 年生长季地表水溶解氧月平均值无变化规律（图 6-14），除 2021 年 9 月异常高，达到 0.69 毫克/升，其他时间月平均值均在 0.013～0.178 毫克/升之间，变化极小。

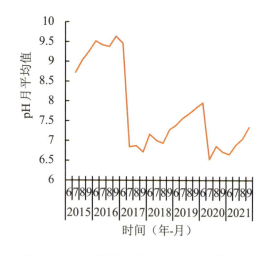 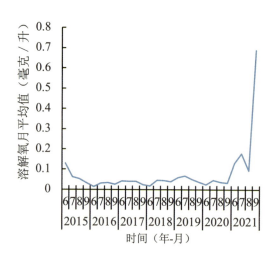

图 6-13　森林地表水 pH 月平均值变化　　图 6-14　森林地表水生长季溶解氧月平均值变化

嫩江源森林生态系统 2015—2021 年生长季地表水浊度和 TSS 月平均值变化趋势一致（图 6-15、图 6-16），除 2018 年 7 月、8 月异常高（浊度达到 182.623 NTU 和 175.815 NTU，

TSS 达到 0.73 克/升和 0.703 克/升）之外其他时间变化均不大，浊度在 5.408～97.061 NTU 之间，TSS 在 0.022～0.388 克/升之间。从统计数据可以看出，7月、8月浊度和 TSS 月平均值普遍较高，而 6 月、9 月相对较低，这是由于嫩江源森林生态系统雨季主要集中在 7 月、8 月，相对 6 月、9 月较少，雨水冲刷地表和植被，带到地表径流中的杂质等增多，导致地表地表水的浊度和 TSS 月平均值增大，水量的分布不规律，导致地表水的浊度和 TSS 月平均值年季差异较大。

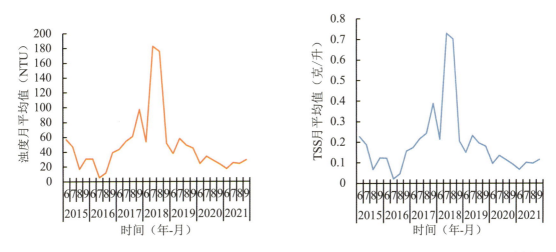

图 6-15　森林地表水生长季浊度月平均值变化　图 6-16　森林地表水生长季 TSS 月平均值变化

第 7 章
森林生态系统土壤要素特征

森林土壤是森林植被生长必要条件之一，也是土壤水分和养分的贮存场所。国内外的研究主要集中于森林土壤和森林植被变化之间的关系研究。森林土壤是森林植被生长的重要基础，主要体现在两方面：首先，森林土壤能够提供森林植被所吸收的养分和水分；其次，森林淋溶、降水等影响改变森林土壤养分和结构。森林土壤不仅结构和类型存在差异，养分和水分含量方面也有很大差异，导致这种差异因素有很多，如林分类型、密度以及海拔、气候、成土条件和地貌等条件的限制。

因此，长期定位监测森林土壤的水分、温度、养分以及气体状况，累积基本数据，不仅能够掌握森林土壤动态变化规律及人类活动对其产生的影响与反馈，还能够准确评价区域土壤质量，更好地为森林经营、土壤肥力评价、评估碳收支等方面提供科学依据。

7.1 森林生态系统土壤理化性质特征

通过对嫩江源森林生态站研究区域森林土壤理化性质指标观测，了解森林生态系统土壤发育状况及其理化性质的空间异质性，分析森林生态系统土壤与植被和环境因子之间的相互影响过程，为深入研究森林生态系统各生态学过程与森林土壤之间的相互作用，充分认识土壤在森林生态系统中的功能提供科学依据。

7.1.1 观测方法
7.1.1.1 观测内容

土壤物理性质：土壤层次、厚度、密度、含水量、总孔隙度、毛管孔隙度、非毛管孔隙度等。

土壤化学性质：土壤 pH、阳离子交换量、交换性钙和镁（盐碱土）、交换性钾和钠、交换性酸量（酸性土）、交换性盐基总量、碳酸盐量（盐碱土）、有机质、水溶性盐分总量、全氮、碱解氮、亚硝态氮、全磷、有效磷、全钾、速效钾、缓效钾、全镁、有效态镁、全钙、有效钙、全硫、有效硫等。

7.1.1.2 观测与采样方法

（1）样地设置。选择样地前，了解试验地区的基本概况，包括地形、水文、森林类型、林业生产情况等，并制定采样区位信息表。同时，样地应符合以下条件：①具有完善的保护制度，可以保障长期研究，而不被人为干扰或破坏。②具有典型优势种组成的区域。③具有代表性的森林生态系统，并应包涵森林变异性。④宽阔的地带，不宜跨越道路、沟谷和山脊等。

样地布设是在确定采样区之后，根据森林面积的大小、地形、土壤水分、肥力等特征，在林内坡面上部、中部、下部与等高线平行各设置一条样线，在样线上选择具有代表性的地段，设置0.1~1公顷样地。同时，分别设置3~5个10米×10米乔木调查样方。

（2）采样点设置。

①采样点数量的确定。因不同区域森林土壤的空间变异性较大，采样点数量公式如下：

$$n=\frac{t^2 S^2}{d^2} \tag{7-1}$$

式中：n——采样点数；

t——在设定的自由度和概率时的值（查 t 分布表获得）；

S——方差，它可以由全距（R）按式 $S^2=(R/4)^2$ 求得；

d——允许误差。

②采样点的布设。对角线采样法：样地平整，肥力较均匀的样地宜用此法，采样点不少于5个。棋盘式采样法：样地平整，而肥力不均匀的样地宜用此法，采样点不少于40个。蛇形采样法：地势不太平坦，肥力不均匀的样地按此法采样，在样地间曲折前进来分布样点，采样点数根据面积大小确定。本研究采用蛇形取样方法（图7-1）。

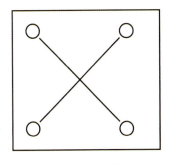 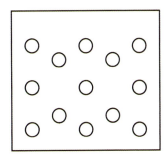 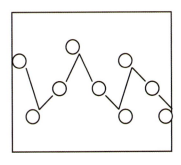

(a) 对角线采样法　　　　　(b) 棋盘式采样法　　　　　(b) 蛇形采样法

图 7-1　不同采样点的布设方法

③采样工具。包括小土铲、土钻、铁锹、十字镐、剖面刀、钢卷尺、全球定位仪、地质罗盘仪、数码相机、便携式土壤紧实度分析仪、样品袋、环刀、铝盒、土壤筛、塑料布、记号笔、枝剪、样品标签、采样记录表、磁盘、1∶3 HCl、混合指示剂、背包等。

④样品采集方法。在设置好的采样点，先挖一个0.8米×1.0米的长方形土壤剖面。坡地上应顺坡挖掘，坡上面为观测面；平整地将长方形较窄的向阳面作为观测面，观测面植被不应破坏，挖出的土壤应按层次放在剖面两侧，以便按原来层次回填。剖面的深度根据具体情况确定，一般要求达到母质层，土层较厚的挖掘到1.0~1.5米处即可。剖面一端垂直削平，另一端挖成梯形，以便于观察记载。

先观察土壤剖面的层次、厚度、颜色、湿度、结构、质地、紧实度、湿度、植物根系分布等，然后自上而下划分土层，并进行剖面特征的观察记载，作为土壤基本性质的资料及分析结果审查时的参考。以下介绍几个主要的坡面观测指标和方法。

土壤层次。以土壤发生层次由上而下划分为：A_0、A_1、A_2、B、C 等。A_0 为枯枝落叶层，主要是未分解或半分解的有机物质。A_1 为腐殖质层，腐殖质与矿物质结合，颜色深暗，团粒结构，疏松多孔。A_2 为灰化层，由于淋溶作用生成的灰白色层次。粉砂质无结构。B 为淀积层，聚积上面淋溶下来的物质。C 为母质层，根据实际情况还可以划分为不同的亚层。

土层厚度。枯枝落叶层，单独测量其厚度。该层以下采取连续记载法，如腐殖质层为30厘米，记为0~30厘米，下部的灰化层为10厘米，记为30~40厘米，直到底层。

土壤颜色。土壤颜色的判断应用潮湿的土壤，在光线一致的情况下进行，采用门赛尔比色卡比色，也可按土壤颜色三角表进行描述。颜色描述以次要颜色在前，主要颜色在后的方式，如"棕黑色"是以黑色为主，棕为次色。颜色深浅还可以冠以暗、淡等形容词，如浅棕、暗灰等。

土壤湿度。即土壤含水量，表示土壤干湿程度的物理量。是土壤含水量的一种相对变量。通常用土壤含水量占干土重的百分数表示，即土壤水的重量占其干土重的百分数（%）。此法应用普遍，但土壤类型不同，相同的土壤湿度其土壤水分的有效性不同，不便于在不同土壤间进行比较。重量法是取土样烘干，称量其干土重和含水重计算。在野外进行剖面观察时，区分土层湿润的程度，一般以干、稍润、润、潮、湿衡量，以手试之，有明显凉感为干；稍凉而不觉湿润为稍润；明显湿润，可压成各种形状而无湿痕为润；用手挤压时无水浸出，而有湿痕为潮；用手挤压，渍水出现为湿。

土样采集。按发生层分层采集土样。应按先下后上的原则采取土样，以免混杂土壤。为克服层次间的过渡现象，采样时应在各层的中部采集，采集的土样供土壤化学性质测定。

将同一层次多样点采集的质量大致相当的土样置于塑料布上，剔除石砾、植被残根等杂物，混匀后利用四分法将多余的土壤样品弃除，一般保留1千克左右土样为宜。

将采集土样装入袋内。土袋内外附上标签，标签上记载样方号、采样地点、采集深度、采集日期和采集人等。

同时，用环刀在各层取原状土样，测定密度、孔隙度等土壤物理性质。

观察和采样结束后，按原来层次回填土壤，以免人为干扰。

⑤采样时间和频率。采样时间和频率决定于研究目的和分析项目，如土壤全量养分（全氮、有机质、全磷、全钾、全钙等），一般1年分析1次；有效养分（有效磷、钾、氮等），试验初期每季1次，以后每年采样1次；质地较轻的砂性土应增加采样频率。

⑥数据处理。将采集的土壤样品分类分层编号，称取鲜重后带回实验室进行分析，获得森林土壤理化性质数据。具体的实验分析方法和数据处理方法参照国家标准《森林生态系统长期定位观测方法》（GB/T 33027—2016）执行。

7.1.2 典型森林生态系统土壤理化性质

7.1.2.1 土壤物理性质

测定嫩江源5种典型的森林类型（杜鹃落叶松林、杜香落叶松林、草类落叶松林、草类白桦林、杜鹃白桦林）土壤的物理性质（数据集表3-2至表3-6），比较不同林型的土壤物理性质的差异。在杜鹃落叶松林地内设置土壤剖面，并观察其土壤剖面特点，其特点见数据集表3-1，土壤类型为棕色针叶林土，土壤厚度为50厘米，分为O、A、B、C四层，其厚度分别是3厘米、11厘米、21厘米、15厘米。

(1) 土壤容重、土壤孔隙度。土壤容重是土壤紧实度的敏感性指标，也是表征土壤质量的重要参数。由表3-2至表3-6可知，0~10厘米、10~20厘米和20~30厘米土层的土壤容重分别为0.87~1.23克/立方厘米、0.64~1.51克/立方厘米和1.35~1.78克/立方厘米。草类落叶松林最小，为0.87克/立方厘米，与最大的杜鹃白桦林极差达到0.36克/立方厘米，主要是草类落叶松林接近沼泽地土壤有机质高、孔隙度较大的缘故。0~30厘米土层土壤平均容重表现为杜鹃白桦林＞杜香落叶松林＞草类白桦林＞杜鹃落叶松林＞草类落叶松林。杜鹃白桦林土壤容重为所有林型中最大的，说明杜鹃白桦林土壤通气性和渗透性是5种林型中最好的，由于林内杜鹃占主体，其分布广、根系数量较多，所以其土壤容重相对其他林分高。在垂直剖面上，5种林型土壤容重均随土层深度加深而显著升高。

土壤总孔隙度、毛管孔隙度和非毛管孔隙度变化一致，均随土层加深而逐渐减小（表3-2至表3-6）。0~10厘米、10~20厘米和20~30厘米土层土壤总孔隙度分别为53.71%~61.83%、39.24%~50.90%和28.41%~41.47%。在同一土层内的总孔隙度和毛管孔隙度没有显著差异，表层土最大，均在50%左右，底层土最小。研究发现，杜鹃落叶松林和杜香落叶松林表层非毛管孔隙度均高于其他林分类型，说明这2种林型土壤持水能力较好，这2种林型林下灌木较多，且灌木的根系众多，对土壤非毛管孔隙度也会产生一定的影响。

(2) 不同林型土壤贮水、蓄水能力。嫩江源5种林型土壤最大贮水量、毛管贮水量和土壤有效贮水量（非毛管持水量）均随土层加深呈下降趋势（表3-2至表3-6）。0～10厘米、10～20厘米和20～30厘米土层,5种林型土壤最大贮水量分别为537.07～618.30吨/公顷、392.51～509.00吨/公顷和248.18～440.06吨/公顷。5种林型在同一土层内均没有显著差异，0～10厘米土层土壤最大贮水量为杜香落叶松林，10～20厘米土层土壤最大贮水量为草类白桦林。

0～10厘米、10～20厘米和20～30厘米土层,5种林型土壤有效贮水量分别为33.95～120.53吨/公顷、32.26～67.91吨/公顷和32.26～54.32吨/公顷（表3-2至表3-6）。在0～10厘米土层，杜鹃落叶松林土壤有效贮水量最高。分别高于杜鹃白桦林、草类白桦林2倍和4倍。5种林型同层土壤毛管贮水量间没有显著差异，0～10厘米、10～20厘米和20～30厘米土层土壤毛管贮水量分别为319.19～538.00吨/公顷、283.47～484.99吨/公顷和248.52～401.75吨/公顷。

土壤蓄水量是森林植被保持水分和水源涵养的重要指标，森林土壤蓄水能力的大小主要取决于土壤非毛管孔隙度的影响。0～20厘米土层，5种林型中杜香落叶松林非毛管孔隙度最大，说明其土壤蓄水能力较好，而杜鹃落叶松林有效贮水量最大。杜香落叶松林和杜鹃落叶松林这两种林分为大兴安岭主要森林类型，对调节该区地表径流和防洪减峰具有较强作用（表3-2至表3-6）。

7.1.2.2 土壤化学性质

嫩江源森林生态系统林型较多，土壤化学性质存在差异。其中，杜鹃落叶松林是大兴安岭特有的林型，以杜鹃落叶松林和草类落叶松林为例，比较其土壤的化学性质，在取样深度为0～30厘米的土壤中，两种林型土壤化学性质存在差异（表7-1）。

表7-1 杜鹃落叶松林和草类落叶松林土壤化学性质比较

植被类型	取样深度（厘米）	pH	有机质（%）	全氮（%）	全磷（%）	全钾（%）	全镁（%）	有效镁（毫克/千克）	速效钾（毫克/千克）	有效钙（毫克/千克）	有效硫（毫克/千克）	交换性盐基总量（厘摩尔/千克）	阳离子交换量（厘摩尔/千克）
杜鹃落叶松林	0～30	4.55	5.94	0.19	0.172	2.72	0.14	241.4	373.77	1215.33	10.97	20.13	54.89
草类落叶松林	0～30	4.24	6.99	0.21	0.159	2.61	0.1	266.5	283.20	1329.04	13.40	15.27	54.88

杜鹃落叶松林高于草类落叶松林的指标有pH、全磷、全钾、全镁、速效钾、交换性盐基总量、阳离子交换量；杜鹃落叶松林低于草类落叶松林的指标有有机质、全氮、有效镁、有效钙和有效硫；两种林型土壤化学性质存在差异。两种林型pH小于7，均显弱酸性；其次是有机质、全氮、全磷、全钾、有效钙、速效钾、有效镁等各种营养元素和物质均有不同量的存在。由此看出，杜鹃落叶松林和草类落叶松林林地土壤肥沃、养分充足。

7.2 森林生态系统土壤有机碳储量特征

土壤有机碳库在生态系统碳循环和调节气候变化方面具有至关重要作用，即使一个细微的动态变化都会对气候产生很大程度的影响，所以一直以来受到众多国内外学者的关注。因此，研究土壤有机碳储量已成为生态系统碳循环的主要问题。森林土壤可分为有机碳和无机碳，有机碳的分布范围均在土壤地表到1米深的土层中，变化比较明显，无机碳则在地表1米以下的范围，活动性较弱，所以多数学者研究集中于有机碳。不同环境因子对有机碳的影响差异较大，除海拔、纬度和植被类型外，还有森林环境（树龄、林分密度、土壤养分的分布等）、气候条件（年降水量、年平均气温等）等。

通过对森林生态系统土壤有机碳储量观测，建立土壤碳库清单，评估其历史亏缺或盈余，测算土壤碳固定潜力，为进一步深入研究森林生态系统碳循环，为合理评价土壤质量和土壤健康、正确认识森林土壤固碳能力提供基础数据。

7.2.1 观测方法

7.2.1.1 观测内容

土壤有机碳储量、有机碳密度、有机碳含量、密度、土层厚度等。

7.2.1.2 观测与采样方法

（1）样地设置及采样点设置。方法参照国家标准《森林生态系统长期定位观测方法》（GB/T 33027—2016）。

（2）采样工具。包括小土铲、土钻、铁锹、十字镐、剖面刀、取芯器、量土芯尺寸的量尺、钢卷尺、全球定位仪、罗盘仪、数码相机、样品袋、环刀、塑料布、铝盒、记号笔、枝剪、样品标签、比色卡、采样记录表、背包等。

（3）采样方法。

①剖面法。在每个采样点挖一个0.8米×1.0米的长方形土壤剖面。坡地上应顺坡挖掘，坡上面为观测面；平整地将长方形较窄的向阳面作为观测面，观测面植被不能破坏，挖出的土壤应按层次放在剖面两侧，便于按原来层次回填。剖面的深度根据具体情况确定，一般要求达到母质层，土层较厚的挖掘到1.0～1.5米处即可。

先观察土壤剖面的颜色、结构、质地、紧实度、湿度、植物根系分布等，然后自上而下划分土层，并进行剖面特征的观察记载，作为土壤基本性质的资料及分析结果审查时的参考。

分层采集土样。自地表每隔10厘米或20厘米采集一个样品。取土原则应按先下后上的原则，以免混杂土壤。

将同一层次多样点采集的质量大致相当的土样置于塑料布上，剔除石砾、植被残根等杂物，混匀后利用四分法将多余的土壤样品弃除，一般保留1千克左右土样为宜。

将采集土样装入袋内，土袋内外附上标签，标签上记载样方号、采样地点、采集深度、采集日期和采集人等。

用环刀分层采取原状土样，以测定土壤密度、土壤水分系数等。

观察和采样结束后，按原来层次回填土壤，以免人为干扰。

②土钻法。

a. 应用管芯法测量原状土壤密度。测量和记录土壤取芯器的尺寸（直径和高度）。称量核心锡盒的重量。把核心抽样器垂直压入地面，深度直到土壤能填满核心抽样器锡盒为止。抽出样本核心，不干扰样本核心内土壤；移出黏在样本盒上多余的土壤和凸出的根。一起称量锡盒与土壤。装有土壤的铝盒在105℃下烘干至恒重，计算出土壤的干重，进而求得土壤密度。

b. 野外提取土壤样本。刮掉土壤表面，移出枯落物和石头。应用一个土钻，收集0～15厘米深的土壤样本。从每一个样方选择3个抽样点；把土钻推进15厘米深，收集这一深度内所有抽样点的样本；把3个抽样点的样本放在一起，通过重复四分法筛选出一个样本；每个类型的同一深度至少收集4～6份样本。在15～30厘米深度的土壤内重复以上步骤，以此类推。土壤样本带回实验室（24小时内）或及时风干样本。测量土壤有机碳含量。

（4）采样时间和频率。在试验初期（2～4年）采样频率为1次/年；以后的采样频率为3～5年1次；特殊情况时可增加采样频率。

（5）数据处理和计算。

①土壤密度。公式如下：

$$D=\frac{M}{V} \tag{7-2}$$

式中：D——土壤密度（克/立方厘米）；

M——环刀土壤烘干重（克）；

V——环刀体积（立方厘米）。

②土壤有机碳含量。公式如下：

$$SOC=\frac{\frac{c\times 5}{V_0}\times(V_0-V)\times 10^{-3}\times 3.0\times 1.1}{m\times k}\times 1000 \tag{7-3}$$

式中：SOC——土壤有机碳含量（克/千克）；

c——0.8000摩尔/升（$1/6K_2Cr_2O_7$）标准溶液的浓度；

5——重铬酸钾标准溶液加入的体积（毫升）；

V_0——空白滴定消耗的$FeSO_4$体积（毫升）；

V——样品滴定消耗的$FeSO_4$体积（毫升）；

3.0——1/4 碳原子的摩尔质量（克/摩尔）；

10^{-3}——将毫升换算成升；

1.1——氧化校正系数；

m——风干土样质量（克）；

k——烘干土换算系数。

③土壤有机碳密度。公式如下：

$$SOCD=\sum_{k=1} \frac{C_k \times D_k \times E_k \times (1-G_k/100)}{100} \tag{7-4}$$

式中：$SOCD$——土壤有机碳密度（千克/立方米）；

k——土壤层次；

C_k——第 k 层土壤有机碳含量（克/千克）；

D_k——第 k 层土壤密度（克/立方厘米）；

E_k——第 k 层土层厚度（厘米）；

G_k——第 k 层土层中直径大于 2 厘米的石砾所占体积百分比（%）。

④土壤有机碳储量。公式如下：

$$TSOC=\sum_{i=1} SOCD_i \times S_i \tag{7-5}$$

式中：$TSOC$——土壤有机碳储量（千克）；

$SOCD_i$——第 i 样方土壤有机碳密度（千克/平方米）；

S_i——第 i 样方土壤面积（平方米）；

i——土壤碳储量计算样方。

7.2.2 典型森林生态系统土壤有机碳储量分析

7.2.2.1 土壤物理性质

嫩江源森林生态站研究区土壤类型主要为棕色针叶林土、暗棕壤、草甸土、沼泽土和河滩森林土 5 种，各土壤物理性质调查结果见表 7-2。

表 7-2　嫩江源 5 种森林土壤物理性质比较

土壤类别	土壤容重（克/立方厘米）	厚度（厘米）	有机碳含量（克/千克）	≥2毫米石砾含量（%）	有机碳密度（千克/平方米）
沼泽土	1.26±0.03	55.60±5.02	45.25±3.24	5.2±1.2	30.05±2.31
棕色针叶林土	1.05±0.05	45±4.43	16.25±5.12	10.2±2.0	6.89±1.26
暗棕壤	0.95±0.08	90.32±6.52	20.40±4.22	9.5±2.3	15.84±6.23
草甸土	1.17±0.07	50.24±2.33	32.05±2.35	6.7±2.7	17.58±5.40
河滩森林土	1.25±0.06	89.11±7.01	24.62±2.69	8.33±2.50	25.14±0.68

棕色针叶林土是寒温带森林具有代表性的土壤，主要分布于兴安落叶松林和白桦林下；暗棕壤主要分布于低山丘陵地带的阔叶林下；沼泽土多分布于河流两岸低洼处及山间沟谷洼处，地表积水，植被为薹草、丛桦等，并有少量兴安落叶松；草甸土主要分布盱河漫滩或山间谷地，植被多为大叶章、沼柳、薹草等草甸植物；河滩森林土主要是沿较大河流两岸的河洼杨柳林和溪旁落叶松林下的特有土壤。

5种土壤容重差异不大，土壤容重为沼泽土＞河滩森林土＞草甸土＞棕色针叶林土＞暗棕壤，这是由于湿地土壤较紧实，空隙较少，所以容重较大，有林地土壤土质松散，紧实度不高，所以容重较湿地土壤低。

5种土壤厚度均超过40厘米，其中棕色针叶林土、草甸土、沼泽土厚度相差不大，河滩森林土和暗棕壤土层厚度在90厘米左右，是其他土壤类型厚度的2倍，这可能是由于大兴安岭地形差异导致，大兴安岭地形起伏不断，棕色针叶林土多分布于山坡针叶林下，土壤厚度较薄，而河滩及针阔混交林带，土壤育化较高，土层厚度较厚。

5种土壤有机质含量表现为沼泽土＞草甸土＞河滩森林土＞暗棕壤＞棕色针叶林土，这是由于湿地植被丰富，枯落物含量较高，湿度较大，湿地物质转换较快。

5种土壤有机碳含量差异较大，依次是沼泽土＞河滩森林土＞草甸土＞暗棕壤＞棕色针叶林土，其中沼泽土有机碳含量最高为166.3吨/公顷，其次是草甸土有机碳含量为101.9吨/公顷，之后是暗棕壤有机碳含量为100.3吨/公顷，棕色针叶林土有机碳含量最低为43.6吨/公顷。土壤有机碳含量近似于土壤有机质含量的分布趋势，这也和土层厚度有一定关系。

7.2.2.2 土壤有机碳储量

南瓮河国家级自然保护区森林植被土壤的有机碳储量为3309.43万吨（表7-3），土壤有机碳密度平均为191.01吨/公顷，高于大兴安岭森林群落土壤有机碳密度（172.6吨/公顷）（洪雪姣，2012），比全国平均土壤碳密度9.17千克/平方米（李克让，2003）高近2倍。

表7-3　嫩江源5种森林土壤有机碳储量

土壤类型	面积（公顷）	土壤有机碳储量（万吨）
沼泽土	68205	2049.70
棕针土	142618	983.21
暗棕壤	17139	271.50
草甸土	243	4.27
河滩森林土	30	0.75
总计	228235	3309.43

图7-2为不同土壤类型有机碳密度对比，表7-3是南瓮河国家级自然保护区不同土壤碳储量比较。从表7-3和图7-2可以看出，不同土壤类型的碳密度存在差异，沼泽土和河滩森

林土的碳密度较高，超过250吨/公顷，分别为300.52吨/公顷和251.39吨/公顷；棕色针叶林土最低，为68.94吨/公顷；由于沼泽土的泥炭含量较高，腐殖层较厚，河滩森林土含有丰富的腐殖质、有机物质的淤泥颗粒等，使土壤有机碳含量较高。而棕色针叶林土，尽管表层腐殖质含量较高，但土层较薄，且含有较多石砾，致使有机碳密度降低。由于不同土壤类型有机碳密度的差异，加之不同土壤类型分布面积不等，导致土壤有机碳储量也存在差异，其中沼泽土有机碳储量最大，达2049.70万吨，棕色针叶林土和暗棕壤居中，草甸土和河滩森林土最小。

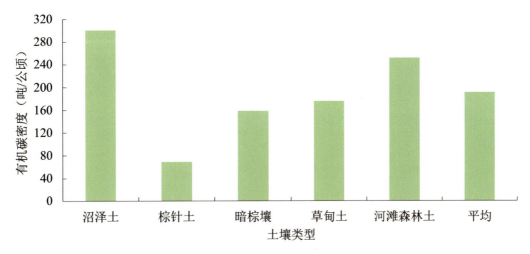

图7-2 不同土壤类型有机碳密度

在陆地碳循环中，土壤碳扮演着重要的角色。土壤碳库是陆地生态系统中最大的贮存库，水分、温度等条件的影响，土壤碳库可变成贮存碳的碳汇也可能变成排放碳的碳源。土壤碳库较小变化，都可能影响全球气候变化，进而对陆地生态系统产生影响。

目前只对嫩江源森林生态站所在的南瓮河国家级自然保护区开展了土壤碳储量研究，无法完全掌握大兴安岭森林土壤的有机碳储量和对未来森林土壤固碳减排潜力的预测。今后应开展大兴安岭区域内森林土壤碳储量研究，从而准确计算大兴安岭森林生态系统碳汇能力和预测未来提升的潜能。

7.3 森林生态系统土壤呼吸特征

通过对森林生态系统土壤呼吸的根系呼吸、微生物呼吸和动物呼吸等三个生物学过程进行精确区分和量化，探讨冻土区不同类型沼泽湿地生长季土壤呼吸速率差异；探寻冻土退化引进的多年冻土活动层深度、植物种类组成、土壤温度等环境条件变化对冻土区沼泽湿地生长季土壤呼吸速率产生影响。了解各生物学过程在土壤总呼吸中的比列及其时空变化特征，分析不同组分 CO_2 释放速率的控制因子，旨在了解土壤碳释放规律，测算生态系统土壤碳的年际通量以及预测气候变化条件下土壤动物、根系、微生物对土壤碳释放格局的影响提供科学依据。

7.3.1 观测方法

7.3.1.1 观测内容

土壤总呼吸速率、土壤动物呼吸速率、微生物呼吸速率、植物根系呼吸速率、土壤呼吸速率日变化、土壤呼吸速率季节变化和土壤呼吸速率年变化。

7.3.1.2 观测与采样方法

选取寒温带冻土区不同的植被类型（兴安落叶松林与草本沼泽湿地），观测其生长季土壤呼吸速率规律及其环境因子，并对两种岛状林沼泽设置不同土壤组分对比研究，包括土壤异氧呼吸（RH）和植物根系自养呼吸（RA）。每个实验样地重复设置 3 个静态箱重复，共设置静态箱 6 个。

（1）气体采集与分析。土壤呼吸速率（R_S）的采集使用静态暗箱法。春季取样前将规格为 50 厘米 × 50 厘米 × 10 厘米不锈钢底座插入土壤中 10 厘米固定，底座上部四周带有凹槽，取样时注水密封。整个生长季底座放在试验地不动，以保证对底座内部植被和土壤的干扰最小。不锈钢顶箱规格为 50 厘米 × 50 厘米 × 50 厘米，箱内顶部安有直径 10 厘米风扇，取样时风扇保持转动，避免箱内出现气体浓度差，箱顶部直径 1 厘米内置橡胶塞作为取样口，箱侧面 2 个小孔用于数字温度计探头和风扇电源线通过，分别用橡胶塞和硅胶密封。顶箱外都黏贴保温材料，以减少箱内温度波动。每个类型内设置 3 次重复。

用 60 毫升聚氯乙烯医用注射器经三通阀连接铁针头通过箱顶部橡胶塞取样。取样时，每个静态箱在 30 分钟内取 4 管气体，分别在静态箱封闭后的 0 分钟、10 分钟、20 分钟和 30 分钟时进行。气体样品用注射器取出后转移进 500 毫升的铝塑复合气袋储存。带回试验室在 1 周内用 HP5890 II 气相色谱仪分析土壤呼吸速率。

利用以下公式计算气体通量：

$$F = \frac{dc}{dt} \times \frac{M}{V_0} \times \frac{P}{P_0} \times \frac{T_0}{T} \times H \tag{7-6}$$

式中：F——气体通量［毫克／（平方米·小时）］；

dc/dt——采样时气体浓度随时间变化的直线斜率；

M——被测气体的摩尔质量（克／摩尔）；

V_0——标准状态下的气体摩尔体积（22.4 升／摩尔）；

P——采样点的大气压（百帕）；

P_0——标准状态下的标准大气压（1013.25 百帕）；

T——采样时的绝对温度（开尔文）；

T_0——标准状态下的绝对温度（273.15 开尔文）；

H——采样箱的高度（米）。

根据生长季（6～10 月）每月上、中、下旬土壤呼吸浓度排放通量的实测数据，依据公式计算的通量结果，求其生长季所测各数值平均值为生长季节平均排放通量，并计算各月份的排放量加和得到气体在生长季的排放总量。

(2) 环境因素的监测。气体采样时，对相关环境参数进行现场记录：原位同步测定气温、箱温、5 厘米、10 厘米、15 厘米、20 厘米、30 厘米和 40 厘米土温。温度的测定使用 JM624 便携式数字温度计，JM624 数字温度计由温度传感器（探头）、导线和数字温度计组成；测量的分辨率为 0.1℃。温度值为采集开始时、采集中和结束前监测 3 次温度，取其平均值。

(3) 数据统计分析。用 SPSS 13.0 统计分析软件包采用 Pearson 相关分析环境因素与排放通量的关系，并用 Microsoft Office Excel 对数据进行分析处理。

7.3.2 兴安落叶松林与草本沼泽湿地土壤呼吸特征

于 2011 年 6 月 15 日至 10 月 15 日、2012 年 5 月 25 日至 10 月 15 日在嫩江源兴安落叶松林与草本沼泽湿地选择样地进行土壤呼吸监测，取样频率为每 10 天 1 次，每次观测时间在 9:00～11:00 完成，分析不同森林类型土壤呼吸特点。

7.3.2.1 土壤呼吸速率季节变化

(1) 兴安落叶松林土壤呼吸速率变化。2011 年生长季兴安落叶松林土壤呼吸（Rs）排放具有明显的季节变化规律（图 7-3），生长季表现为双峰型曲线，波动范围为 70.94～769.62 毫克/（平方米·小时），变化幅度相对最大（10.9 倍），平均速率为 404.28 毫克/（平方米·小时）。

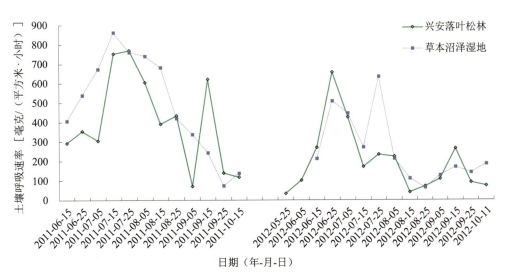

图 7-3 兴安落叶松林和草本沼泽湿地土壤呼吸年际变化

观测期6月中旬至7月上旬土壤呼吸速率保持在相对较低的范围，平均速率为317.58毫克/（平方米·小时），占季节性通量的78.55%。7月中旬至8月中旬是土壤呼吸速率高峰值时段，通量范围为391.25~769.62毫克/（平方米·小时），峰值分别出现在7月下旬，平均通量为420.94毫克/（平方米·小时），是季节性通量的1.3倍；8月下旬直至观测期结束除9月中旬发生小回升，出现1次波峰，峰值为620.51毫克/（平方米·小时），其他时期处于波浪式下降趋势，平均速率为270.29毫克/（平方米·小时），占季节性通量的85.1%。

兴安落叶松林地2012年生长季土壤呼吸速率具有明显的变化规律（图7-3），生长季表现为双峰型曲线，平均速率为197.15毫克/（平方米·小时），波动范围为33.89~656.37毫克/（平方米·小时），变化幅度大（19.4倍）。观测期内5月下旬至6月上旬土壤呼吸速率保持在较低的范围，平均速率为67.95毫克/（平方米·小时）；6月中旬至7月下旬进入土壤呼吸速率波动性峰值区域，通量范围为170.16~656.37毫克/（平方米·小时），峰值分别出现在6月下旬，平均值为329.55毫克/（平方米·小时），是季节性通量的1.7倍；8月上旬直至观测期结束，落叶松沼泽土壤呼吸速率波动式下降；9月中旬出现1次小波峰，峰值为264.13毫克/（平方米·小时），平均速率为107.82毫克/（平方米·小时），占季节性通量的54.7%。

（2）草本沼泽湿地土壤呼吸速率季节变化。研究发现，在观测期内，草本沼泽湿地土壤呼吸速度具有明显的变化规律（图7-3）。2011年生长季表现为单峰型曲线，呼吸速率波动范围为73.15~861.80毫克/（平方米·小时），变化幅度大（11.8倍），平均速率为489.75毫克/（平方米·小时）。6月中旬至8月中旬土壤呼吸速率波动较大，范围在407.36~861.80毫克/（平方米·小时），平均速率为668.34毫克/（平方米·小时），是季节性通量的1.4倍。8月下旬至生长季末，土壤呼吸速率表现为逐渐下降趋势，平均通量为242.30毫克/（平方米·小时），占季节性通量的49.5%。

2012年土壤呼吸速率表现为双峰曲线，6月上旬至7月下旬出现连续峰值。呼吸速率波动范围为63.85~633.96毫克/（平方米·小时），变化幅度相对较大（9.9倍），生长季平均速率为233.12毫克/（平方米·小时）。6月上旬至8月上旬土壤呼吸速率波动性较大，波动范围为211.5~633.96毫克/（平方米·小时），峰值分别出现在6月下旬和7月下旬，分别为508.46毫克/（平方米·小时）、633.96毫克/（平方米·小时），平均值为414.24毫克/（平方米·小时），是季节性通量的1.6倍。8月上旬至生长季结束处于较低的排放时期，直至观测期结束，平均通量为133.06毫克/（平方米·小时），占季节性通量的51.8%。

7.3.2.2 土壤呼吸的影响因素

（1）兴安落叶松林地土壤呼吸速率的影响因素。研究发现，温度与兴安落叶松林地土壤呼吸有一定的相关性。2011年，兴安落叶松林地土壤呼吸速率与土壤10厘米、15厘米、20厘米温度都表现为显著相关性（$P < 0.05$），与空气温度、土壤5厘米、10厘米及箱内温度虽相关性没达到显著水平，但相关系数较高；2012年兴安落叶松林地土壤呼吸速率与空气温度、箱

内温度、不同深度土壤温度的相关系数虽然较高，但都没有达到显著水平（表 7-4）。

表 7-4　兴安落叶松林不同年份土壤呼吸速率与环境因子的相关分析

年份	空气温度	箱内温度	土壤深度						
			0厘米	5厘米	10厘米	15厘米	20厘米	30厘米	40厘米
2011	0.401	0.473	0.508	0.422	0.696*	0.650*	0.643*	0.596	0.523
2012	0.540	0.494	0.420	0.310	0.313	0.290	0.324	0.322	0.247

注：* 表示相关性在 0.05 水平上显著。

（2）草本沼泽湿地土壤呼吸速率的影响因素。由 2011 年和 2012 年草本沼泽湿地土壤呼吸速率与环境因子的相关性可知（表 7-5），2011 年生长季土壤呼吸速率与土壤不同深度温度及空气温度都呈极显著的正相关（$P<0.01$），其中与土壤 30 厘米温度呈显著的正相关（$P<0.05$）。因此，空气温度和 0～30 厘米土壤温度是湿地生长季土壤呼吸速率的主要影响因子。2012 年生长季草本沼泽湿地土壤呼吸速率与空气温度和地表温度都未达到显著相关性。

表 7-5　草本沼泽湿地土壤呼吸速率与环境因子的相关性

年份	气温	土壤深度					
		0厘米	5厘米	10厘米	20厘米	30厘米	40厘米
2011	0.822**	0.885**	0.853**	0.859**	0.837**	0.687*	0.405
2012	0.293	0.357	0.131	0.233	0.157	0.033	-0.112

注：* 和 ** 分别表示相关性在 0.05 和 0.01 水平上显著。

7.3.2.3　土壤呼吸的年际差异

（1）兴安落叶松林地土壤呼吸年季差异。根据观测期实测兴安落叶松林地的土壤呼吸速率数据，通过分时段计算，根据生长季每月上、中、下旬土壤呼吸速率值，计算各月份的速率并加和得到土壤呼吸速率在生长季的 CO_2 排放总量（图 7-4）。

2011 年生长季（6～10 月）兴安落叶松林地土壤呼吸速率总量为 13.26 吨/公顷。2012 年生长季（5～10 月）兴安落叶松林地土壤呼吸速率总量为 7.26 吨/公顷。由图 7-4 可以看出，2011 年生长季春季、夏季土壤呼吸速率都较高，而 2012 年除了春季有较高排放量外，夏季、秋季土壤呼吸速率大幅度下降，波动范围较大。

（2）草本沼泽湿地土壤呼吸的年际差异。根据观测期实测草本沼泽湿地的土壤呼吸速率数据，通过分时段计算，根据生长季每月上、中、下旬土壤呼吸速率值，计算各月份的速率并加和得到土壤呼吸速率在生长季的 CO_2 排放总量（图 7-5）。

2011 年生长季（6～10 月）草本沼泽湿地土壤呼吸速率总量为 16.23 吨/公顷。2012 年生长季（6～10 月）兴安落叶松林地土壤呼吸速率总量为 2.62 吨/公顷。由图 7-5 可以看出，2011 年生长季的 6～8 月土壤呼吸速率都较高，而 2012 年整个生长季土壤呼吸都比较少，由于 2012 年降水较少，湿地水位较浅，影响湿地土壤呼吸。

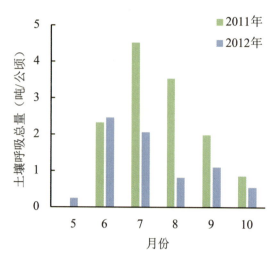

图 7-4　兴安落叶松林不同月份土壤呼吸总量差异

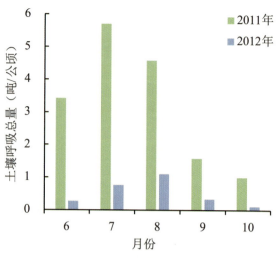

图 7-5　草本沼泽湿地不同月份土壤呼吸总量差异

7.3.2.4 研究总结

嫩江源兴安落叶松林地和草本沼泽湿地在生长季土壤呼吸速率都呈现出规律性变化，且与 10 厘米土壤温度有显著相关。

观测期内兴安落叶松林和草本沼泽湿地土壤呼吸速率高峰区都发生在夏季，呈现出强排放现象。由于春季温度逐渐上升、土壤融冻、植物萌发，根系呼吸和土壤微生物活性逐渐加强，使得呼吸速率呈现逐渐升高变化趋势；夏季植物生长达到旺季，水热条件逐渐达到最佳状态，植物根系呼吸与土壤微生物活动强烈，使得呼吸速率达到最高水平，与马秀枝等（2012）的研究一致。而 8 月下旬后温度降低，降水减少，植物生长日趋衰退，微生物活动日趋减弱，致使土壤呼吸速率呈现逐渐下降的趋势。

两个生长季观测期内，兴安落叶松林和草本沼泽湿地土壤呼吸速率都表现为 2012 年比 2011 年低，原因可能与 2012 年降水量较低，土壤较干燥，土壤微生物活动较弱有关。兴安落叶松林生长季平均土壤呼吸速率为 292.75 毫克/（平方米·小时），生长季年 CO_2 排放约为 10.27 吨/公顷；草本沼泽湿地生长季平均土壤呼吸速率为 373.26 毫克/（平方米·小时），生长季年 CO_2 排放约为 9.43 吨/公顷。

7.4　高纬度多年冻土特征与研究

通过对多年冻土地温、活动层水热特征的观测，监测多年冻土的上下限深度变化及活动层冻融过程，研究高纬度多年冻土特征、多年冻土区冻融循环过程的不同阶段活动层土壤的水热动态变化机制，揭示在气候变化影响下多年冻土的变化过程和趋势及其对冻土区碳的源汇效应，阐明高纬度地区多年冻土与森林、湿地的关系，为研究高纬度多年冻土提供依据。

7.4.1 观测方法

7.4.1.1 观测内容

活动层温度/水分观测：地下5厘米、10厘米、20厘米、30厘米、40厘米、50厘米、60厘米、70厘米、80厘米、90厘米、100厘米、120厘米、160厘米、180厘米土壤地温和土壤水分含量；空气温度、湿度；5厘米和15厘米土壤热通量。

多年冻土地温观测：地下0～5米每0.5米的冻土地温、6～20米每1米的冻土地温、20～50米每5米的冻土地温。

7.4.1.2 观测场的设置

活动层温度水分观测场设置：在嫩江源森林生态站实验区（南瓮河国家级自然保护区）选择草本沼泽湿地设立一个5米×5米的活动层温度水分观测场。

多年冻土地温观测场设置：在嫩江源森林生态站实验区内（南瓮河国家级自然保护区）的草本沼泽湿地设立一处测井，井深50米。

7.4.1.3 观测方法

（1）多年冻土上限深度的确定方法。利用多年冻土地温观测井和活动层温度水分观测场中的观测的地温数据间接确定多年冻土上限深度，地温曲线中0℃等温线所能达到的最大深度即为多年冻土上限深度。由于不同时间测温结果不同，在活动层达到最大感化深度时，多年冻土上限处地温为0℃，此时也是0℃等温线达到的最大深度（赵林，2015）。

（2）多年冻土下限深度的确定方法。根据测温法利用地温梯度公式推算多年冻土下限深度。多年冻土层下部地温为0℃的深度即为多年冻土下限深度。利用多年冻土观测井观测多年冻土地温年变化，大体确定年变化深度之下的地温梯度，推算多年冻土下限深度计算公式如下（赵林，2015）：

$$H_0 = -\frac{T_{cp}}{g} + h \tag{7-7}$$

式中：H_0——多年冻土下限深度（米）；

T_{cp}——多年冻土温度（℃）；

g——地温梯度（℃/米）；

h——地温深度（米）。

（3）活动层温度和水分监测。活动层温度监测采用高精度热电敏测温探头（CSI-109温度传感器）（图7-6）。土壤热通量采用HFP01土壤热通量板测定（图7-7）。所有传感器通过数据采集器采集活动层温度、水分和土壤热通量，采集频率为每30分钟采集1次数据。

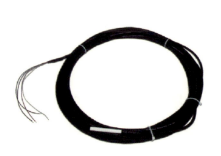

图 7-6　CSI-109 温度传感器

图 7-7　HFP01 热通量传感器

（4）多年冻土地温观测。在多年冻土地温观测场的多年冻土地温监测钻孔内每隔一定距离设置冻土地温测点，冻土地温测点在地表和多年冻土上限附近较密，采用 5 米以内每隔 0.5 米设置一个地温测点，5～20 米内每隔 1 米设置一个地温测点，20 米以外每隔 5 米设置一个地温测点。在每个地温测点安装测温探头（探头采用中国科学院寒区旱区环境与工程研究所冻土工程国家重点实验室研制和标定的热敏电阻式探头，温度探测精度为 ±0.05℃），每月 2 次，利用高精度万用表（FUKE）测量每个冻土地温测点的阻值，然后换算成每个测点的温度。

7.4.2　沼泽湿地多年冻土监测数据分析

7.4.2.1　冻土的研究与监测现状

冻土是指 0℃ 以下，含有冰的各种岩石和土壤，是岩石圈与大气圈能量交换的结果。北半球高纬度冻土区生态系统对全球气候变化高度敏感（周梅等，2003），占陆地表面的比例较大，覆盖北半球 12 万平方千米的面积，占全球陆地面积的 14.5%，是地球上仅次于热带森林的第二大森林群区（Gorham E et al.，1993）。因此，冻土区的生态对地球系统非常重要，尤其对全球碳循环非常重要（Gower S T et al.，2001）。

北方冻土区受全球变暖的影响最大（Chapin Ⅲ FS et al.，2000）。北方冻土区包含全球大约 40% 的活性土壤碳，与大气中碳含量大致相等，是陆地上最大的有机碳库，在全球土壤碳库中占有重要地位（IPCC，2007；Melillo JM et al.，1993；McGuire A et al.，1995；Steven W Leavit，1998）。东北冻土区是我国境内主要的高纬度冻土分布区，也是我国第二大多年冻土区，主要发育"兴安—贝加尔型"冻土（金会军等，2006）。大兴安岭冻土区位于欧亚大陆冻土区南缘地带，冻土环境脆弱，易受气候和环境条件的影响。

根据刘庆仁等（1993）的研究，依据多年冻土类型和森林植被特征将本区划分为三大区，即 Ⅰ 大区为大片连续多年冻土区，位于大兴安岭林区西北部，地势较高，大多位于岭脊地带，气候寒冷，年均气温 -5.3℃，年均地温 -4.8℃，冻结期长，融化期短，形成大片连续的多年冻土区，多年冻土层很厚，季节融化较浅；Ⅱ大区为混合冻土区，既有大片连续多年冻土又有岛状融区和岛状冻土，位于林区中部，地势较Ⅰ大区低，年均气温 -4 ~ -2℃，年均地温 -3 ~ -1.5℃，多年冻土层厚度减薄；Ⅲ大区为岛状多年冻土区，位于林区南部，地势较低，年均气温 -2℃ 左右，年均地温 -1.5 ~ -1℃。本区背风向阳台地多为季节冻土—融区，地势低洼排水不良的湿地多为岛状冻土区。

大兴安岭冻土的研究，从 20 世纪 50 年代就开始，在地质普查和工程地质调查以及生产建设中的大量资料基础上，对冻土进行了较为系统的研究。研究确定了大小兴安岭冻土南界。20 世纪 70 年代初至 80 年代初，多次进行了实地考察，明确了冻土南界，结果认为南界以年平均气温 0℃ 等值线为轴线，在 ±1℃ 间作南北摆动。20 世纪 90 年代主要从森林火灾对冻土影响、工程建设冻害等方面进行研究。2004 年以后，由于中俄原油管线工程及漠河机场建设工程等项目需求，中科院寒区旱区环境与工程研究所开展了大兴安岭冻土区的相关研究。近年来，对大兴安岭冻土区的研究趋于活跃，开始从气候条件变化对冻土退化的原因和对策方面进行研究。

7.4.2.2 沼泽湿地多年冻土上限、下限及多年冻土厚度

根据嫩江源森林生态站对沼泽湿地多年冻土活动层地温水分和多年冻土钻孔测温点地温的监测，分别作沼泽湿地活动层地温等值线图（图 7-8）和测温孔不同时间的地温—深度曲线（图 7-9）。由活动层地温等值线图（图 7-8）可以看出，0℃ 等值线在 8 月中下旬达到最大深度，约 1 米，由此知南瓮河沼泽湿地多年冻土上限约为 1 米。根据测温孔不同时间的地温—深度观测数据和多年冻土下限推算方法，40 米、45 米和 50 米温度为 -0.23℃、-0.11℃ 和 0.02℃，选取 45 米处地温（-0.11℃）为地温计算点，45 米以下地温梯度为 0.026℃/米，计算推测多年冻土下限约为 49.2 米，可知此处多年冻土厚度约为 48.2 米。

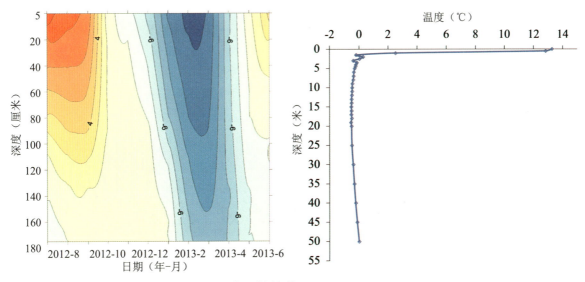

图 7-8　南瓮河沼泽湿地冻土活动层地温等值线　　图 7-9　测孔地温—深度曲线

7.4.2.3 地温曲线分析

根据金会军等（2006）利用钻孔长期地温观测资料将冻土地温曲线划分为稳定型、退化型、相变过渡型3种类型。由图7-9可以看出，在多年冻土层范围内冻土的温度接近0℃，冻土内的地温曲线多呈零梯度型，整个冻土层内的温度变化不大，地温曲线处于相变过渡型。整个曲线可分为3段：2米以上地温曲线受季节冻结融化作用影响而波动变化；2~19米深度段同时受上下层影响，地温曲线近似于零梯度波动（-0.008℃/米）；而在19~50米深度段为较小（0.018℃/米）的正梯度。从地温曲线看，虽然地温相对较低，但地温梯度接近于零，应当处于稳定状态向升温状态的过渡过程中，表明由于气候变暖或人为活动使多年冻土出现退化趋势。

7.4.2.4 多年冻土活动层土壤温度变化规律

以日平均土壤温度开始持续大于0℃为土壤开始消融日期，以日平均温度土壤温度开始持续小于0℃为开始冻结日期，得到活动层开始冻结日期、开始消融日期和冻结持续时间（表7-6）。以南瓮河湿地2012—2013年冻土各活动层的地温及空气温度绘制温度变化过程曲线（图7-10）。

表7-6　不同深度活动层开始冻结、开始融化及冻结持续时间

日期	5厘米	20厘米	40厘米	60厘米	80厘米	100厘米	140厘米
冻结起始日期（月-日）	9-29	10-10	10-10	10-13	10-4	9-29	—
融化起始日期（月-日）	5-18	6-6	6-23	7-1	7-19	8-10	—
冻结持续时间（天）	231	239	257	261	298	315	365

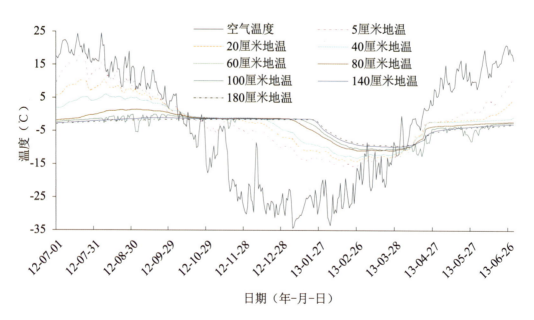

图7-10　不同深度土壤日平均温度变化曲线

从图 7-10 和表 7-6 可以看出：①不同深度土壤温度与空气温度的变化大致相同，呈正弦函数形式的变动。②表层土壤温度随气温变化波动较大，但随着深度的增加，土壤温度变化趋于平缓。空气温度对土壤温度的影响具有一定的时滞性，且滞后时间随着土壤深度的增大而增大。③不同深度土壤冻结开始时间不同，多集中在 9 月末至 10 月中旬，80 厘米处冻结开始时间早于 20 厘米处。消融开始时间相差较大，从 5 月中旬至 8 月上旬都存在。

从图 7-10 可以看出，在整个年度冻融循环中，土壤各层都经历降温、开始冻结、完全冻结、升温、开始融化、完全融化的过程。活动层的冻结过程是从 9 月中旬开始由下部向上缓慢发展的，此时气温为 5℃ 左右；10 月初开始从地表向下冻结，开始冻土区特有的双向冻结。10 月中下旬各层冻结过程结束。4 月初，在地表偶有夜冻日融发生，4 月下旬出现稳定的日融夜冻现象，活动层融化是从 5 月初向下发展的，到 9 月初融化到最大深度。

整个冻融过程中，活动层冻结过程仅持续 15 天，而从地表融化至最大深度，却历时 3 个月，土壤冻结过程耗时远小于融化过程，原因在冻结过程中由于存在双向冻结过程，所以冻结持续时间较短，而融化过程是热量自上向而下的传输，热量只有通过融化的土壤层到达融化锋面才能使土壤融化，从而导致融化时间较长。

7.4.2.5 多年冻土活动层表层土壤热通量变化规律

用地表 5 厘米深度的土壤热通量（G）反映近地表层的土壤热量交换过程。当 G 为正值时，表示土壤自地表向下传递热量，土壤吸收热量；而当 G 为负值时，表示土壤热量传输方向由下层土壤指向地表，即土壤向地表释放热量。观测期间 G 的日平均值变化趋势（图 7-11）与表层 5 厘米土壤日平均温度变化（图 7-10）基本一致，即 G 值从 7 月开始下降，至 12 月最低，然后再逐渐增大的趋势。由月平均热通量可以看出，10 月至翌年 3 月 G 为负

图 7-11 土壤表层热通量变化

值，表明热量是由地下向地表传递的，4～9月 G 为正值，表示地表吸收太阳辐射热量并向地下传递。

7.4.3 冻土退化表现及对生态环境的影响

东北地区多年冻土多分布于北纬47°以北，主要集中在大兴安岭北部（Jin et al.，2007，2016），这里地处欧亚大陆中高纬度地带，又受大兴安岭山脉海拔高度的影响，大片连续多年冻土和岛状多年冻土集中分布。寒温带冻土退化主要受区域气候快速变暖的影响，加之人为活动干扰，由于 CO_2 等温室气体含量在大气中不断增加，导致其增温趋势是 21 世纪和未来的主要气候变化（金会军等，2006）。目前，大兴安岭林区的冻土退缩强烈，相关研究表明：当平均气温增加 4 ℃ 和降水量增加 10% 时，东部各森林地带将有可能北移 3～5 个纬度，届时大兴安岭的森林可能完全北移出境，取而代之的是以中温性的草原与针阔混交林为主（杨润田等，1990）。有关大兴安岭冻土和湿地问题，从 20 世纪 50 年代开始就有研究，但多数主要侧重冻土分布和发育问题。20 世纪 70 年代后，虽有学者对大兴安岭森林与冻土关系进行描述，但主要从工程地质角度分析（谭俊等，1995），对森林环境的影响还没有引起广泛关注。

瑞典北部对冻土活动层开展了相关研究，利用网格法观测 9 个多年冻土地点 29 年的活动层厚度变化，结果表明：气温升高，使所有试验点的活动层都增加了，增加速率约为每年 0.7～1.3 厘米；而在多年冻土厚度较薄的个别样地，最大增加速率可达每年 2 厘米（Akerman HJ et al.，2008）。使用相关模型估测在中等环境因子变化情况下对多年冻土区生态系统变化结果进行相关模拟，其结果显示：到 2050 年，欧亚大陆北部多年冻土区其活动层深度将增加或许超过 50%，而其他的多数地区也将达到 30%～50%（Anisimov et al.，2006），我国东北多年冻土区活动层深度的增加程度将仅次于西伯利亚和加拿大西部，可能会达到 30%～40%（Stenel M et al.，2002）。

多年冻土退化的先后规律是先高后低；先山上、后谷地（无贯穿河流融区情况下）；先阳坡、后阴坡。早在 20 世纪 60～70 年代人们通过广泛的生产活动就已认识到上述现象（Kasischke，2000）。受 20 世纪以来气候变暖和人为活动的影响（Yuan，1989），东北地区的冻土退缩剧烈（Chen et al.，1996）。冻土湿地的退化主要表现为冻土分布的南界向北移动、冻土的厚度减薄和地温升高，指示型作物消失或北移。许多研究表明：东北高纬度冻土区南界有多次伸缩变化，在末次冰期冰盛期时，南界基本上沿 38°～40°N（东段）和 37°～39°N（西段）延伸（Zhang et al.，2008；Zimov et al.，2006；Tarnocai et al.，2009；You et al.，1996；Chen et al.，1996），以后随气候变暖而北缩。

7.4.3.1 多年冻土退化的表现

东北多年冻土区是欧亚大陆多年冻土区的南缘地带，冻土的稳定性差，易受气候和外界环境变化的影响，冻土区生态系统敏感性强。近年来随着气候的变暖和人为活动影响的增强，本区多年冻土有明显的退化迹象。

(1) 冻土南界北移，冻土区面积减少。近几十年来，中国出版了一系列多年冻土地图，其中包括1:400万比例尺的中国冰雪冻土地图。郭东信等（1981）总结了东北多年冻土分区及特征，绘制了1:300万比例尺的东北多年冻土分布图，并结合理论分布和数学模型划出了现今多年冻土自然地理南界，南界以年平均气温0℃等值线为轴线在0±1℃间南北摆动，与末次冰期极盛期相比，南界北移了100～150千米。鲁国威等（1993）根据大量资料划分出了比较公认的大小安岭多年冻土"W"形地理南界。金会军等（2009）根据1991—2000年间地温的平均值及其与多年冻土南界的统计经验关系，认为东北冻土南界已显著北移，幅度可达50～120千米。大、小兴安岭多年冻土面积由20世纪70年代的$3.9×10^5$平方千米减少到目前的$2.6×10^5$平方千米，总面积减少了约35%。魏智等（2011）根据东北冻土区47个气象站资料在SHAW模型基础上，进一步计算和分析了目前、50年和100年后冻土地温分区变化，在目前地表温度0.5℃和-0.5℃的区域，50年和100年后仍可存在冻土，冻土面积将由现在的$2.57×10^5$平方千米减至$1.84×10^5$平方千米和$1.29×10^5$平方千米，分别减少28.4%和49.8%，冻土南界将显著北移。

(2) 最大季节融化加深，多年冻土上限下降。在20世纪60～70年代的调查显示，在大兴安岭阿木尔林业局苔藓层20厘米厚的沼泽湿地地段，最大季节融化深度一般为0.5～0.7米，而到20世纪90年代初的调查表明在相同条件下其融化深度多在0.9～1.25米。1978—1991年间，该处最大季节融化深度增加了约0.3米（顾钟炜，1994）。1964年在大兴安岭加格达奇附近修建铁路时发现冻土上限为地下1.7米，到1974年钻探发现路堤下的冻土已经消失，距路堤32米的冻土上限下降到6米。大兴安岭地区1986—2000年观测资料表明，冻融深度逐年增加，测区阴坡下部融深增加24.6厘米，阳坡下部融深增加84.7厘米，湿地下部冻融深度增加66.5厘米（何瑞霞等，2009）。

(3) 多年冻土厚度变薄，冻土地温升高。在人为活动频繁的地段对冻土环境的破坏极为严重，导致冻土地温明显升高，多年冻土厚度变薄，退化强度加大。在大兴安岭韩家园林业局沙金矿区的河漫滩地段，1982年以前该区多年冻土底板均在5.0米深度以下，到1987年很多地段多年冻土底板已抬升至3.8～4.0米，到1984年个别地段多年冻土岛已消失（金会军等，2006）。据大兴安岭阿木尔林业局北沟谷底沼泽湿地钻孔地温测量表明，1979年与1991年相比较谷底年平均地温由-3.7℃上升至-2.1℃，地温升高了1.6℃，多年冻土厚度从107.0米减小到67.5米（顾钟炜，1994）。

(4) 融区扩大，多年冻土岛消失。自20世纪60年代大兴安岭开发以来，随着森林采伐、铁路线的修建、人口的增加，使森林覆盖率降低，居住地增大，使多年冻土岛减小或消失。在大兴安岭开发初期加格达奇兴建时普遍发现有多年冻土岛，经过30～40年人为活动影响所及范围内多年冻土岛几乎消退殆尽。另外，由于森林采伐使采伐迹地气候环境发生极大改变，导致采伐迹地季节冻融层中含水量减小，地温升高，季节融化深度增大，使区域内岛状多年冻土面积逐渐减小。陈亚明等（1996）曾于1992年夏天对采伐迹地和天然林地小气候进行观测，皆伐迹地比天然林地日平均气温高 $1.7 \sim 2.0℃$，季节融化层含水量减少 50%，浅层地温（地表以下 $20 \sim 30$ 厘米）升高 $5.0℃$，季节融化深度增加 $20 \sim 30$ 厘米。所以经过人为活动的影响会导致多年冻土层地温升高、厚度变薄、形成贯通融区或最终多年冻土完全消失。

7.4.3.2 冻土退化对生态系统的影响

（1）气候变暖导致冻土退化对其活动层温度的影响。全球气候变暖引起的气温升高必将改变冻土层及其活动层温度，只是时间尺度差异而已。在北方高纬度沼泽湿地中，地温的变化主要由地表泥炭藓层及地下有机质层的变化影响，可能与气温变化有所差异，两种温度的年际变化可能并不一致，但从较长的时间尺度来看，多年冻土的地温与气温之间具有显著相关性（Melillo J M et al., 2002）。换句话说，也就是随着气温升高和多年冻土退化，多年冻土区的冻土层和活动层土壤温度也有逐渐升高的趋势，多年冻土不同深度的地温增加的速率略有不同，在距离地表2米的范围内，地温增加速率一般为 $0.03 \sim 0.05℃/年$（Melillo J M et al., 2002; Romanovsky V E et al., 2007），少数地区甚至高达 $0.2℃/年$（Johansson M et al., 2008），并且近几十年的变暖速率还在加速（Osterkamp T E et al., 1999）。

土壤温度升高可以通过两个方面对多年冻土区土壤呼吸速率产生影响：首先，土壤呼吸作用主要来自于土壤微生物对有机质（土壤有机质、枯枝落叶和死根等）的分解［异养呼吸作用，RH］及植物根系呼吸［自养呼吸作用，RA］两大部分。研究表明，土壤呼吸释放的 CO_2 的 $30\% \sim 50\%$ 来自根系活动或自氧呼吸作用，其余部分主要来源于土壤微生物对有机质的分解作用（Liblik L et al., 1997）。全球气候变暖将导致这些地区越来越多的被冻结的有机碳被微生物分解，导致 CO_2 排放通量增大；其次，土壤温度升高加快了冻土区永冻层的融化过程，致使活动层深度增加（Lindsey E Rustad et al., 2000），导致寒温带冻土区生态系统格局发生缓慢变化，将直接引起这些环境因素和生物因素的改变，同时改变土壤理化结构。因此，必将对土壤呼吸速率产生重要影响。

（2）冻土退化对活动层水文条件产生的影响。寒温带森林—湿地生态系统是我国唯一一片地带性多年冻土分布区，也是我国沼泽湿地的主要分布区，发育于冷湿的气候条件和冻土的综合作用下。永冻层的存在使其形成天然隔水板，地表存在大量积水，土壤含水量高，土层上部低温缺氧，凋落物、植物残体等不易分解，形成较厚的泥炭层，进而更有利于滞水，逐渐形成各种类型的森林湿地（孙菊等，2010；宋长春等，2006）。其具有补充地下水、转运沉积物、调节洪水、保护野生动物栖息地和生物多样性（Kalec R H et al., 1996; Mileton B, 1999; Mitsch W J et al., 2000）等湿地功能；另外，冻土湿地又在防止冻土退化方面（庄凯勋等，2006；戴竞波等，1982；孙广友，2000；张艳等，2001）和碳贮存（吕久俊等，2007；段晓男等，2008）起着重要的作用。因此，冻土湿地保护价值很高（庄凯勋等，2006），它们之间存在难以分割的共生关系（戴竞波等，1982）。在过去几十年里，在全球气候变暖的局势下，该区多年冻土正在由南向北逐步退化，主要表现为最大季节融化深度增大、厚度减小、地温升高、融区扩大，以及多年冻土岛消失等（段晓男等，2008；鲁国威等，1993；顾钟炜等，1994）。因此，冻土退化必将引起湿地的退化和湿地植物群落的变化。

活动层厚度直接影响植物根的深度、水文过程以及暴露在0℃以上环境中的土壤有机质的数量（Schuur EAG et al.，2009），寒温带冻土区的陆地和大气间大部分能量、物质、水分和气体交换都必须经过活动层才能完成。因此，活动层深度增加必将对多年冻土区生态系统碳循环产生重大影响。促使土壤中稳定不易分解有机碳转变为易被微生物利用的有机碳，导致土壤呼吸可利用底物增加，从而导致土壤呼吸速率增加（孙菊等，2010）。湿地的形成与发育受到气候、水文、地貌和地质条件的制约。大兴安岭冷湿的气候和岛状多年冻土，以及低缓的地貌，使沼泽广泛发育。

在冻土逐渐融化条件下，较高冻土区出现土壤干燥的现象，而在低洼地则多出现沼泽湿地，兴安落叶松的生长条件发生了恶性变化，进而使这一地区的森林逐渐消退，出现小老树。在根河林业局调查表明，该地区由于冻土融化，触动土壤结构变化，地面出现下陷现象，使浅根性的兴安落叶松大片林木倾倒，造成大面积森林死亡。另据调查，由冻融侵蚀造成的土体沉陷，三年中侧向侵蚀宽度30米，年均扩展10米，造成大面积森林被吞噬。

在寒温带和温带不同的冻土区，冻土融化会引起森林—湿地微地形变化，形成斑块状热卡斯特湖和池塘（Payette S et al.，2004；Jorgenson M T et al.，2006），这促使局部淹水程度增加（Christensen T R et al.，2004），尤其是积水程度增加，水位是土壤呼吸产生和排放的抑制因素，高水位导致更大的厌氧区，减少土壤呼吸排放。此外，不同冻土区沼泽湿地受这些热卡斯特作用形成的湖和池塘影响，也许将在间尺度上长期存在，而寒温带冻土层退化导致的湿地水文条件的变化对土壤速率的影响也将是长期的（Turetsky M R et al.，2002）。而在多年冻土分布区的南界附近，多年冻土仅以岛状存在，多年冻土层非常薄，这些薄的岛状多年冻土退化的特点是其本身完全消失，使其失去对湿地的保水作用，导致湿地变干，植被变化，进而增大了土壤呼吸速率的排放（Moore T R et al.，1998）。

（3）冻土活动层植被差异对冻土区生态系统呼吸速率的影响。多年研究表明：随着冻土退化，其地表植被组成发生显著变化，适应相对干燥环境的湿地植被类型（如灌木和苔藓等）减少，相应地适应低湿环境的禾草植物增加（Jorgenson M T et al.，2006；Christensen T R et al.，2004）。加拿大对冻土区的相关研究显示：多年冻土融化导致泥炭地内乔木显著减少，而薹草属植物显著增加（Camill P et al.，2001）。与乔木、灌木和苔藓相比，禾草和莎草科植物的枯落物和根系分泌物可以为土壤呼吸提供更多的有效底物，增加土壤呼吸速率。很多野外研究证实了湿地内不同植被覆盖点间的土壤呼吸速率的差异，与禾草为优势的观测点的呼吸速率高于乔木、灌木或苔藓为优势的观测点的排放速率（Liblik L et al., 1997）。因此，如果单独考虑植被这个因子，它与微地形和水文条件变化引起的结果一样，可能会导致多年冻土退化影响下的湿地土壤呼吸速率显著增加。

7.5 森林生态系统土壤动物特征

通过对森林生态系统土壤动物的变化特征长期、连续的观测，探讨土壤动物对凋落物分解、养分释放、能量动态调控的过程与机制。有助于认识森林生态系统中地上部分与地下部分之间相互联系，以及土壤动物在物质循环与能量流动过程中的地位和作用，也可为土壤生物多样性保护提供理论与数据支撑。

7.5.1 观测方法

7.5.1.1 观测内容

土壤动物数量、动物群落物种多样性，土壤动物与环境的关系。

7.5.1.2 观测与采样方法

（1）样地设置及采样点设置。参照国家标准《森林生态系统长期定位观测方法》（GB/T 33027—2016）。

（2）采样工具。包括小土铲、土钻、铁锹、剖面刀、尺子、全球定位仪、罗盘仪、数码相机、样品袋、环刀、塑料布、铝盒、记号笔、剪刀、样品标签、采样记录表、背包等。采集样品时所用的工具、塑料袋或其它装土样的器皿必须事先灭菌（干热灭菌、紫外线灭菌、70%的酒精消毒灯灭菌）或就地取土擦拭用具。

（3）样品采集方法。

①大型土壤动物的调查方法。采用大型土壤动物采样框（50厘米×50厘米）分凋落物层和不同土壤层次取样。采用手拣法就地用镊子选取大型土壤动物，保存在装有5%福尔马林溶液的收集瓶中。

②中、小型土壤动物的调查方法。分别采用干漏斗法和湿漏斗法。干漏斗法和湿漏斗法分别用100毫升和25毫升的土壤环刀采集器在样方垂直剖面上各土层取样，然后将土样装入布袋或塑料袋中。

专门研究某一类土壤动物时，则采用专门的采集方法，如吸虫瓶采集法、陷阱采集法、引诱法、羽化捕捉法和手摇网筛法等。

（4）采样频率。一般为每月1次或每季度1次。

(5) 数据处理。

① Shannon-Wiener 指数。公式如下：

$$H' = \sum_{i=1}^{S} \frac{n_i}{N} \cdot \ln(n_i/N) \tag{7-8}$$

式中：H'——Shannon-Wiener 指数；

n_i——第 i 个类群的个体数（个）；

S——类群数（个）；

N——类群中所有类群的个体数（个）。

② Pielou 均匀度指数。公式如下：

$$J_S = H'/\ln S \tag{7-9}$$

式中：J_S——Pielou 均匀度指数；

H'——Shannon-Wiener 指数；

S——类群数（个）。

③ Simpson 优势度指数。公式如下：

$$D = \sum_{i=1}^{S} (N_i/N)^2 \tag{7-10}$$

式中：D——Simpson 优势度指数；

N_i——第 i 个类群的个体数（个）；

N——类群中所有类群的个体数（个）；

S——类群数（个）。

④ Margalef 丰富度指数。公式如下：

$$R = (S-1)\ln N \tag{7-11}$$

式中：R——Margalef 丰富度指数；

S——类群数（个）；

N——类群中所有类群的个体数（个）。

7.5.2 典型森林土壤动物特征

2016 年 6 月和 8 月，以落叶松白桦混交林 2006 年的重度火烧迹地和未受干扰的混交林地为研究对象，采用陷阱法研究地表土壤节肢动物群落组成与多样性。

7.5.2.1 地表土壤节肢动物群落组成

研究阶段，共采集地表土壤节肢动物 17460 只，隶属 5 纲 14 目 57 科 85 属（王京等，

2018），见数据集表 3-15。其中，大型土壤节肢动物共 4 纲 11 目 36 科 55 属，铺道蚁属（*Tetramorium*）为优势类群，占所捕获大型土壤节肢动物总数的 51.74%；步甲属（*Carabus*）、婪步甲属（*Harpalus*）、脊胸露尾甲属（*Carpophilus*）、小蕈甲属（*Microsternus*）、叶蝉属（*icaella*）、弓背蚁属（*Camponotus*）、毛蚁属（*Lasius*）、佐蛛属（*Zora*）、安蛛属（*Anahita*）及红螯蛛属（*Chiracanthium*）为常见类群，占所捕获大型土壤节肢动物总数的 37.58%；稀有与极稀有类群占大型土壤节肢动物总数的 10.68%。

中小型土壤节肢动物共 2 纲 3 目 18 科 30 属，球角跳属（*Hypogastrura*）为优势类群，占所捕获中小型土壤节肢动物总数的 91.87%，稀有和极稀有类群占所捕获中小型土壤节肢动物总数的 8.13%。土壤节肢动物营养功能群范围较广，共有植食性（phytophagy）、菌食性（fungivorous forms）、捕食性（preators）、腐食性（saprozoic）和杂食性（omnivores）五大类。其中植食性动物占相对较大的比例（33.72%），其次是捕食性（20.93%），菌食性所占的比例最少（16.28%）（王京等，2018）。

7.5.2.2 地表土壤节肢动物的群落分布与多样性

数据统计显示，重度火烧迹地土壤地表节肢动物个体数与类群数分别是 67 属、13894 只，而对照样地则分别为 69 属、3566 只，即重度火烧迹地土壤节肢动物总个体数高于对照样地，而总类群数低于对照样地；其中火烧迹地的大型地表土壤节肢动物个体数与类群数均低于对照样地，中小型地表节肢动物的个体数与类群数则都高于对照样地，但仅大型土壤节肢动物个体数显著低于对照样地（$P < 0.05$）。群落多样性分析表明（表 7-7），重度火烧迹地大型地表土壤节肢动物的 Shannon-Wiener 指数、Pielou 均匀度指数均高于对照样地，Simpson 优势度指数与 Margalef 丰富度指数低于对照样地，中小型地表土壤节肢动物则相反，但差异性均不显著（$P > 0.05$）。

研究时段，6 月上旬采集的地表土壤节肢动物个体数与类群数（64 属、2374 只）均低于 8 月下旬（71 属、15086 只）。其中：大型地表土壤节肢动物个体数 6 月多于 8 月，而中小型土壤节肢动物则是 6 月低于 8 月；类群数大型地表土壤节肢动物类群数 6 月低于 8 月，中小型地表土壤节肢动物类群数则是 6 月多于 8 月，但差异性均不显著（$P > 0.05$）。大型土壤节肢动物的 Shannon-Wiener 指数、Pielou 均匀度指数及 Margalef 丰富度指数与其个体数变化相反，Simpson 优势度指数与其个体数变化相同，但差异并不显著（$P > 0.05$）；中小型地表土壤节肢动物 Shannon-Wiener 指数、Pielou 均匀度指数与 Margalef 丰富度指数与个体数变化相反，Simpson 优势度指数与其个体数变化相同，且差异性显著（$P < 0.05$）。Jaccar 系数显示，火烧迹地与对照样地地表土壤节肢动物相似性为 0.78，其中大型地表土壤节肢动物群落与中小型土壤节肢动物群落相似性分别为 0.59 和 0.57，表明地表土壤节肢动物群落总体变化较小，相似性较高。同一月份、重度火烧与对照样地之间，两种体型地表土壤节肢动物群落相似性较高，如 6 月大型地表土壤节肢动物、中小型土壤节肢动物群落相似性

分别为 0.51 和 0.59，8 月则分别为 0.60 和 0.50；不同月份之间，重度火烧迹地与对照样地地表土壤节肢动物群落相似性偏低，均为 0.43，表明地表土壤节肢动物群落随时间发生改变。

7.5.2.3 环境因子对地表节肢动物群落的影响

地表土壤节肢动物分布主要受环境因子，如地表温度、湿度、植被盖度等影响，而呈现出个体分布不均衡、群落组成差异性较大的现象（林英华等，2009；2015），火干扰可通过改变环境条件进而对土壤节肢动物群落产生影响。本研究中，重度火烧迹地与对照样地环境条件即在土壤温湿度、坡向等方面有所不同，土壤节肢动物群落组成和分布存在差异，即火烧区大型土壤节肢动物个体数显著低于对照区（$P < 0.05$），说明火干扰对地表土壤节肢动物群落有一定影响。然而，火烧迹地与对照样地间土壤节肢动物群落多样性指数差异却并不明显（$P > 0.05$），这可能与火干扰一段时间后土壤动物群落已有一定恢复有关（Gongalsky et al., 2013；Zaitsev et al., 2014）。

地表土壤节肢动物群落存在明显的季节性差异（表 7-7）。6 月上旬（春末夏初）与 8 月下旬（秋末冬初）中小型土壤节肢动物个体数及群落多样性指数均存在显著差异（$P < 0.05$）。由于地表土壤湿度偏大，如 8 月火烧迹地土壤湿度高于 6 月，可使得一些气管系统不发达的土壤动物，诸如弹尾目的球角跳属、伪亚跳属（*Pseuachorutes*）、奇跳属、鳞跳属（*Tomocerus*）以及蜱螨类中的沙足甲螨属（*Eremobelba*）等喜湿性的中小型土壤节肢动物数量偏高，因此 8 月中小型土壤节肢动物个体数增多；同时少数偏好较高湿度的地表土壤节肢动物，如铺道蚁属、弓背蚁属数量也偏高。多样性分析显示，由于 8 月球角跳属和对照样地铺道蚁属的个体数量偏多，且分布不均匀而呈现较明显的优势现象，使其群落多样指数偏低。

表 7-7 地表土壤节肢动物群落多样性

多样性指数	月份	大型土壤节肢动物		中小型土壤节肢动物	
		火烧样地	对照样地	火烧样地	对照样地
Shannon-Wiener 指数	6	1.70±0.51aA	1.61±0.41aA	2.00±0.15aA	1.29±0.16aA
	8	2.09±0.79aA	1.81±0.44aA	0.26±0.21bA	1.07±0.39bA
	总计	2.31±0.56A	1.96±0.36A	0.32±0.17A	1.29±0.27A
Pielou 均匀度指数	6	0.61±0.14aA	0.56±0.13aA	0.73±0.06aA	0.51±0.06aA
	8	0.71±0.26aA	0.60±0.12aA	0.11±0.09bA	0.41±0.12bA
	总计	0.63±0.18A	0.50±0.10A	0.10±0.11A	0.43±0.95A
Simpson 优势度指数	6	0.35±0.18aA	0.36±0.16aA	0.23±0.05aA	0.46±0.08aA
	8	0.26±0.27aA	0.33±0.14aA	0.91±0.09bA	0.57±0.17bA
	总计	0.22±0.19A	0.33±0.12A	0.91±0.34A	0.53±0.12A

（续）

多样性指数	月份	大型土壤节肢动物		中小型土壤节肢动物	
		火烧样地	对照样地	火烧样地	对照样地
Margalef 丰富度指数	6	3.21±0.92aA	3.07±0.61aA	3.00±0.28aA	2.08±0.23aA
	8	4.01±0.70aA	3.93±0.56aA	1.44±0.00bA	1.98±0.57bA
	总计	6.12±0.78A	6.75±0.64A	2.74±0.79A	2.45±0.36A

注：样地间差异显著性以大写字母标注，月份间差异显著性以小写字母标注。数据后字母相同表示无显著差异（$P > 0.05$）。

此外，分析发现，地表土壤节肢动物群落 Shannon-Wiener 指数与 Pielou 指数变化趋势相似，并存在显著的相关关系（$P < 0.01$），中小型地表土壤节肢动物与大型地表土壤节肢动物 Shannon-Wiener 指数与 Pielou 指数变化趋势与地表土壤节肢动物群落变化趋势相似，且呈现出明显的正相关关系（$P =0.995，0.980$），这与林英华等（2015）研究结果不一致，其原因有待深入研究。

火干扰导致地表土壤动物群落组成发生改变（Buddle et al., 2006）。在研究中，虽然火烧迹地与对照样地地表土壤节肢动物相似性为 0.78，但大型地表土壤节肢动物群落与中小型土壤节肢动物群落相似性偏低，分别为 0.59 和 0.57，并且重度火烧迹地大型土壤节肢动物个体数与对照样地大型土壤节肢动物个体数存在显著差异（$P < 0.05$），这与 Warle 等（2003）的研究结果相一致，即火干扰将改变原有生态环境并对生物群落产生长期的影响。

第 8 章

森林生态系统气象要素特征

森林气象学是研究森林与气象或气候条件之间相互关系的科学,是气象学与林学之间的一门边缘学科。它研究的对象是一切木本植物生长过程中、对林业具有重要意义的气象条件和林木生长对气象(包括气候和小气候等)条件的作用与影响。森林在一定的气象条件下生长发育完成其生活周期,对陆地的太阳辐射、热量平衡、水量平衡以及 CO_2 的垂直输送等都有很大影响。森林不仅能影响气候,同时气象条件又直接制约森林的生长发育和生物量积累。因此,气象要素是重要的森林生态环境因子,影响森林生态系统的结构和功能,从而影响整个生态系统的平衡。森林气象要素监测和分析是森林生态系统定位研究的主要内容之一,对研究森林小气候的动态变化规律具有重要意义。

8.1 森林小气候特征

森林小气候是森林植被影响下形成的特殊小气候,是生物生长发育的最重要环境因子,不同的植物群落形成不同的小气候环境,而不同的小气候生境形成不同的植物群落。森林小气候的研究不但为森林生态学的各项研究提供了基本数据,为森林生态系统研究提供长期基础数据,而且为全球气候变化对森林生态系统的影响及其响应研究提供了基本依据;同时,可以揭示不同林分、不同时间小气候动态变化规律,揭示森林对小气候影响机理,为相关部门制定优化森林生态系统服务功能的决策提供更加准确的依据。

通过对森林生态系统典型区域不同层次风、温、光、湿、气压、降水、土温等气象因子进行连续观测,了解林内气候因子梯度分布特征及不同森林植被类型的小气候差异,揭示各种类型小气候形成过程中的特征及其变化规律,为研究下垫面的小气候效应及其对森林生态系统的影响提供数据支持。

8.1.1 观测方法

8.1.1.1 观测内容

森林小气候要素观测分地上 4 层和地下 4 层。其中,地上 4 层分别为距地面 18 米、10 米、1.5 米和 0.75 米,地下 4 层分别为地面以下 5 厘米、10 厘米、20 厘米、40 厘米。各层观测指标及单位参照国家标准《森林生态系统长期定位观测方法》(GB/T 33027—2016) 执行。

8.1.1.2 观测方法

(1) 观测场设置。

①观测场的主要环境因子(气候、土壤、地形、地质、生物、水分)和树种、林分等应具有代表性,下垫面能够反映生态系统的特征和季节变化的特点。

②不应跨越两个林分,注意避开道路、河流及人为生产活动等影响。

③观测样地的形状应为正方形或长方形,地势应较平缓。林分面积 ≥ 50 米 × 50 米或观测场地内林木胸径(DBH)≥ 4 厘米的株数不少于 200 株。

(2) 观测仪器的结构和原理。常规气象观测系统各部件的布设和安装,参照国家标准《森林生态系统长期定位观测方法》(GB/T 33027—2016) 执行。

(3) 观测仪器的布设和安装。

①观测塔的布设。应建立固定的观测塔观测森林小气候。塔的水泥底座面积应足够小,确保不改变局部下垫面性质。建造过程中应注意保护塔四周下垫面森林的状态。观测塔的位置应位于观测场地中央或稍偏下风侧。塔应高出主林冠层。观测塔通常为拉线式矩形塔,塔体及其横杆的颜色应涂为银白色或浅灰色。观测塔的设计要方便工作人员安装检修仪器。观测塔应安装避雷系统。

②观测仪器的布设和安装。观测塔仪器布设如图 8-1 所示,各部件的布设和安装要求参照国家标准《森林生态系统长期定位观测方法》(GB/T 33027—2016) 执行。

③避雷装置。观测系统避雷装置的布设参照国家标准《森林生态系统长期定位观测方法》(GB/T 33027—2016) 执行。

图 8-1 观测塔仪器布设

④传感器的平行校验。应定期对同类传感器进行平行校验观测。温、湿、风速传感器架设在"Π"形横杆上进行平行校验观测,平行检验时间应至少持续一个日变化周期。将观

测结果进行平均后，经比较选择观测结果最为接近的传感器用于小气候梯度观测，并且选择一个为基准，进行归一化处理。"Π"形横杆应足够长。温、湿度传感器之间距离 0.3 米。风传感器之间距离 0.5 米，"Π"形横杆应与主风向垂直。进行平行检验的观测场的下垫面状况应尽可能保证水平均一。如果小气候观测持续时间长，应该在观测结束前再次进行平行校验观测。平行校验结果应该与其他观测记录一起存档。

⑤观测系统的维护。应定期查看各传感器是否正常，地温传感器的埋置是否准确，风向、风速传感器是否转动灵活，辐射传感器表面是否清洁等。每月检查供电设施，保证供电安全。每年春季对防雷设施进行全面检查，对接地电阻进行复测。一个小气候观测周期结束后，风速、风向、温度、湿度、地表温度传感器和辐射表要取下收好，土壤温度传感器和热通量传感器可以不动，把接头部分保护好，下次观测时直接连接使用。自动气象站的数据出现缺测时，按规定进行补测。定期取回无人值守自动观测系统的数据。

(4) 数据采集。

①采样频率。观测指标中气象参数的采样方法、时制、日界和对时，参照国家标准《森林生态系统长期定位观测方法》（GB/T 33027—2016）执行，土壤水分、土壤热通量采样时间是 10 分钟 1 次，20 秒加热后的测量值作为瞬时值。

②数据采集器设置。将传感器接入数据采集器，数据采集器的设置采集，参照国家标准《森林生态系统长期定位观测方法》（GB/T 33027—2016）执行。

8.1.1.3 数据处理

瞬时值、逐时值、逐日值的计算数据处理。通过电缆连接数据采集器的通信口和 PC 机，可查看数据采集器内存中的数据文件。数据文件名由年、月、日组成，如 20090301。数据存储在 SD 卡中，通过直接读取 SD 卡，或通过 Ethernet，采用 FTP 或 Http 查看数据，也可通过 GPRS 远程传输数据到用户端。从数据采集器下载的数据文件可包括瞬时值、每日逐时、逐日数据。系统软件可计算散射辐射、日照时数、蒸散量的逐时、逐日值。从下载的数据文件中调用数据，经统计后得到逐月数据。森林小气候观测系统输出每个指标的每日逐时、逐日、逐月数据文件。

8.1.2 兴安落叶松林小气候特征

8.1.2.1 空气温度变化特征

(1) 林内外空气温度日变化特征。由图 8-2 可知，林内外空气温度变化基本一致，变化曲线呈"S"形，有明显的波谷和波峰。波谷在 6:00 ~ 9:00（夏季 6:00、春秋季 8:00、冬季 9:00），波峰出现在 13:00 ~ 14:00（冬秋季 13:00、春夏季 14:00）。各季节在波峰阶段林内气温均较林外气温低，尤其是在夏秋季效果明显，在波谷阶段林内气温均较林外高，表明林地有较好的调节气温作用。

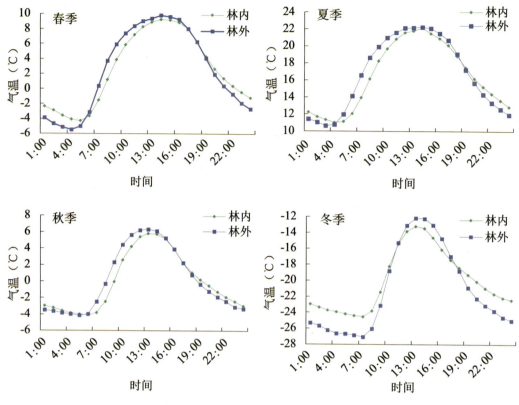

图 8-2　林内外气温四季日变化

（2）林内外空气温度月变化特征。通过比较林内外月平均气温可以看出（表 8-1），林外空气温度月平均值在 4～10 月均高于林内，在其他月份林内空气温度高于林外。最高温度林外均高于林内，最低温度则为林内高于林外，各月气温月较差均为林内小于林外。林内月较差最高值出现在 4 月，为 35.87℃；林外月较差最高值出现在 3 月，为 41.07℃；林内林外月较差最低值均出现在 8 月，分别为 23.46℃、25.50℃。说明林内气温变化缓和，在温度低时森林起防寒作用，在温度高时能起降温作用；而林外气温变化较大，易受外界环境影响而改变。

表 8-1　林内外空气温度月变化

项目		空气温度（℃）										
		12月	1月	2月	3月	4月	5月	6月	7月	8月	9月	10月	11月
林内	月平均	-23.96	-19.23	-15.69	-6.32	3.17	10.72	14.00	20.55	14.87	10.62	0.21	-10.89
	月最高	-6.44	-5.54	0.05	11.61	23.53	28.34	27.18	34.79	26.05	23.48	13.69	4.13
	月最低	-37.44	-32.23	-29.84	-23.15	-12.34	-6.62	1.18	6.74	2.59	-4.84	-10.46	-23.77
	月较差	31.00	26.69	29.89	34.76	35.87	34.96	27.00	28.05	23.46	28.32	24.15	27.9
林外	月平均	-25.61	-21.12	-16.82	-6.72	3.36	10.94	14.27	20.76	15.33	10.9	0.62	-10.9
	月最高	-5.82	-5.14	1.21	12.15	23.55	28.80	28.05	34.91	27.14	23.81	13.88	4.43
	月最低	-39.63	-34.59	-35.88	-28.92	-13.89	-8.07	-0.40	5.10	1.64	-5.05	-13.73	-25.44
	月较差	33.81	29.45	37.09	41.07	37.44	36.87	28.45	29.81	25.50	28.86	27.61	29.87

8.1.2.2 空气相对湿度变化特征

(1) 林内外空气相对湿度日变化特征。图 8-3 为林内外空气温湿度日变化曲线,可以看出,空气温度和湿度变化曲线趋于对称,当空气温度较低时,湿度相对较高;当空气温度较高时,湿度较低。湿度日变化呈"U"形,日变化在 55% ~ 85% 之间,夜间高于白天。

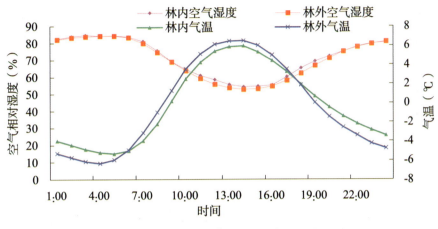

图 8-3 林内外空气温湿度日变化

(2) 林内外空气相对湿度月变化特征。从图 8-4 可以看出,月平均空气相对湿度在兴安落叶松林生长季(6 ~ 9 月),林内高于林外,林内相对湿度平均值(85.22%)较林外(82.91%)高出 2.3%。林内外月变化趋势基本相同,最大月均出现在 8 月,由于 8 月降雨较多,加之温度较高,蒸发和蒸腾作用较强,植物和土壤向空气输送的水汽较多。最小月均出现在 4 月,由于春季大风天气较多,降雨较少,空气相对湿度较低,所以每年 4、5 月为大兴安岭春季火灾易发期。

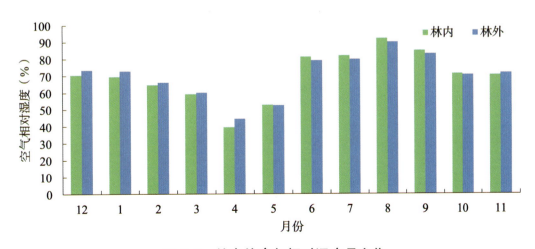

图 8-4 林内外空气相对湿度月变化

8.1.2.3 风速风向变化特征

(1) 风速变化特征。图 8-5 是林内外风速日变化曲线,林外风速具有明显的日变化,夜间风速变化较小，白天风速变化较大，13:00风速达到日最高值，0:00～1:00风速下降到日最低值。由于林冠和树木的阻挡，林内风速日变化较缓和，风速日平均1.72米/秒，日较差1.3米/秒，林外风速日平均2.35米/秒，日较差2.78米/秒，与林外相比林内风速明显减弱，平均减幅0.63米/秒。

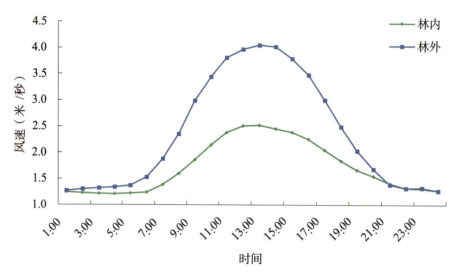

图8-5　林内外风速日变化

比较不同季节林内外风速变化看出（表8-2），森林的防风效果在不同季节差异十分明显，降冬季外，各季节平均风速降幅都在1.5米/秒以上。冬季风速降幅最小，春季最大，夏秋季降幅差别不大。由于冬季树木落叶，没有了林冠的阻风，使林内外风速差别不大。

表8-2　林内外风速季节变化

季节	林内风速（米/秒）	林外风速（米/秒）	振幅（米/秒）
冬季	1.22	1.41	0.2
春季	1.22	3.64	2.42
夏季	0.41	2.16	1.76
秋季	0.41	2.18	1.77

通过林内外风速的日变化和季节变化，可以看出森林对风具有调节功能，在春夏秋三季均较强，冬季最弱，说明森林对风调节效果的大小与风的大小和林木枝叶的茂密程度相关。

（2）风向变化特征。根据对林内外全年风向观测，按风向占比统计看（图8-6），林内全年以南风和西南风为主，分别占全年的22.3%和22.1%，林外风向以西风和东风为主，分别占全年的25%和25.3%。由于森林中林木及林冠的阻挡，使风速降低且风向发生改变，导致林内外全年风向的不同。

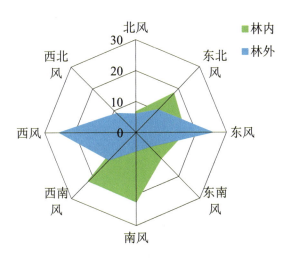

图 8-6　林内外风向频率（%）

8.1.2.4　太阳辐射变化特征

（1）不同季节太阳总辐射变化。由图 8-7 可以看出，林外各季节太阳总辐射日变化规律大致相同，即早晚低，中午高的单峰曲线变化规律。林内除夏季外其他各季日变化也为单峰曲线，夏季为双峰曲线，这是由于夏季林冠树叶茂密，林冠孔隙透光所致。夏季林外变化幅度较大，林内变化较为平缓。从 20:00 至翌日 4:00 时间内，林内林外太阳总辐射差异不明显。

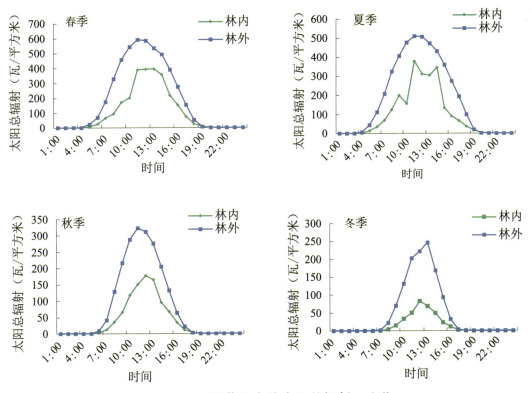

图 8-7　各季节林内外太阳总辐射日变化

由林内林外各季节的日峰值和日均值比较可以看出（表8-3），林外太阳总辐射无论是在日均值还是在日峰值上均高于林内，林外与林内太阳总辐射均值差值大小变化为夏季＞春季＞秋季＞冬季，林内太阳总辐射大小变化为春季＞夏季＞秋季＞冬季，而林外太阳总辐射大小变化为夏季＞春季＞秋季＞冬季。

表 8-3 各季节林内外太阳总辐射比较

	项目	冬季	春季	夏季	秋季
林内	日峰值（瓦/平方米）	64.68	181.33	164.61	95.86
	日均值（瓦/平方米）	14.16	107.32	95.34	39.06
林外	日峰值（瓦/平方米）	141.23	331.40	320.35	214.42
	日均值（瓦/平方米）	50.09	159.76	185.96	84.41

统计各月林内林外平均太阳总辐射（图8-8），可以看出林外太阳总辐射强度月平均值始终高于林内，变化曲线呈双峰型，5月和7月均较高，林内分别为124.42瓦/平方米、117.64瓦/平方米，林外分别为223.79瓦/平方米、225.60瓦/平方米。

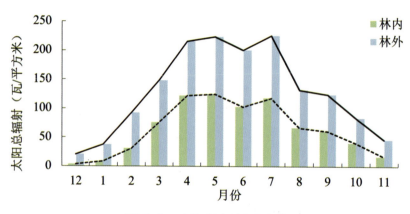

图 8-8 太阳总辐射月变化

（2）不同季节光合有效辐射（PAR）变化。图8-9为林内外各季节光合有效辐射日变化，可以看出各季节林内林外光合有效辐射变化规律相一致，均呈单峰型曲线，早、晚较弱，中午较强，峰值出现在12：00，春、夏季较秋冬季峰值高；除冬季外，其他季节林外较林内的光合有效辐射高。

图8-10为林内光合有效辐射月平均日总量变化曲线，PAR年总量为6924.11摩尔/平方米，年平均日总量为18.9摩尔/（平方米·天），PAR变化曲线与太阳总辐射变化曲线相一致（图8-8），呈双峰型，具有明显的季节特征，春夏季大，秋季次之，冬季最小。5月和7月为两个峰值，7月PAR平均日总量为32.7摩尔/（平方米·天），为一年中最大；5月PAR平均日总量次之，为31.4摩尔/（平方米·天），而12月平均日总量为一年最小值5.8摩尔/（平方米·天）。

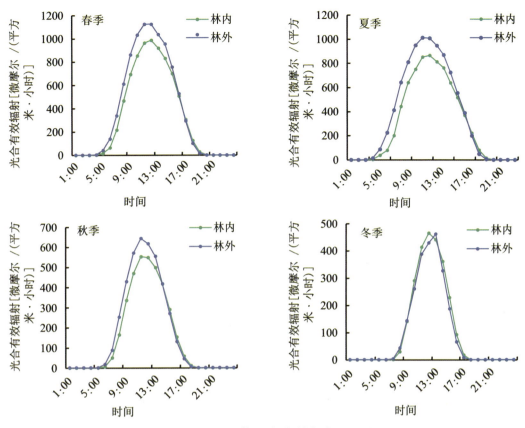

图 8-9　不同季节光合有效辐射日变化

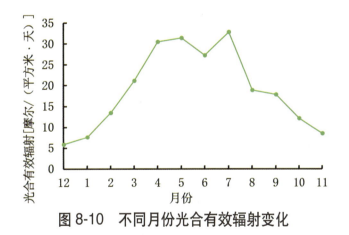

图 8-10　不同月份光合有效辐射变化

8.1.2.5 土壤温度、水分变化特征

(1) 土壤温度变化特征。不同季节兴安落叶松林内的不同深度土壤温度日变化存在差异（图 8-11），冬季不同深度土壤地温变化一致，日变化不明显呈直线，且随深度增加土壤温度升高，各深度（10 厘米、20 厘米、30 厘米、40 厘米）平均地温分别为 -3.45℃、-2.85℃、-2.18℃、-1.81℃；春季和夏季日变化相同，不同深度土壤地温随深度增加土壤温度降低，日变化不一致，10 厘米土壤温度日变化呈"S"形，8:00 为一天内地温最低值，随后开始逐渐升高，到 18:00 达到一天最高值，然后又开始下降。20 厘米地温日变化基本呈"S"形，

但不明显；10:00达到一天最低值，然后缓慢上升，到21:00达到最大值，且达到最大值时间比10厘米达到最大值时间滞后约2小时。30厘米、40厘米地温日变化基本为直线；秋季土壤温度与冬季相同，随深度增加土壤温度升高。10厘米日变化呈"S"形，与春夏季相同，9:00达到一天最低值，然后逐渐升高，到18:00达到一天最高值，然后逐渐下降。20厘米土壤温度变化基本呈"U"形，12:00达到一天最低值，夜间地温高于白天地温。

图8-12为不同深度土壤温度月平均值变化曲线，由图可知一年内不同深度土壤温度月平均值变化呈"S"形，2月为每年的地温最低月，10厘米年地温最高为7月，其他深度年地温最高为8月。每年3月和9月各层地温基本趋于相同，受气温影响上层地温升温明显，达到各层最高地温后，浅层土壤降温也比较明显。

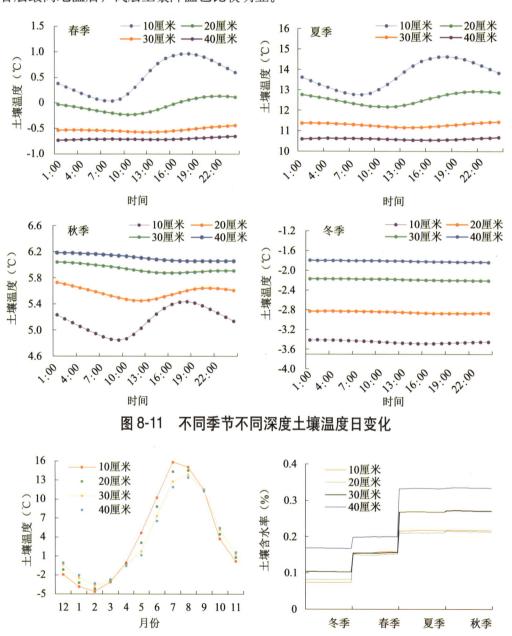

图8-11　不同季节不同深度土壤温度日变化

图8-12　不同季节深度土壤温度月变化　　图8-13　各季节不同深度土壤含水率日变化

(2)土壤水分变化特征。图8-13为各季节不同深度土壤含水率日变化曲线,土壤水分梯度的日变化有一个显著特点,就是在不同深度土壤含水率相当稳定,日变化不明显,一天内几乎为同一个值,各深度之间基本呈现随土壤深度增加含水率增加的趋势。另外,各深度土壤含水率日变化虽然稳定、变幅较小,但还是有细微的变化,就是随着土壤深度增加,土壤含水率的变化更加趋于稳定,几乎没有变幅。

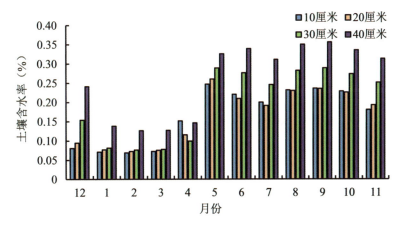

图8-14 不同深度土壤各月含水率变化

图8-14为不同深度土壤含水率月份变化,各深度土壤含水率在1～4月较低,在整个生长季(6～9月)土壤含水率均比较高。基本上各月在10厘米和20厘米深度土壤含水率没有太大差别,40厘米深度土壤含水率全年均比较高。

8.1.2.6 土壤热通量变化特征

图8-15为5厘米土壤热通量季节日变化曲线,不同季节不同的土壤热通量的变化大致呈"S"形。

冬季土壤热通量平均值为-5.51瓦/平方米,在11:00达到负向最小值-5.98瓦/平方米;在22:00达到负向最大值-5.06瓦/平方米,日较差0.92瓦/平方米,全天变化不是很明显。全天为负值,说明土壤全天都向上传递,放出热量。

春季土壤热通量平均值为7.14瓦/平方米,在5:00达到负向最大值-0.69瓦/平方米,然后升高;在7:00由向上传递热量转变为向下传递热,在13:00达到正向最大值19.6瓦/平方米,然后逐渐下降,日较差20.29瓦/平方米。在3:00到6:00这段时间土壤热通量为负值,说明土壤热量向上传递,放出热量,其余时间则土壤向下传递热量,吸收热量。

夏季土壤热通量平均值为10.97瓦/平方米,在5:00达到最小值-2.40瓦/平方米,7:00左右由热量向上传递转变热量向下传递,在13:00达到正向最大值31.24瓦/平方米,日较差33.64瓦/平方米;2:00～6:00为负,土壤向外放出热量,其余时间为正值,土壤吸收传递热量。

秋季土壤热通量平均值为-4.73瓦/平方米，6:00达到负向最大值-9.28瓦/平方米，12:00热量由向上传递转变为向下传递，13:00达到正向最大值2.53瓦/平方米，16:00热量由向下传递转变为向上传递，日较差11.81瓦/平方米。下午12:00～16:00为正值，土壤吸收热量，其余时间为负值，土壤向外放出热量。

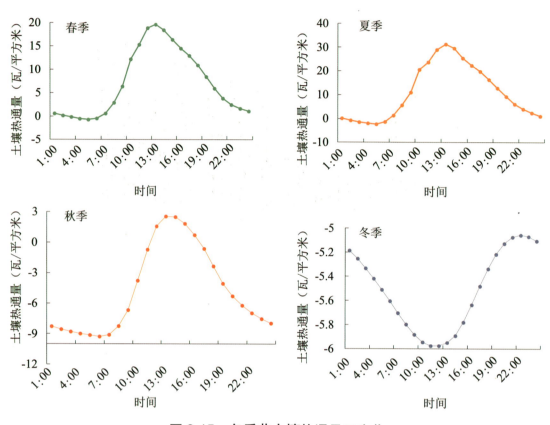

图8-15　各季节土壤热通量日变化

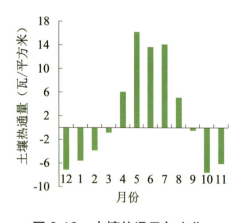

图8-16　土壤热通量年变化

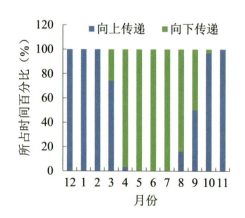

图8-17　土壤热通量传递方向月变化

图8-16为土壤热通量月平均，土壤热通量有明显的年际变化，4～8月土壤热通量为正值，其他月份为负值；5月平均值最大，为16.18瓦/平方米。由图8-17可以看出，在

4~8月土壤为热量的"源",即土壤放出热量向大气传递。其他月份土壤呈现为热量的"汇",即土壤吸收大气热量。

8.1.2.7 主要气象因子相关性分析

将森林小气候中林内外太阳总辐射、有效光合辐射、风速、空气相对湿度及空气温度等10个因子在SPSS中进行了相关性分析,各气象因子两两之间极显著相关(表8-4)。可见,林内外各气象因子之间具有密切联系,互为影响。空气相对湿度与其他气象因子呈负相关,其他各因子之间呈正相关关系,林内外空气相对湿度与林外太阳辐射与林外光合有效辐射相关性最强,相关系数达到0.998。

表8-4 主要气象因子相关性

项目	相关系数									
	林内太阳总辐射	林外太阳总辐射	林内光合有效辐射	林外光合有效辐射	林内风速	林外风速	林内空气相对湿度	林外空气相对湿度	林内空气温度	林外空气温度
林内太阳总辐射	1									
林外太阳总辐射	0.965**	1								
林内光合有效辐射	0.973**	0.993**	1							
林外光合有效辐射	0.965**	0.998**	0.993**	1						
林内风速	0.881**	0.873**	0.916**	0.875**	1					
林外风速	0.902**	0.916**	0.945**	0.918**	0.988**	1				
林内空气相对湿度	-0.758**	-0.748**	-0.805**	-0.751**	-0.971**	-0.939**	1			
林外空气相对湿度	-0.756**	-0.742**	-0.799**	-0.745**	-0.971**	-0.937**	-0.998**	1		
林内空气温度	0.791**	0.767**	0.825**	0.769**	0.976**	0.936**	-0.993**	-0.993**	1	

(续)

项目	相关系数									
	林内太阳总辐射	林外太阳总辐射	林内光合有效辐射	林外光合有效辐射	林内风速	林外风速	林内空气相对湿度	林外空气相对湿度	林内空气温度	林外空气温度
林外空气温度	0.827**	0.830**	0.872**	0.832**	0.989**	0.971**	-0.988**	-0.988**	0.987**	1

注：** 在 0.01 水平上显著相关。

8.2 森林生态系统微气象法碳通量特征

随着工业革命的兴起，环境污染问题严重影响生态系统的平衡，出现一系列的环境问题：全球变暖、酸雨、生物多样性减少、水资源匮乏，以及大气中 CO_2、N_2O、CH_4 浓度的增加产生的"温室效应"，这些问题对环境的影响愈演愈烈。为保护全球大气资源，很多国家签署《京都议定书》，这是首部向发达国家制定的制约温室气体减排的法律。一些国家均加大了对碳源/碳汇方面的研究，以美国为首的国家向发展中国家施压，要求减少 CO_2 的排放量，说明碳循环在全球气候变化中扮演重要角色。通量是指单位时间内通过一定面积输送的动量、热量和物质等物理量的速度；通量密度则是单位时间内通过某一界面单位面积输送的物理量，常简称为通量。森林生态系统进行物质交换和能量交换过程中，许多通量都是靠这个过程进行运输。

通过微气象法为主题的通量观测方法对典型森林生态系统植被—大气界面的 CO_2 及水热量通量进行连续观测，掌握其动态变化规律，分析森林生态系统碳源/汇的时空分布特征，探讨森林生态系统碳收支和水热平衡过程及其对环境变化的响应，为深入研究森林生态系统中的碳循环过程及其调控机理提供科学依据。

8.2.1 观测方法

8.2.1.1 观测内容

以 10 赫兹或更高的频率采集传感器高度上的水平风速（米/秒）、垂直风速（米/秒）、温度（℃）、水汽浓度（克/立方米）和 CO_2 浓度（克/立方米）。

8.2.1.2 观测方法与仪器

（1）观测场设置。观测场要求：下垫面相对平坦，坡度不超过 5°；风向相对稳定；植被在上风向有足够的水平纵深；研究区域面积 ≥ 1 公顷。

（2）观测仪器的布设和安装。

①观测塔的布设和安装。利用观测场以往的气象资料分析盛行风的季节变化，确定生长季的盛行风向。观测塔要建在生物活动活跃区，位于观测场的下风侧，上风侧尽可能具有

长的风浪区，距上风侧林缘距离要足够长（50～300米）。若盛行风不明显，观测塔可建在观测场林分的中央附近。观测塔高度一般应为3倍树高（最低不应小于2倍树高），为拉线式三角形或矩形塔，并在观测仪器安装处附近设置阶梯。

② 观测仪器布设和安装。

a. 涡度相关系统的传感器必须固定在近地边界层内某一高度，即通量层内。

b. 观测高度与风浪区的比率确定为1∶100，在下垫面均一的情况下，仪器安装高度为冠层高度的1.5倍即可满足观测要求。

c. CO_2/H_2O 分析仪、超声风速仪等传感器都配有专用的安装支架，安装高度依研究者目的而定。

d. CO_2/H_2O 分析仪探头朝向主风向，固定支架，确定高度，调节超声风速仪的水平泡居中。

e. CO_2/H_2O 分析仪探头稍倾斜，以便降雨时水滴能方便滑落，CO_2/H_2O 分析仪和超声风速仪感应面应选在同一高度，相距20～30厘米。

f. 超声风速仪与 CO_2/H_2O 分析仪各自的控制部分的电缆接头均为防水插头，安装时注意电缆需留有适度余地，不要绷得太紧，以免接触不良。

③ 其他辅助观测设施。在通量塔附近可建设观测小屋或观测箱，用于放置收藏工具和校正用的储气瓶等。观测塔上应安装避雷针。电源宜用国家电网的商用电源，并配置备用电源和稳压设备。在偏远地方无商用电源时可考虑使用专用发电机或太阳能电池。

8.2.1.3 数据收集

涡度相关系统的观测频率为10赫兹。系统中配置的计算机可在线、实时采集湍流数据，内置的涡度相关分析软件可在线计算30分钟的 CO_2 和 H_2O 通量。

8.2.1.4 数据处理

（1）通量计算。在近地面层，大气湍流运动的频率直接决定着能量和物质的垂直输送通量。涡度相关法是通过直接测量温度、湿度、风速和气体浓度的脉动来确定动量、热量、水汽和微量气体的通量。根据雷诺原理，CO_2 的垂直通量（FC）可由下式表示：

$$\overline{Fc} = \overline{\omega cc} = \overline{\omega} \, \overline{c_c} + \overline{\omega' c_{c'}} \tag{8-1}$$

式中：Fc——CO_2 的垂直通量 [毫克/（平方米·秒）]；

ω——垂直风速（米/秒）；

cc——浓度（毫克/立方米）；

$\overline{\omega}$——垂直风速平均值（米/秒）；

$\overline{c_c}$——浓度平均值（毫克/立方米）；

ω'——垂直风速脉动量（米/秒）；

$c_{c'}$——浓度脉动量（毫克/立方米）。

(2) 通量数据的校正。为了使通量值满足涡度相关技术的基本假设条件，可选坐标变换法和平面拟合法对原始数据进行倾斜校正。坐标变换法包括二次旋转 DR 和三次旋转 TR，平面拟合法包括单平面拟合和组合拟合。还可计算单光谱、交叉光谱、积分光谱、相位光谱及协方差光谱等参数。

①坐标轴变换倾斜校正。坐标轴变换倾斜校正主要是通过选择适当的坐标轴系统，进行坐标轴变换来实现的。该方法包括两次坐标轴旋转和三次坐标轴旋转。通常使坐标系 x 轴与平均水平风方向平行，从而使平均侧风速度和平均垂直风速度最小化，即为 0（称为二次坐标轴旋转 DR），若同时使相应的平均侧风应力也为 0，即为三次坐标轴旋转 TR。

②平面拟合倾斜校正。对于平面拟合倾斜校正，首先需要根据三维平均风速通过最小二乘法来确定平面拟合常数 b_0、b_1、b_2，公式如下：

$$\overline{w_m} = b_0 + b_1 \overline{u_m} + b_2 \overline{v_m} \tag{8-2}$$

式中：$\overline{w_m}$、$\overline{u_m}$、$\overline{v_m}$——三维平均风速；

　　　b_0、b_1、b_2——拟合的常数。

根据平面拟合常数 b_1 和 b_2 可以确定长期通量观测的旋转矩阵 A_{PF}，因此使长期通量观测的垂直风速的平均值为 0，而单个平均垂直风速的观测值则可以不为 0。

$$A_{PF} = \begin{bmatrix} \cos\alpha & 0 & -\sin\alpha \\ 0 & 1 & 0 \\ \cos\alpha & 0 & \cos\alpha \end{bmatrix} \cdot \begin{bmatrix} 1 & 0 & 0 \\ 0 & \cos\beta & \sin\beta \\ 0 & -\sin\beta & \cos\beta \end{bmatrix} \tag{8-3}$$

式中：

$$\sin\alpha = -b/\sqrt{b_1^2 + b_2^2 + 1} \qquad \cos\alpha = \sqrt{b_2^2 + 1}/\sqrt{b_1^2 + b_2^2 + 1}$$
$$\sin\beta = b_2/\sqrt{b_2^2 + 1} \qquad \cos\beta = 1/\sqrt{b_2^2 + 1} \tag{8-4}$$

(3) 缺失数据的插补。通量数据的插补方法主要有 3 种：平均日变化补值法、特定气象条件下的查表法和非线性回归法。对 3 种方法的相关研究表明，使用平均日变化插值法得到的净生态系统碳交换量与根据特定的气象条件查表法得到的结果差异在 -45～200 克碳/平方米，用特定气象条件下的查表法和非线性回归法得到的年 NEE 差异都在 -30～150 克碳/平方米。不同的插补方法在不同的研究区域和气象条件下效果不同。

①平均日变化补值法。最大的不确定性在于所取的平均时间段的长度不同，一般为 4～15 天。但是通量数据常常在 3～4 天出现一个峰值，4 天的观测值是不足以计算平均变化的。

②特定气象条件下的查表法。按季节建立通量与气象因子的相关关系，需要先确定气象因子，然后按缺失通量数据所对应的特定温度或辐射值进行线性内插。除上述因子外，净

生态系统碳交换量（NEE）还受到土壤、植物叶片季节性生长、水分有效性和站点下垫面均一性等因子的影响，冠层 CO_2 交换光响应曲线也会受到云量的影响，因此特定气象条件下的查表法需要考虑的因素更多。

③非线性回归法。建立不同时间段通量与相关的影响因子之间的回归关系，如对不同季节的白天和晚上的规律分开进行模拟，可选择的温度响应函数与光响应曲线方程很多，也包含了叶片、树干和土壤的综合过程。

④ 数据输出格式与规范。

a. 湍流观测数据输出格式与规范。湍流观测数据是指三维超声风速仪、红外 CO_2/H_2O 分析仪采集的高频（10 赫兹）数据。湍流数据文件每站每时次一个，文件包括表头区和数据区。表头区为说明信息，包括变量名的说明；数据区以逗号为分隔符。文件名为 FLUX_O_IIiii_YYYYMMDDHH.TXT，其中：FLUX 为通量；O 为原始观测数据（湍流数据）；IIiii 为观测系统的编号或区站号；YYYY 为年份；MM 为月份；DD 为日；HH 为时（0:00～24:00）；TXT 为固定编码，表示此文件为 ASCII 格式。

b. 通量观测数据输出格式与规范。通量观测数据是指通量观测系统的数据采集器或计算机采用协方差方法在线计算得到的通量。在线通量数据文件每 30 分钟一个，文件包括表头区和数据区。表头区为说明信息，其中一行为变量名（列名），一行为测量单位，数据区以逗号为分隔符。文件名为 FLUX_S_IIiii_YYYYMMDDHH_00（30）.TXT，其中：FLUX 为通量；S 为计算的通量值；IIiii 为观测系统的编号或区站号；YYYY 为年份；MM 为月份；DD 为日；HH 为时（0:00～24:00）；00（30）为整点或 30 分钟时刻；TXT 为固定编码，表示此文件为 ASCII 格式。

8.2.2 兴安落叶松林生长季碳通量特征及其影响因子

8.2.2.1 数据来源与处理

在兴安落叶松林建有 30 米观测塔，观测塔 28 米主风方向伸出 2.5 米支臂，安装超声风速仪（CSAT3，Campbell Scientific Inc.，USA）测量三维风速和虚温及开路式红外气体分析仪（EC150，Campbell Scientific Inc.，USA）测量 CO_2 与水汽浓度变化，采样频率为 10 赫兹。数据通过 CR3000 数据采集器（Campbell Scientific Inc.，USA）采集。观测塔配备气象梯度观测，观测指标见 8.1.1.2。

以 2015 年生长季（6～9 月）CO_2 通量和相应气象数据进行分析碳通量特征。为确保数据的准确性，对涡度相关系统的通量数据按 ChinaFLUX 通量网观测数据处理流程进行，兴安落叶松林生态系统夜间临界摩擦风速取 0.15 米/秒，当夜间摩擦风速小于临界值时，删除相应的通量数据（李春，2008；李小梅，2015）。对缺失数据采用滑动窗口法进行插补，白天一般采用前后 14 天左右的数据平均值插补，夜间采用前后 7 天左右的平均值插补（Falge，2001）。处理后得到时间为30分钟的平均CO_2通量（Fc）。当CO_2通量为负值表示森林从大气中吸收CO_2，表现为碳汇；CO_2通量为正值表示森林向大气中释放CO_2，表现为碳源。碳通量表示单位时间和单位面积通过CO_2的量，单位是毫克/（平方米·秒）。

环境因子主要包括降雨量（P）、气温（Ta）、10厘米土壤温度（Ts）、10厘米土壤水分含量（VWC）、大气相对湿度（RH）、净辐射（Rn）和有效光合辐射（PAR）。

8.2.2.2 环境因子变化特征

（1）降水量与空气温度。2015年兴安落叶松林生长季气温月平均和各月降水总量比较如图8-18所示。生长季平均气温16.58℃，气温变化范围在3.63～24.75℃，日最高气温和最低气温分别出现在7月和9月，最热月（7月）均温为19.8℃。生长季降水总量355.8毫米，占全年降水量的77.5%；其中8月最高，为140毫米，占生长季降水量的39%；其次为6月，为96毫米，占生长季降水量的27%；9月最少，为55.6毫米，占生长季降水量的16%。

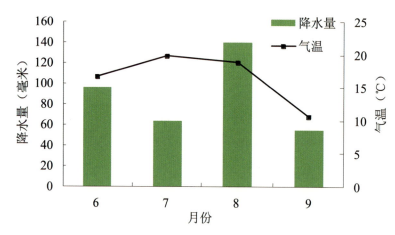

图8-18　2015年兴安落叶松生长季月气温曲线和月降水量

（2）空气湿度。图8-19表示兴安落叶松林生长季空气相对湿度与降水量日变化关系。生长季平均空气相对湿度为70.2%，与降水影响有较大关系，降水较多时，空气湿度较大。8月平均最大，为82.86%。

（3）冠层光合有效辐射。图8-20表示兴安落叶松林生长季冠层光合有效辐射月平均日变化特征曲线。各月PAR日变化动态均呈单峰曲线，PAR峰值出现在12:00左右（11:30～12:30之间），6月、7月、8月、9月峰值分别为1247.25微摩尔/（平方米·秒）、1124.27微摩尔/（平方米·秒）、973.70微摩尔/（平方米·秒）、977.20微摩尔/（平方米·秒），月平均分别为430.31微摩尔/（平方米·秒）、412.90微摩尔/（平方米·秒）、318.29微摩尔/（平方米·秒）、298.24微摩尔/（平方米·秒）。

（4）土壤温湿度。图8-21表示兴安落叶松林生长季地表以下10厘米土壤温湿度特征。10厘米土壤温度大致呈规律性变化，由6月开始升温，到7月达到最大值后随气温降低土壤温度开始下降，土壤温度变化范围在5.40～19.46℃，与气温呈现一致的变化趋势，但较气温变化平稳,且具有一定的滞后性。土壤含水率主要集中在 20% 波动,生长季土壤含水率平均 20.90%,7 月由于降水较少,气温较高,蒸发量大,导致土壤含水率下降。

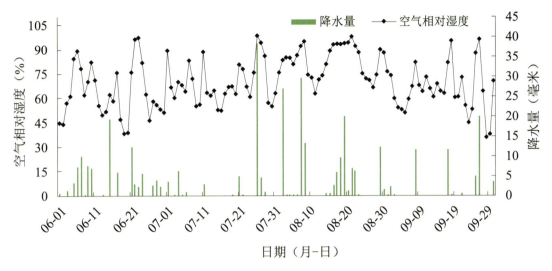

图 8-19 兴安落叶松林生长季日均空气相对湿度与降水量变化

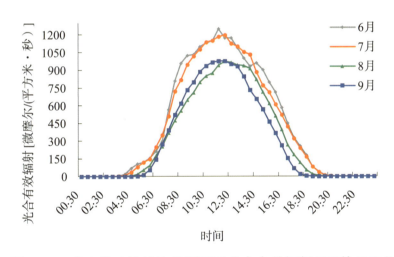

图 8-20 兴安落叶松林生长季冠层光合有效辐射月平均日变化

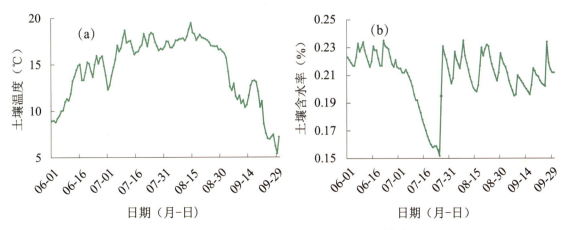

图 8-21 兴安落叶松林生长季土壤温度(a)和土壤含水率(b)变化

(5)净辐射。图 8-22 表示兴安落叶松林生长季冠层净辐射月平均日变化特征曲线。各月日平均变化呈多峰曲线，6月、7月、8月呈双峰曲线，9月呈三峰曲线。6月、7月、8月峰值出现在 11：00 和 13：00，月最大峰值分别为 390.55 瓦/平方米、390.02 瓦/平方米、273.67 瓦/平方米，9月峰值出现在 10：00、11：30 和 13：00，最大峰值为 277.93 瓦/平方米。6～9月平均值分别为 61.77 瓦/平方米、66.38 瓦/平方米、47.19 瓦/平方米、33.22 瓦/平方米。

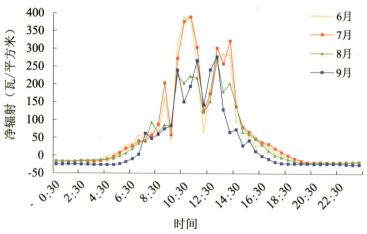

图 8-22　兴安落叶松林生长季净辐射月平均日变化

8.2.2.3　兴安落叶松林生长季 CO_2 通量变化特征

（1）CO_2 通量日变化。对兴安落叶松林生长季 CO_2 通量数据按月逐个取相同时刻平均值，得到兴安落叶松林月平均日变化（图 8-23），由图可以看出，各月平均日变化都大致呈现为"U"形，6月6：00～18：30为负值，7月6：00～18：00为负值，8月6：30～17：00为负值，9月7：00～16：00为负值；在6：00～7：00之间 CO_2 通量从正值转为负值，表明植物光合作用吸收的 CO_2 大于呼吸作用释放的 CO_2，落叶松林开始吸收大气中 CO_2，随着温度升高，辐射增加，光合作用增加，吸收 CO_2 逐渐增多。

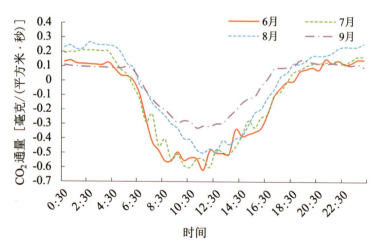

图 8-23　兴安落叶松林生长季 CO_2 通量月平均日变化

每月基本在 11:00 ~ 12:00 CO_2 通量达到最大值，随着温度的升高，植物气孔关闭，光合作用强度降低，吸收 CO_2 减小，生态系统的碳汇值下降。到 17:00 ~ 18:30 CO_2 通量转变为正值，生态系统开始向大气中释放 CO_2，表现为碳源。6 ~ 9 月白天 CO_2 吸收最大值分别 0.62 毫克/（平方米·秒）、0.60 毫克/（平方米·秒）、0.50 毫克/（平方米·秒）、0.33 毫克/（平方米·秒），夜间最大释放量分别为 0.149 毫克/（平方米·秒）、0.211 毫克/（平方米·秒）、0.265 毫克/（平方米·秒）、0.141 毫克/（平方米·秒），平均日 CO_2 通量分别为 -0.146 毫克/（平方米·秒）、-0.120 毫克/（平方米·秒）、-0.036 毫克/（平方米·秒）、-0.028 毫克/（平方米·秒）。

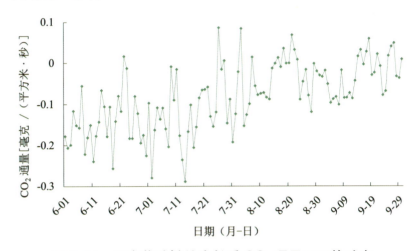

图 8-24 兴安落叶松林生长季 CO_2 通量日平均动态

由图 8-24 可知，整个兴安落叶松林在生长季有 3 个吸收高峰：在 6 月中旬碳吸收随温度升高而增大，随后到 6 月末有所减少；在 7 月初达到第 2 个高峰，随后降低，到 7 月中旬左右达到第 3 个高峰，最后随着温度的降低，碳吸收逐渐减少。

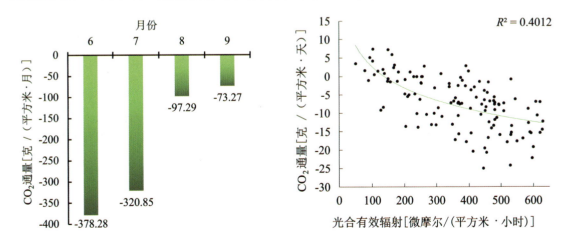

图 8-25 兴安落叶松林 CO_2 通量月变化　　图 8-26 生长季 CO_2 通量与光合有效辐射的关系

(2) CO_2 通量月变化。由图 8-25 可知，在生长季兴安落叶松林 CO_2 通量月均为负值，兴安落叶松林生态系统表现为碳汇。6 月 CO_2 通量最大，为 -378.28 克/（平方米·月）；其次是 7 月为 -320.85 克 /（平方米·月），9 月 CO_2 通量最小，为 -73.27 克 /（平方米·月），整个生长季共吸收 CO_2 总量为 869.69 克·平方米。因为兴安落叶松在 6、7 月处于生长旺季，森林的光合作用强。

8.2.2.4 CO_2 通量与主要环境因子的关系

（1）与光合有效辐射（PAR）的关系。光合有效辐射（PAR）的强弱直接影响植物叶片光合作用的大小，利用生长季光合有效辐射日平均值与 CO_2 通量值进行相关性分析并进行相关关系拟合，图 8-26 为兴安落叶松林 CO_2 通量日平均变化与 PAR 日平均值的相关关系。可以看出整个生长季兴安落叶松林 CO_2 通量随着光合有效辐射的增强而减小，呈对数关系（$R^2 = 0.4012$），而不同月份的相关程度不同（图 8-27），9 月（$R^2 = 0.47031$）最高，其次为 8 月（$R^2 = 0.4099$），最小为 6 月（$R^2 = 0.3591$），光合有效辐射对 CO_2 通量的影响较为显著。

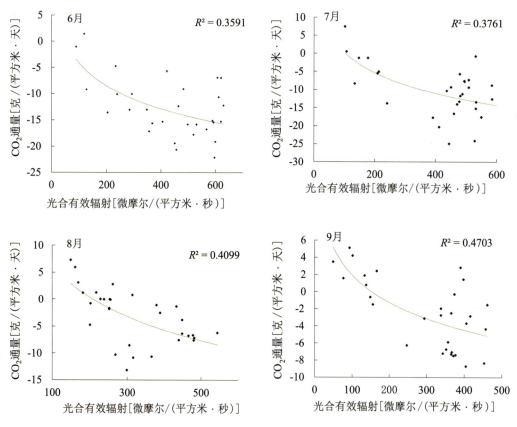

图 8-27　夏季（6 月、7 月、8 月、9 月）CO_2 通量与光合有效辐射的关系

光合有效辐射在 100 ~ 110 微摩尔 /（平方米·秒）时，植物光合作用较弱，此时生态系统呼吸速率大于光合速率，CO_2 通量值为正值，生态系统表现为碳释放；随着光合有效辐射的逐渐增大，生态系统的光合作用增加，光合速率大于呼吸速率，CO_2 通量值转为负值，生态系统表现为碳吸收。当光合有效辐射最强时 [接近 600 微摩尔 /（平方米·秒）]，CO_2 通量达到最小值，生态系统吸收 CO_2 达到峰值，之后随着光合有效辐射下降，光合作用也逐渐降低,最终由生态系统由碳吸收又转化为碳释放。

(2) 与降水量(P)和空气相对湿度(RH)的关系。图 8-28 表示在日尺度上,降水量和空气相对湿度(RH)与 CO_2 通量的相关关系。与降水量($R^2 = 0.1052$)和空气相对湿度($R^2 = 0.2212$)都呈线性关系。在日尺度上,随着降水量的增加,空气相对湿度增大,CO_2 通量呈现缓慢上升的趋势,降水量增加导致土壤中的水分含量较高,增强微生物的呼吸作用,使森林向外排放 CO_2,表现为碳源;当空气相对湿度较大时会降低植物的光合作用,导致 CO_2 通量转换为正值,表现为碳源。

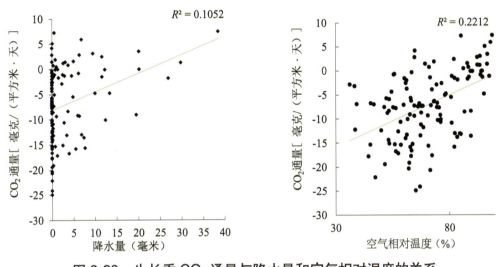

图 8-28　生长季 CO_2 通量与降水量和空气相对湿度的关系

(3) 与空气温度(Ta)的关系。空气温度不仅影响植物叶片酶的活性,而且温度也会影响光合作用形成的碳水化合物的运输速度,进而影响到植物光合作用。通过日平均气温与兴安落叶松林生长季的 CO_2 通量进行相关性分析(图 8-29)。从图中可看出,生长季的 CO_2 通量与气温呈显著的对数相关($R^2 = 0.6082$),CO_2 通量值随气温的升高而降低,生态系统光合作用加快,碳吸收能力增大。

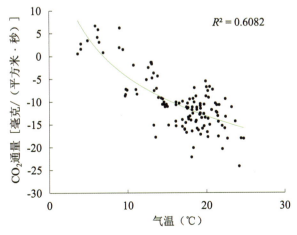

图 8-29　生长季的 CO_2 通量与空气温度关系

（4）与土壤温度（T_s）的关系。图8-30为兴安落叶松林生长季各月夜间CO_2通量日变化与土壤温度的相关关系。可以看出夜间CO_2通量与土壤温度呈指数相关（6月R^2=05832，7月R^2=0.4097，8月R^2=0.4078，9月R^2=0.7879），随着土壤温度的升高CO_2通量值显著增加，表明土壤温度升高对兴安落叶松林生态系统呼吸起促进作用。

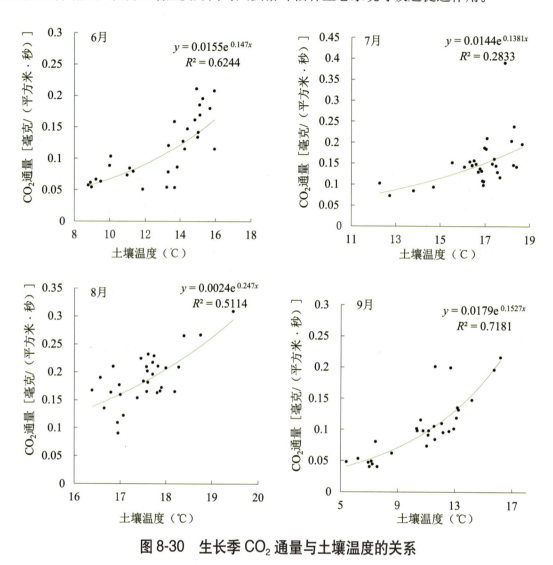

图8-30　生长季CO_2通量与土壤温度的关系

（5）与净辐射（R_n）的关系。图8-31为兴安落叶松林生长季CO_2通量日变化与日平均净辐射的相关关系。可以看出CO_2通量与净辐射线性相关（R^2=0.363）。随着净辐射的增加，森林的光合作用开始增强，生态开始吸收CO_2，CO_2通量更多的转为碳汇（负值）。

通过对兴安落叶松林生长季CO_2通量的研究，兴安落叶松林在整个生长季都表现为较强的碳汇能力，CO_2通量有明显的日变化特征，半小时CO_2通量表现为"U"形曲线变化，白天为碳吸收，夜间为碳释放，CO_2通量的变化范围为-0.62~0.141毫克/（平方米·秒）。在6月、7月表现很强的碳汇，整个生长季中生态系统CO_2吸收总量为869.69克/平方米。

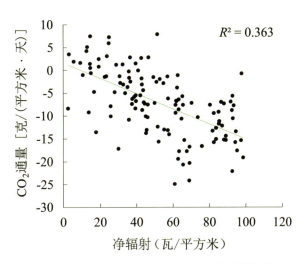

图 8-31　生长季 CO_2 通量与净辐射的关系

兴安落叶松林生长季 CO_2 通量大小受光合有效辐射、空气温度及土壤温度等影响。在生长季中光合有效辐射与 CO_2 通量有较强的对数相关性，光合有效辐射影响植物的光合作用，在一定范围内，光合有效辐射越强，植物的光合作用越强，生态系统的碳汇能力就越大，当超过植物光合作用光饱和点后，光合作用将不再随光照的增强而增加。CO_2 通量与空气温度有较强的对数相关性，CO_2 通量值随气温的升高而降低，生态系统光合作用加快，碳吸收能力增大。土壤温度对夜间 CO_2 通量也有较强指数关系，主要表现在土壤温度增加，使植物根系呼吸和土壤微生物呼吸加强，增强的生态系统呼吸促进了 CO_2 的排放。

8.3　森林生态系统温室气体特征

通过观测森林生态系统温室气体的变化，掌握森林生态系统温室气体排放规律，揭示大气沉降、植被类型、凋落物分解、土壤温度和湿度、根系等因子对森林温室气体产生和消耗的过程机理，为我国温室气体减排提供可靠依据。

8.3.1　观测方法

8.3.1.1　观测内容

主要温室气体（二氧化碳、甲烷和氧化亚氮）浓度及其排放通量见表 8-5。

表 8-5　森林生态系统温室气体观测指标

观测指标	英文名称	分子式	检测限（微摩尔/摩尔）
二氧化碳	Carbon dioxide	CO_2	1.5

(续)

观测指标	英文名称	分子式	检测限（微摩尔/摩尔）
甲烷	Methane	CH_4	0.1
氧化亚氮	Nitrous oxide	N_2O	0.03
氢氟碳化物	Hydrofluorocarbons	CHF_3	0.01
		$C_2H_2F_4$	0.01
		$C_2H_4F_2$	0.02
全氟碳化物	Perfluorocarbons	CF_4	0.03
		C_2F_6	0.01
六氟化硫	Sulfur hexafluoride	SF_6	0.004

8.3.1.2 观测与采样方法

（1）观测场设置。包括：①研究区域的典型林分。②不应跨越道路、山脊和沟谷，同时还应考虑交通状况是否便利。③采样点四周无遮挡雨、雪、风的高大树木，并考虑风向（顺风、背风）和地形等。

（2）观测仪器。光声谱仪、采样管、多点采样器、静态箱、注射器和测温仪等。

（3）观测方法—温室气体排放量观测（静态箱法）。

①仪器的布设安装。在观测点设置两个处理，处理1是土壤（清除凋落物），处理2是土壤＋凋落物，设置4～6个重复。处理1和处理2配对设置，即在同一点内同时设置处理1和处理2，两种处理的底座间距不超过50厘米。可设置4～6个配对重复，以确保箱内土壤及环境对周围林地状况的代表性。在观测点提前埋设底座，观测前应有足够的平复扰动时间。底座要以对观测点的破坏和扰动最小为原则，把底座插入土中至密封水槽底部，在水槽内放入用木头制成的方框，用锤子均匀砸下。在整个测量季节，底座保持不移动。观测人员在采样操作中应最大限度地减少采样给土壤带来的扰动。

②采样和数据采集。底座埋设大约一周，待扰动基本平复后可开始罩箱采样。

罩箱前向底座的密封水槽内注满1/2的水，尽量减少对箱内的扰动，不要让采样箱边缘受到磕碰损坏，也要防止密封水槽内的水溅出而影响箱内外土壤湿度。

罩箱后，用100毫升或60毫升带有三通阀的聚丙烯医用注射器抽取箱内气体。注意使用注射器抽取气体样品时不能用力过猛，尽量平缓地抽出箱内气体以免造成箱内气压波动。初始时和最后一次抽样完毕后，读取地下5厘米、地表、箱内、箱外气温值并做记录。

采集的样本应及时送往实验室，在24小时内分析完毕。

静态箱法采样过程的注意事项：

——采样箱运达样地准备应用时要侧放，开口方向背向太阳。

——保持采样箱内表面洁净，采样箱和采气管线严防污染。

——在采样箱周围采取必要的措施减少踩踏的次数和面积，采样次数要适当。

——注射器三通阀使用要注意旋紧，放在运输箱内要防止绞在一起，以免三通阀脱落造成样品失效。

——样品采集后要立即遮阳保存，防止样品体积涨缩和采样器械老化。

③观测频率及时间。采样间隔为从前一观测日的上午9:00开始至翌日上午9:00结束，白天每隔2小时采样1次，夜间每隔3小时采样1次。采样频率一般定为12月、1月、2月，每2周1次；11月、3月和4月每周1次；5~10月每周2次。观测日应选择在具有当地代表性的气象条件下进行。

8.3.1.3 数据处理

（1）森林温室气体浓度。采用气相色谱法时，气体样本体积计算参照国家标准《森林生态系统长期定位观测方法》（GB/T 33027—2016）执行。根据实验室分析结果，计算森林温室气体浓度。采用光声谱法时，系统主机在野外直接测量及存储温室气体浓度值。连接主机和电脑后，可下载数据文件。

（2）森林温室气体排放通量。公式如下：

$$F = \frac{M}{V_0} \times \frac{P}{P_0} \times \frac{T_0}{T} \times \frac{dc}{dt} \times h \tag{8-5}$$

式中：F——森林温室气体排放通量[毫克/（平方米·小时）]；

M——特定的温室气体的摩尔质量（克/摩尔）；

P——采样时箱内气体的实际压力（百帕）；

P_0——理想气体标准状态下的压力（1013.25百帕）；

V_0——温室气体标准状态下的摩尔体积（22.41升/摩尔）；

T——采样时箱内气体的实际温度（开尔文）；

T_0——理想气体标准状态下的温度（273.15开尔文）；

h——正方体、长方体或圆状采样箱气室顶高度（米）；

dc/dt——箱内目标气体浓度随时间的回归曲线斜率。

测量时，箱底水深为淹水水面（或土壤表面）距底座水槽底部的垂直距离，高于水槽底部为正，低于水槽底部为负。则

$$采样箱实际高度 = 采样箱高度 - 箱底水深 \tag{8-6}$$

气压值可通过气象站获取，温度值取采样开始和结束时箱内温度的平均值，气相色谱的分析结果和采样时间可得到 dc/dt。

8.3.1.4 气体采集与分析

气体的采集使用静态暗箱法—气相色谱法。春季取样前将规格为50厘米×50厘米×10厘米不锈钢底座插入土壤中10厘米固定，底座上部四周带有凹槽，取样时注水密封。

整个生长季底座放在试验地不动，以保证对底座内部植被和土壤的干扰最小。不锈钢顶箱规格为50厘米×50厘米×50厘米，箱内顶部安有直径10厘米风扇，取样时风扇保持转动，避免箱内出现气体浓度差，箱顶部直径1厘米内置橡胶塞作为取样口，箱侧面2个小孔用于数字温度计探头和风扇电源线通过，分别用橡胶塞和硅胶密封。顶箱外都粘贴保温材料，以减少箱内温度波动。每个类型沼泽内设置3次重复。

用60毫升聚氯乙烯医用注射器经三通阀连接铁针头通过箱顶部橡胶塞取样。取样时，每个静态箱在30分钟内取4管气体，分别在静态箱封闭后的0分钟、10分钟、20分钟和30分钟时进行。气体样品用注射器取出后转移进500毫升的铝塑复合气袋（大连光明化工厂生产）储存。带回试验室在1周内用HP5890 II气相色谱仪离子火焰化检测器（FID）和电子捕获检测器（ECD）同步分析CH_4和N_2O浓度。

根据生长季（6~10月）每月上、中、下旬CH_4和N_2O排放通量的实测数据，依据公式计算的通量结果，求其生长季所测各数值平均值为生长季节平均排放通量，并计算各月份的排放量加和得到气体在生长季的排放总量。

（1）环境因子测定。采样的同时用数字温度计量记录空气、采样箱内、地表、5厘米、10厘米、15厘米、20厘米、30厘米和40厘米土壤的温度。

（2）数据处理统计分析。用SPSS 13.0统计分析软件包采用Pearson相关分析环境因素与排放通量的关系，并用Microsoft Office Excel对数据进行分析处理。

8.3.2 典型森林土壤CH_4和N_2O通量特征

在2011年生长季（6~10月）利用静态箱—气相色谱法对南瓮河国家级自然保护区内两种典型森林（白桦和兴安落叶松林）的CH_4、N_2O排放通量进行了研究，每月3次，取样时间为9:00~11:00，分析CH_4、N_2O排放通量的季节特征，并探讨环境因子对CH_4、N_2O排放通量的影响。

8.3.2.1 不同类型森林CH_4和N_2O气体排放规律

（1）不同类型森林CH_4气体排放规律。研究表明，兴安落叶松林和白桦林土壤CH_4排放通量呈现出明显的变化规律（图8-32），都呈单峰曲线，在温度最高7月达到排放峰值分别为0.455毫克/（平方米·小时）和0.355毫克/（平方米·小时），兴安落叶松林和白桦林土壤CH_4排放通量范围分别为-0.130~0.455毫克/（平方米·小时）和-0.136~0.355毫克/（平方米·小时），平均排放通量分别为-0.0355毫克/（平方米·小时）和-0.0598毫克/（平方米·小时）。在整个生长季兴安落叶松林和白桦林均表现为CH_4的弱吸收，且吸收强度相近。两种森林类型除7月表现为CH_4的排放，其他月份均表现为CH_4的吸收。

（2）不同类型森林N_2O气体排放规律。研究表明，兴安落叶松林和白桦林生长季土壤N_2O排放通量范围分别为0.00455~0.157毫克/（平方米·小时）和-0.0392~0.391毫克/（平方米·小时)，平均排放通量分别为0.0383毫克/(平方米·小时)和0.0877毫克/(平方米·小时)（图8-33）。两种森林类型土壤在整个生长季均表现为N_2O的排放，且白桦林高于兴安落叶松林。兴安落叶松林在6月表现为强排放［平均0.138毫克/（平方米·小时）］，其他月份表现为弱排放［平均0.0184毫克/（平方米·小时）］，白桦林在7月表现为强排放［0.252毫克/（平方米·小时）］，其他月份表现为弱排放［平均0.0328毫克/（平方米·小时）］。

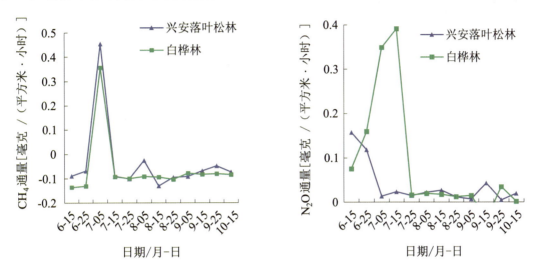

图8-32　两种森林类型土壤CH_4排放通量　　图8-33　两种森林类型土壤N_2O排放通量

8.3.2.2　温湿度变化与温室气体通量的关系

2011年生长季春季多雨，6月中旬到下旬土壤含水率较高，夏季少雨较干旱。由图8-34和图8-35可看出，兴安落叶松林、白桦林生长季土壤温度与气温的变化趋势基本相似，气温波动较大，而土壤温度较稳定。两种林型土壤含水率变化趋势基本一致，兴安落叶松林土壤含水率比白桦林土壤含水率低，平均值分别为24.2%和35.4%。

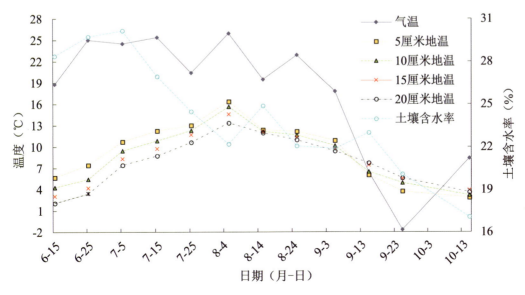

图8-34　兴安落叶松林气温和不同深度土壤温度及土壤含水率

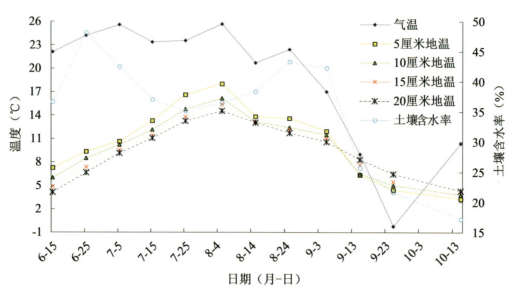

图 8-35 白桦林气温和不同深度土壤温度及土壤含水率变化

由表 8-6 可知，兴安落叶松林、白桦林土壤 CH_4 通量与土壤地温有显著负相关，兴安落叶松林与 5～20 厘米土壤地温都达到极显著负相关（$P < 0.01$），白桦林与 5～20 厘米土壤地温也都达到显著的负相关（$P < 0.05$），表明土壤温度是影响土壤 CH_4 排放的关键环境因子。土壤温度主要通过影响有机质的分解，调节土壤微生物的活性从而影响土壤 CH_4 通量，同时土壤温度的变化会影响土壤甲烷菌群落结构的多样性和丰富性（Hoj，2008）。

兴安落叶松林 N_2O 通量与空气温度呈显著正相关（$P < 0.05$），与 15 厘米、20 厘米土壤温度呈显著负相关（$P < 0.05$），表明兴安落叶松林土壤 N_2O 的排放受气温和土壤温度共同影响。而白桦林土壤 N_2O 通量与 15 厘米、20 厘米土壤温度显著负相关（$P < 0.05$）。所以土壤温度尤其是 15 厘米、20 厘米土壤温度是影响 N_2O 通量的主要因子，一般是通过影响土壤中微生物的活性与土壤的硝化作用和反硝化作用来实现对 N_2O 排放的影响。

表 8-6　南瓮河国家级自然保护区两种森林类型土壤温室气体与环境因子相关分析

林型	温室气体	土壤含水率	气温	土壤温度			
				5厘米	10厘米	15厘米	20厘米
兴安落叶松林	CH_4	0.035	-0.435	-0.709**	-0.715**	-0.735**	-0.755**
	N_2O	0.062	0.575*	-0.329	-0.473	-0.587*	-0.638*
白桦林	CH_4	0.166	0.192	-0.648*	-0.626*	-0.518*	-0.608*
	N_2O	0.376	0.430	0.109	0.101	0.523*	-0.517*

注：** 在 0.01 水平上显著相关；* 在 0.05 水平上显著相关。

8.3.2.3　两种森林类型 CH_4、N_2O 气体排放源汇分析

根据观测期观测的大兴安岭地区兴安落叶松林和白桦林 CH_4 和 N_2O 排放通量数据，通过分时段计算得到两种森林类型在生长季内 CH_4 和 N_2O 的排放总量（图 8-36 和图 8-37），

进而探讨其 CH_4 和 N_2O 的源汇作用。

生长季兴安落叶松林和白桦林 CH_4 排放量分别为 -1.69 千克/公顷、-2.48 千克/公顷，只有在 7 月表现为 CH_4 弱排放，排放量分别为 0.655 千克/公顷、0.40 千克/公顷，其他月份均表现为弱吸收，全年表现为 CH_4 弱吸收的汇。N_2O 排放量分别为 1.54 千克/公顷、2.8 千克/公顷，各月均表现为 N_2O 弱排放，整个生长季表现为 N_2O 的排放源。

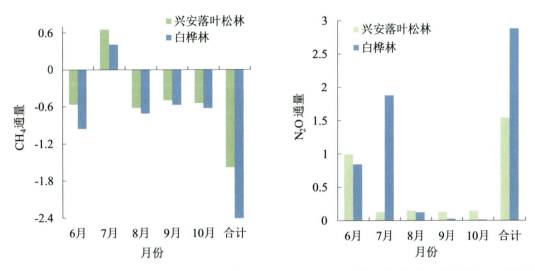

图 8-36　两种森林类型生长季 CH_4 排放量　　图 8-37　两种森林类型生长季 N_2O 排放量

CH_4 和 N_2O 是大气中重要的温室气体，在全球变暖的过程中起着重要的作用（IPCC，2007）。自 1750 年以来，由于人类活动的影响全球大气中甲烷和氧化亚氮的浓度显著增加，两者的浓度已从工业化前的 0.72 微摩尔/摩尔、0.27 微摩尔/摩尔增加到 1.77 微摩尔/摩尔和 0.32 微摩尔/摩尔（IPCC，2007），而且 CH_4 和 N_2O 单分子潜在的增温效应分别是 CO_2 的 23 倍和 296 倍，是比 CO_2 更活跃的温室气体，其对全球温室效应的贡献率仅次于 CO_2（Lelieveld et al.，1998）。

第 9 章
森林生态系统生物要素特征

随着生态环境问题日益加剧，生物多样性研究、基因工程、克隆技术等成为科学研究的热门，生物种类和生存环境的变化作为被研究的对象，更是备受关注。森林生态系统作为陆地生态系统重要组成部分，是动植物生存的重要载体之一，为其提供生存环境，促进物质和能量循环，对保存基因库具有重要作用。为摸清森林生态系统生物的组成与气候变化之间的关系，了解森林动植物的动态变化特征，提高森林经营质量，提高森林生态系统服务功能评估价值，对森林生态系统长期固定样地观测是很有必要的。随着经济发展和社会需求增多，我国对林业的发展逐渐上升为生态建设层面，把森林的生态价值提升到重要位置，这一转向说明我国对生态文明建设重视程度提升，可持续发展的生态林业成为当今社会的主题。

森林资源监测是对森林资源的数量、质量、空间分布及其利用状况进行长期定位的观测分析和评价的工作，它是森林资源管理和监督的基础工作，其目的是及时掌握森林资源现状和消长变化，预测森林资源发展趋势，为森林经营管理科学决策服务，但是缺少长期和连续的数据支撑，所以，对森林生态系统的物种组成、群落结构、空间分配格局、生物量和生产力及气候对森林生态系统的影响等长期连续观测是不可或缺的，进一步补充了森林观测的数据完整性，对森林生态系统服务功能评价和森林氧吧等研究具有重要作用。

9.1 森林生态系统长期固定样地特征

通过选定具有代表群落基本特征的地段作为森林生态系统长期定位观测样地，获取森林生态系统结构参数的样地观测数据，为森林生态系统水文、土壤、气候等观测提供资料。同时，揭示森林生态系统生物群落的动态变化规律，为深入研究森林生态系统的结构与功能、森林可持续利用的途径和方法提供数据服务。

9.1.1 观测方法

9.1.1.1 观测内容

乔木层：群落中所有乔木种的胸径、树高、冠幅、郁闭度、密度等。

灌木层：灌木种的株数（丛数）、树高、基径、盖度和多度等。

草本层：草本植物种类、数量、高度、多度、盖度等。

层间植物：藤本植物的藤高、蔓数、基径和藤冠等。

9.1.1.2 观测与采样方法

(1) 观测仪器设备。长期固定样地观测所使用的设备仪器较多，主要有全球定位仪、全站仪、水平尺、测高仪、罗盘、胸径尺、天平、生长锥、叶面积指数测定仪等。

(2) 样地设置。包括样地选择、样地设置体系、样地设定、绘制样地数字地形图、林木定位与标识等。

①样地选择。包括样地设置在所调查生物群落的典型地段。植物种类成分的分布均匀一致。群落结构要完整，层次分明。样地条件（特别是地形和土壤）一致。样地用显著的实物标记，以便明确观测范围。样地面积不宜小于森林群落最小面积。森林生态系统动态观测大样地面积为 6 公顷，形状为长方形（200 米 ×300 米）。

②样地设置体系。采用网格（络）法区划分割，区划单位的长度有 25 米、20 米、10 米和 5 米。首先将 6 公顷（200 米 ×300 米）样地分成 6 个 1 公顷样方，每个 1 公顷样方再分成 25 个 20 米 ×20 米样方，每个 20 米 ×20 米样方继续分成 16 个 5 米 ×5 米样方。

对 20 米 ×20 米样方，使用行列数进行编号，行号从南到北编写，列号从西到东编写，具体参照国家标准《森林生态系统长期定位观测方法》（GB/T 33027—2016）执行。5 米 ×5 米的样方以坐标系统命名为 (1.1)、(1.2)、(1.3)、(1.4) 等。

③样地设置步骤。

a. 全站仪定基线（中央轴线）：从样地中央向东、西、南、北四个方向测定行、列基线，在东西、南北两个方向上各定出三条平行线（平行线距离为 20 米）。

b. 在基线的垂线上放样：在基线上每隔 20 米定出一个样点，在每个样点上安置全站仪，按照基线垂直方向，定出基线的垂线，并在垂线上每隔 20 米定出一个样点，将各样点连接，即可确定样地及其 20 米 ×20 米样格。

c. 将 20 米 ×20 米样格划分为 5 米 ×5 米的样方。

d. 样地边界处理：采用距离缓冲区法，即在样地内的四周设置带状缓冲区，通常缓冲区的宽度为样地平均树高的 1/2，不少于 5 米。对缓冲区内的树木进行每木调查，但不定位。

④林木定位与标识。对样地内胸径≥1.0 厘米木本植物（乔木、灌木、木质藤本）分别定位。采用极坐标法，在 20 米 ×20 米的样方内用罗盘仪与皮尺相结合对树木进行准确定位。用林木标识牌对所定位的每株林木进行编号并标识。

林木编号以 20 米 ×20 米的样方为单位,对每个样方内的林木编号,编号用 8 位数字表示,其中前四位代表样方号,后四位代表样方内的林木编号。

(3) 观测方法。首先观测样地的基本情况,描述内容主要包括植物群落名称、郁闭度、地貌地形、水分状况、人类活动等,具体参照国家标准《森林生态系统长期定位观测方法》(GB/T 33027—2016)执行。样地调查顺序及观测样地内森林群落方法参照国家标准《森林生态系统长期定位观测方法》(GB/T 33027—2016)执行。

①乔木层观测。

a. 乔木层是森林植被观测中重要的组成部分,胸径测量是最主要的任务之一,乔木观测指标参照国家标准《森林生态系统长期定位观测方法》(GB/T 33027—2016)执行。

b. 准确鉴定并详细记录群落中所有植物种的中文名、学名。对于不能当场鉴定的,应采集带有花或果的标本,带回实验室鉴定。没有花或果的作好标记,以备在花果期进行鉴定。

c. 每木调查,对样地内胸径≥1.0 厘米的各类树种的胸径、树高等进行逐一测定,并做好记录,每测一株树要进行编号。胸径测定采用围尺或者胸径尺测量地面向上 1.3 米处树干,当树高 1.3 米处出现不规则现象,测定方法参照国家标准《森林生态系统长期定位观测方法》(GB/T 33027—2016)执行。在测树高时应以测量者看到树木顶端为条件,以米为计量单位。冠幅的测量,以两个人一组,一个人拿着皮尺贴树干站好;另一个人拉住皮尺的另一端向东、南、西、北四个方向转一圈,测定其冠幅垂直投影的宽度。

d. 按样方观测群落郁闭度,然后按每木调查数据,计算林分平均高度、平均胸径。

e. 幼树和幼苗分别随同灌木层或草本层一起调查。

② 灌木层观测。

a. 每个 20 米 ×20 米样方随机选取 5 个 5 米 ×5 米的样方,进行长期观测并记录灌木种名(中文名和学名),调查株数(丛数)、株高、盖度。

b. 多度测定,采用目测估计法,用 Drude 的 7 级制划分。

c. 密度测定,统计每一平方米样方内所测灌木的株数(丛数)。

d. 盖度测定,采用样线法,即根据有植被的片段占样线总长度的比例来计算植被总盖度。

e. 具体观测指标参照国家标准《森林生态系统长期定位观测方法》(GB/T 33027—2016)执行。

③ 草本层观测。每个 20 米 ×20 米样方内设置 5 个 1 米 ×1 米的草本样方,调查并记录草本层种名(中文名和学名),调查草本植物的种类、数量、高度、多度、盖度。具体观测指标参照国家标准《森林生态系统长期定位观测方法》(GB/T 33027—2016)执行。

④ 层间植物观测。层间植物主要以藤本植物和附(寄)生植物为主。藤本植物观测主要包括记录种名(中文名和学名),调查基径、长度、蔓数等指标,附(寄)生植物观测主

要包括记录种名（中文名和学名）、多度、附（寄）主种类，具体参照国家标准《森林生态系统长期定位观测方法》（GB/T 33027—2016）执行。

9.1.1.3 观测频率

一般为 5 年观测 1 次。

9.1.1.4 数据处理

主要是外业调查监测的全站仪数据导入电脑，并处理的过程。

（1）读取数据。用专用数据线连接全站仪和电脑，把全站仪里的数据导入电脑。

（2）绘制平面图。

①根据输入坐标数据文件的数据大小定义屏幕显示区域的大小，以保证所有点可见。

②在"绘图处理"菜单选择"定显示区"，输入文件数据文件名及其相应路径，打开后系统自动找到最小和最大坐标并显示在命令区，以确定屏幕上的显示范围。

③选择"测点点号法"成图，在右侧菜单"定位方式"中选取"测点点号"，输入坐标和坐标数据文件名，打开后系统将所有数据读入内存。

④展点，在"绘图处理"菜单选择"展野外测点点号"项，输入坐标数据文件名，打开后所有点以注记点号形式展现在屏幕上。

⑤绘平面图，根据草图通过人机交互绘制、编辑，删除点名。

（3）绘制等高线。

①在"绘图处理"菜单选择"展高程点"项，输入数据文件名，确认。

②在"等高线"菜单中选择"建立并显示DTM"项，根据提示输入、确认完成数字高程模型的建立。

③用鼠标选择"等高线"菜单下的"绘等高线"项，根据系统命令行窗口提示进行操作，完成等高线的绘制。

④选择"等高"菜单下的"删三角网"项，删除三角网。

⑤把绘制好的样地数字地形图根据使用要求输出。

9.1.2 兴安落叶松林群落特征

9.1.2.1 主要树种分布格局

研究林分空间分布格局对于确定种群特征具有重要作用，是群落空间结构的基本组成要素。植物种在空间的分布一般有 3 种类型，即随机分布、均匀分布和集群分布。群落水平分布格局表现为各种植物在群落的水平分布，种群聚集度指标用于测定种群的水平分布格局，主要包括扩散系数（DI）、聚集指数（CI）、扩散指数（$I\delta$）、聚块性指数（PAI）、Cassie R.M 指数（CA）等（宋永昌，2001）。

(1) 扩散系数（DI）公式如下：

$$DI = S^2 / \overline{X} \tag{9-1}$$

式中：S^2——群多度方差；

$\overline{X}$——种群多度平均值（下同）。

当 $DI > 1$，个体呈聚集分布；$DI < 1$，个体呈均匀分布。

(2) 聚集指数（CI）公式如下：

$$CI = \frac{S^2}{\overline{X}} - 1 \tag{9-2}$$

当 $CI \approx 0$ 时，个体呈随机分布；当 $CI < 0$ 时，个体呈均匀分布；当 $CI > 0$ 时，个体呈聚集分布。

(3) 扩散指数（$I\delta$）公式如下：

$$I\delta = n\left(\sum x_i^2 - N\right) / \left[N(N-1)\right] \tag{9-3}$$

式中：n——样地中小样方的总个数；

N——样地内某个树种的总株数。

当 $I\delta = 1$ 时，个体呈随机分布；当 $I\delta < 1$ 时，个体呈均匀分布；当 $I\delta > 1$ 时，个体呈聚集分布。

(4) 聚块性指数（PAI）公式如下：

$$PAI = M^* / \overline{X} \tag{9-4}$$

式中：M^*——平均拥挤度。

$$M^* = \frac{\sum x_i^2}{\sum x_i} - 1 \tag{9-5}$$

式中：$\sum x_i^2$——每个小样方的种群个数平方和；

$\sum x_i$——每个小样方的种群个数总和。

当 $PAI = 1$ 时，种群呈随机分布；当 $PAI > 1$ 时，种群呈聚集分布；当 $PAI < 1$ 时，种群呈均匀分布。

(5) Cassie R.M 指数（CA）公式如下：

$$CA = (S^2 - \overline{X}) / \overline{X}^2 \tag{9-6}$$

当 $CA = 0$ 时，种群随机分布；当 $CA > 0$ 时，种群聚集分布；当 $CA < 0$ 时，种群均匀分布。

在嫩江源兴安落叶松林中，选择乔木层重要值大于 10 的树种，对该群落的空间格局进行调查检验，根据群落水平分布格局的检测指标进行计算（表 9-1），从计算结果可以看出，兴安落叶松、白桦和山杨的扩散系数（DI）分别为 22.211、3.737 和 3.351，均大于 1，均表现为个体聚集分布；兴安落叶松、白桦和山杨的聚集指数（CI）分别为 21.214、2.737 和 2.351，均大于 0，均表示个体聚集分布；兴安落叶松、白桦和山杨的扩散指数（$I\delta$）分别为 1.364、1.117 和 1.549，均大于 1，呈现出个体聚集分布。

表 9-1　群落主要树种种群水平分布格局

树种	扩散系数（DI）	聚集指数（CI）	扩散指数（$I\delta$）	聚块性指数（PAI）	Cassie R. M 指数（CA）	分布结果
兴安落叶松	22.211	21.214	1.364	1.366	0.382	聚集分布
白桦	3.737	2.737	1.117	1.115	0.122	聚集分布
山杨	3.351	2.351	1.564	1.549	0.582	聚集分布

兴安落叶松、白桦和山杨的聚块性指数（PAI）分别为 1.366、1.115 和 1.549，均大于 1，为种群聚集分布；兴安落叶松、白桦和山杨的 Cassie 指数（CA）分别是 0.382、0.122 和 0.582，均大于 0，表现为种群聚集分布。

从嫩江源兴安落叶松林群落的主要乔木树种的 5 个水平分布指标检测结果来看，兴安落叶松群落中主要乔木树种在个体和种群层次均表现为聚集分布。

为了印证嫩江源兴安落叶松林群落指标判断的结果，依据全站仪定位数据绘制乔木分布定位图（图 9-1），更能直观地观测出不同树种的个体和种群分布情况。将各个主要树种

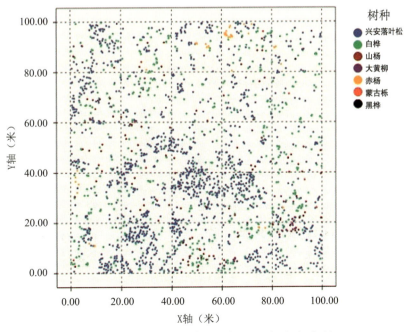

图 9-1　兴安落叶松天然林乔木分布定位

的聚集度指标计算结果与其位置分布图对比可得，聚集度指标法所得出的群落水平分布格局与样地中兴安落叶松林群落大致相符，兴安落叶松、白桦、山杨种群有明显的聚集分布。

9.1.2.2 物种组成及径级分布

（1）乔木层种类组成。据调查，在嫩江源兴安落叶松天然林群落中乔木层共有4科6属7种，树种分别为松科1属1种、桦木科2属3种、杨柳科2属2种、壳斗科1属1种，分别为松科落叶松属兴安落叶松、桦木科桦木属的白桦和黑桦及赤杨属的毛赤杨、杨柳科杨属山杨和柳属大黄柳、壳斗科栎属蒙古栎。乔木层以兴安落叶松为主要树种，伴生白桦、山杨、大黄柳等阔叶树种，兴安落叶松林乔木层主要植物名录见附表1。

（2）灌木层种类组成。灌木层种类分布有2科5属6种，组成灌木层种类分布有杜鹃花科3属4种，分别越橘属的越橘和笃斯越橘、杜鹃花属兴安杜鹃、杜香属细叶杜香、蔷薇科2属2种，分别蔷薇属山刺玫、绣线菊属绣线菊。灌木层种类比较单一，上层主要以兴安杜鹃主分布，下层主要分布越橘、笃斯越橘。兴安落叶松林灌木层主要植物名录见附表1。

（3）草本层种类组成。草本层种类较丰富，据调查表明：草本层种类分布有20科27属30种植物，分别为毛茛科2属2种、蔷薇科3属3种、豆科2属2种、牻牛儿苗科1属3种、伞形科2属2种、菊科3属4种、百合科2属2种，桔梗科、玄参科、茜草科、报春花科、鹿蹄草科、柳叶菜科、堇菜科、蕨科、鸢尾科、禾本科、莎草科、兰科等植物各1种。其中分布数量最多的是莎草科薹草，其次为禾本科的大叶章、鹿蹄草科的红花鹿蹄草、百合科的二叶舞鹤草、蔷薇科的东方草莓、地榆等。兴安落叶松林草本层主要植物名录见附表1。

（4）主要树种径级分布。径级结构描述林木株数按胸径大小分布的数量结构状态，在一定程度上反映了种群发展的趋势，是森林结构的重要组成部分。林分中构成中上层林的树种是兴安落叶松和白桦，其径级以2厘米为起始径级，以后按4厘米划分一个径级，将样地中主要树种绘制种群径级结构图（图9-2）。

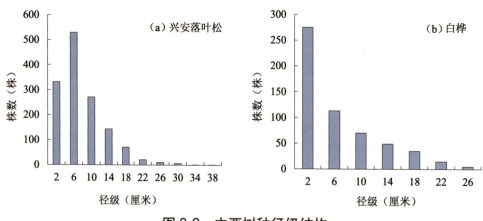

图9-2　主要树种径级结构

从图9-2可以看出，兴安落叶松林群落2种主要树种的径级结构，兴安落叶松的径级为2~38厘米，径级结构为峰形，径阶株数最多的是6厘米，分布株数占全部落叶松的38%。

白桦的径级为 2～26 厘米，径级结构为反 J 形，径阶株数最多的是 2 厘米，分布株数占全部白桦的 49%。从整体上看，小径级的个体多，大径级的个体少，在 2 个主要树种中径级 6 厘米以下的株数占全部株数的 64%，表明群落内有充足的幼树作为后备资源，群落更新状况良好，可以维持种群的持续发展。

9.1.2.3 群落各层次物种的重要值

重要值是群落中物种生态适应能力和物种在群落中所处地位的综合指标，其大小是确定优势种和建群种的重要依据。它不仅可以表现某一种群在整个群落中的重要性，而且可以指出种群对群落的适应性。某一物种的重要值越大，表明该物种在群落中优势越大。

通过以下公式计算物种重要值，即：

乔木重要值 =（相对多度 + 相对频度 + 相对显著度）/3　　　　　　　　　　　（9-7）

灌木、草本重要值 =（相对多度 + 相对频度 + 相对盖度）/3　　　　　　　　　（9-8）

相对多度 =（某一种植物的个体总数 / 同一生活型植物个体总数）×100　　　　（9-9）

相对盖度 =（某个种的盖度 / 所有种盖度之和）×100　　　　　　　　　　　　（9-10）

相对频度 =（一个种的频度 / 所有种的频度总和）×100　　　　　　　　　　　（9-11）

相对显著度 =（该种所有个体胸面积之和 / 所有种个体胸面积总和）×100　　　（9-12）

根据样地调查统计，嫩江源兴安落叶松天然林内各层次物种的特征值见表 9-2，在乔木层上，在 1 公顷的群落中有乔木树种 7 种，重要值在 10 以上的 3 种植物中，以兴安落叶松种群占有绝对优势，重要值达 39.80，表明兴安落叶松种群数量多，在群落中起着重要的作用。其次为白桦和山杨，重要值分别为 21.50、10.05，这 3 种优势种在该群落中起主导作用，决定了群落和生境空间。

在灌木层上，群落中有 6 种植物，占优势地位的是兴安杜鹃，重要值达 36.56，其次为越橘和笃斯越橘，重要值分别为 32.33、23.95，其余植物分布不广。

在草本层上，有 30 种植物，主要以薹草为主，薹草的重要值为 32.70，其次为大叶章和红花鹿蹄草，其重要值分别为 11.69、10.17，其他种植物多零星分布。因此，该群落为典型的寒温带杜鹃落叶松林。

表 9-2　兴安落叶松天然林群落各层次物种的重要值

层次	物种	相对多度	相对频度	相对显著度/相对盖度	重要值
乔木层	兴安落叶松	13.88	33.33	72.18	39.80
	白桦	5.62	33.33	25.55	21.50
	山杨	1.01	28.00	1.13	10.05
	大黄柳	0.56	16.00	0.3	5.62
	赤杨	0.48	10.67	0.73	3.96
	蒙古栎	0.07	4.00	0.04	1.37
	黑桦	0.01	1.3	0.01	0.44
灌木层	笃斯越橘	22.11	21.74	28.02	23.95
	杜香	0.13	4.35	0.07	1.52

(续)

层次	物种	相对多度	相对频度	相对显著度/相对盖度	重要值
灌木层	兴安杜鹃	17.89	21.74	70.04	36.56
	越橘	56.58	21.74	18.68	32.33
	山刺玫	2.76	21.74	4.67	9.72
	绣线菊	0.53	8.7	1.87	3.7
草本层	蕨	0.51	4.96	3.85	3.11
	半钟铁线莲	0.01	0.38	1.64	0.68
	矮山黧豆	0.22	3.05	0.82	1.36
	北方拉拉藤	0.01	0.38	0.41	0.27
	北方老鹳草	0.13	1.15	2.29	1.19
	北野豌豆	0.18	3.44	1.23	1.62
	齿叶风毛菊	0.07	1.53	1.56	1.05
	大叶柴胡	0.07	1.91	0.82	0.93
	地榆	2.04	3.82	1.06	2.31
	东方草莓	2.75	7.25	2.29	4.10
	二叶舞鹤草	2.81	6.11	2.87	3.93
	风毛菊	0.04	0.76	0.82	0.54
	红花鹿蹄草	10.6	6.49	13.43	10.17
	鸡腿堇菜	0.06	0.76	1.23	0.68
	旌节马先蒿	0.76	4.58	1.72	2.35
	宽叶山蒿	0.21	1.91	1.23	1.12
	铃兰	2.08	7.25	4.83	4.72
	柳兰	0.31	4.20	1.97	2.16
	七瓣莲	0.28	2.29	1.06	1.21
	伞花山柳菊	0.13	1.91	1.06	1.03
	石生悬钩子	0.45	4.96	2.46	2.62
	鼠掌老鹳草	0.18	2.29	1.23	1.23
	大齿山芹	0.57	3.44	1.06	1.69
	薹草	57.93	9.54	30.63	32.70
	大叶章	16.23	8.02	10.81	11.69
	兴安老鹳草	0.03	0.38	0.82	0.41
	唐松草	0.13	2.29	1.39	1.27
	长白沙参	0.09	1.91	0.98	0.99
	紫苞鸢尾	1.05	2.67	3.6	2.44
	紫点杓兰	0.03	0.38	0.82	0.41

9.1.2.4 兴安落叶松林生物多样性

生物多样性是生物及其环境形成的生态复合体以及与此相关的各种生态过程的总和，是生命系统的基本特征。反映物种多样性指数主要有 Margalef 丰富度指数、Simpson 优势度指数、Shannon-Wiener 多样性指数、Pielou 均匀度指数。计算方法参照国家标准《森林生态系统长期定位观测方法》（GB/T 33027—2016）。

物种多样性是指种的数目及其个体分配均匀度两者的综合，能有效地表征生物群落和生态系统结构的复杂性。对林样地群落的物种多样性指数进行计算统计，见表 9-3。

从表 9-3 中可以看出，表征群落中物种丰富度的 Margalef 指数为草本层＞乔木层＞灌木层，说明草本层的物种最丰富，随着丰富度指数的减少，物种的丰富程度也减少。Shannon-Wiener 多样性指数则为草本层＞灌木层＞乔木层，说明草本层中各物种的多样性程度最高，即物种数目最多，随着多样性指数的降低，物种多样性逐渐减少。而均匀度指数则为灌木层＞乔木层＞草本层，说明灌木层各物种的个体数分布较均匀。

表 9-3　兴安落叶松林多样性指数

层次	Margalef 丰富度指数	Simpson 优势度指数	Shannon-wiener 多样性指数	Pielou 均匀度指数
乔木层	0.7813	0.4826	0.9791	0.5032
灌木层	0.7538	0.4018	1.0993	0.6135
草本层	3.2928	0.3758	1.5173	0.4461

物种优势度是综合群落中各个种群的重要性，揭示该种群的优势地位，Simpson 物种优势度为乔木层＞灌木层＞草本层，说明乔木层优势种的数量最为突出，优势种作用明显。兴安落叶松林群落物种多样性指数整体体现为草本层最大，灌木层次之，乔木层最小。

9.2　森林生态系统植被物候特征

物候学是研究自然界的植物（包括农作物）、动物和环境条件（气候、水文、土壤条件）的周期变化之间相互关系的科学。它的目的是认识自然季节现象变化的规律，以服务于农业生产和科学研究（竺可桢，1963）。植物物候包括各种植物的发芽、展叶、开花、叶变色、落叶等，是植物长期适应气候与环境的季节性变化而形成的季生长发育节律（王连喜等，2010）。

近年来，随着新技术的发展，出现了采用自动拍照和数据网络传输的新观测技术。现在用于植物物候监测的相机种类越来越多，高分辨率、高感光度、低耗能、大容量等的数码相机已经被用在物候监测中。通过森林生态系统物候现象的长期观测，探索植物生长发育的节律及其对周围环境的依赖关系，进而了解气候变化对植物生长周期的影响。根据长期观察资料进行物候历的编制，为森林生态系统的生产和经营提供科学依据。

9.2.1　观测方法
9.2.1.1　观测内容

乔木和灌木：树液流动开始日期、芽膨大开始日期、芽开放期、展叶期、花蕾或花序出现期、开花期、果实或种子成熟期、果实或种子脱落期、新梢生长期、叶变色期、落叶期等物候期。

草本植物：萌芽期/返青期（萌动期）、展叶期、分蘖期、拔节期、抽穗期、现蕾期、开花期、结荚期、二次或多次开花期、成熟期、种子散布期、黄枯期等物候期。

9.2.1.2 观测与采样方法

（1）观测选择。

①观测点选择。观测点应选择在地形、土壤、植被具有代表性的地段，且地势平坦、开阔的地方；应稳定，可以长期连续观测，不轻易移动；选定后，应将地点名称、生态环境、海拔、地形、位置和土壤等详细记载，作为档案长期保存。

②观测对象选定。对象应是森林中优势的、分布广的、指示性强的以及对季节反应明显的植物。

乔木和灌木植物的物候观测，所选样树应是发育正常、无病虫害、生长健壮、达到开花结实3年以上的中龄树，每种宜选3～5株；如条件所限，也可选择1株作为观测对象。样树选定后，挂牌编号作长期观测。

草本植物的物候观测，在一定地点确定3～5个1米×1米小样方，做好标记，然后进行物候观测。

③观测部位的确定。

a. 个体树木的观测部位可以采用东、南、西、北四个方位分别进行观测和记录。

b. 用于全年物候观测的冠层部位必须一致，且长期保持不变。

c. 观测时，应尽量靠近植株，对于高大乔木或视野不开阔可借助望远镜进行观测。

d. 观测发芽时需注意观察树木的顶部，无条件时可观测树冠外围的中下部。

（2）观测方法。植被物候期的观测方法为野外定点目视观测法。

①乔木和灌木物候期观测。

树液流动开始日期：在冬天即将结束，白天阴处的温度升高到0℃时，在树干的向南方向表皮上用刀划开小缝（或钻孔）时有树液流出的日期，即为树液流动的开始日期。在生长季末期用同样的方法来确定树液流动终止日期。

注意事项：树液流动观测之后，宜用油灰之类的东西将树皮缝隙补塞，以免发生病虫害。

芽膨大开始日期：具有鳞片的乔木和灌木的芽开始分开，侧面显露淡绿色的线形或角形，即为芽膨大开始日期。果树和浆果树可从芽鳞片的间隙里看到芽的浅色部分，即为芽膨大开始日期。针叶类如松属植物顶芽鳞片开裂反卷时，出现淡黄褐色的线缝，即为芽膨大开始日期。裸芽不记芽膨大期。对于芽较大的树木，可在被观测的树芽上涂上小墨点，随芽的生长小墨点会移动，露出开始分开的绿色鳞片，便于被察觉；对于芽小或绒毛状鳞芽的树木，建议用放大镜或望远镜观察；绒毛状芽的膨大可根据它顶端出现比较透明的银色毛茸辨认。

注意事项：花芽或叶芽的膨大宜分别记录其膨大日期，如果花芽先膨大即先记花芽膨大日期，后记录叶芽膨大日期，反之亦然；芽膨大期的变化比较缓慢，不太明显，若记载不及时，可有半月左右的误差。

芽开放期：芽的鳞片裂开，芽的顶端出现新鲜颜色的尖端；或是明显看见了绿色叶芽；或是带有锈毛的冬芽出现黄棕色的线缝，即为芽开放期。有些植物芽的开放，也就是花蕾的出现。如果芽膨大与芽开放不易分辨，可只记"芽开放期"。

展叶期：针叶树出现幼针叶的日期，阔叶树第一批（10%）新叶开始伸展的日期，即为展叶始期。针叶树当新针叶的长度达到老针叶长度的一半时，阔叶树植株上有一半枝条的小叶完全展开时，即为展叶盛期。

花蕾或花序出现期：叶腋或花芽中，开始出现花蕾或花序的日期。

开花期：当树上开始出现完全开放的花时是开花始期；对于风媒传粉的树，当摇动树枝而散出花粉时，为开花始期。当树上有一半枝条上的花展开花瓣或花序散出花粉，或半数以上柔荑花序松散下垂时，为开花盛期。当树上大部分的花脱落，残留部分不足开花盛期的10%，或柔荑花序停止散出花粉，或柔荑花序大部分脱落时，为开花末期。有时树木在夏季或秋季有第二次开花或多次开花现象，也应分别予以记录。记录项目包括：二次或多次开花日期；二次开花时个别树还是多数树；二次开花和没有二次开花的树在地势上有什么不同；二次开花的树有没有损害，开花后有无结果，结果多少和成熟度等；如两次开花树木为不选定的观测树种，也应在备注栏注明树种名称，二次开花期及上述各项。

果实或种子成熟期：树上有一半以上数目的果实或种子变为成熟的颜色时，即为果实或种子成熟期。有些树木的果实或种子翌年成熟时也应记录。球果类：松属和落叶松属种子的成熟，是球果变成黄褐色；侧柏的果实成熟时变黄绿色；桧柏的果实成熟时变黄绿色，且表面出现白粉；水杉的果实成熟时出现黄褐色。蒴果类：果实成熟时出现黄绿色，少数尖端开裂，露出白絮，如杨属、柳属。坚果类：如麻栎属的种子成熟时果实的外壳变硬，并出现褐色。核果、浆果、仁果类：核果、浆果成熟时果实变软，并呈现该品种的标准颜色；仁果成熟时呈现该品种的特有颜色和口味。翅果类：如榆属和白蜡属的种子，成熟时翅果绿色消失，变为黄色或黄褐色。荚果类：刺槐和紫藤等的种子，成熟时荚果变褐色。柑果类：如常绿果树（甜橙、红橘、枇杷）呈现可采摘果实时的颜色即为成熟。

果实或种子脱落期：不同树种的果实及种子脱落形式各异。松属为种子散布，柏属为果实脱落，杨属和柳属为飞絮，榆属和麻栎属为果实或种子脱落等，观测记录果实和种子的开始脱落期和脱落末期。如果果实或种子当年绝大多数不脱落，应记为"宿存"，第二年再记脱落的日期。

新梢生长期：新梢按其发生的时期可分为春梢、夏梢、秋梢三种。根据气象学对四季的划分，可视新梢发生在哪个月内分别记为春梢（3月、4月、5月）、夏梢（6月、7月、8月）、秋梢（9月、10月、11月）。除春梢开始生长期不记，只记停止生长期外，其余分别记录开始生长期和停止生长期。

叶变色期：当被观测的树木有10%的叶颜色变为秋季叶时，为叶变色始期。所有的叶子全部变色为完全变色期。注意事项：叶变色是指正常的季节性变化，树上出现变色叶的颜色不再消失，并且新变色的叶日渐增多。不应把夏天因为干旱、炎热或其他原因引起的叶变色混同起来，要注意辨别。

落叶期：当观测的树木在秋天开始落叶，为落叶始期。树上的叶子50%左右脱落为落叶盛期。树上的叶子几乎全部脱落时，为落叶末期。

注意事项：正常落叶开始的象征是：当轻轻地摇动树枝，就落下3～5片叶子，或者在没有风的时候，叶子依次地落下来，但不可以和因夏季干燥、炎热或其他非自然因素胁迫如昆虫、病原体引起的落叶混淆起来；如果气温降到0℃或0℃以下时，叶子还未脱落，应该记录；树叶在夏季发黄散落下来，也应该记录。

②草本植物物候观测。

萌动期：草本植物有地面芽越冬和地下芽越冬两种情况，当地面芽变绿色或地下芽出土时，为萌芽期。植物的幼苗移栽或越冬后，由黄色变为绿色，并恢复正常，为返青期。

展叶期：植株上有10%开始展开小叶时为开始展叶期；而达到50%的植株叶子展开时为展叶盛期。

分蘖期：禾本科植物主茎基部（根颈处）开始萌出新的分枝时为分蘖期。10%的植株出现分蘖为分蘖初期。50%的植株出现分蘖为分蘖盛期。

拔节期：禾本科植物基部第一节间开始伸长的时期为拔节期。10%的植株出现拔节为拔节初期。50%的植株出现拔节为拔节盛期。

抽穗期：禾本科植物生殖枝出现的时期为抽穗期。10%的植株出现抽穗为抽穗初期。50%的植株出现抽穗为抽穗盛期。

花序或花蕾出现期：花序或花蕾开始出现的日期。

开花期：当10%的植株上初次有个别花的花瓣完全展开时，为开花始期。有50%花的花瓣完全展开，为开花盛期。花瓣快要完全凋谢，为开花末期。

结荚期：结荚植物开花后荚果形成的时期。

果实或种子成熟期：当植株上的果实或种子开始呈现成熟初期的颜色，即为成熟始期。有一半以上果实或种子成熟，即为完全成熟期。

果实脱落或种子散落期：果实或种子有10%变色为成熟开始期。50%的果实或种子变色为全熟期。

种子散布期：种子开始散布的日期。

二次或多次开花期：某些草本植物开花后秋季偶尔又开花，为二次或多次开花期。

黄枯期：以下部基生叶为准，下部基生叶有10%黄枯时为开始黄枯期；达到50%黄枯时为普通黄枯期；完全黄枯时为全部黄枯期。

(3) 观测注意事项。物候观测应随记随看，观测要仔细，同时可用望远镜、放大镜、照相机等辅助工具，记录各个时期物候的变化。对于一些物候期有明显的跨年现象，把跨年的部分也计算在一年内，这样可以保证物候期的完整性。

对于一年多个物候期，则需分别计算各段物候期持续时间，然后累加计算全年物候期长度。禁止从用于物候观测的树木个体中采集枝叶或其他人为伤害。用于树液流动观测的树木不用于其他物候参数的观测。

物候观测需有固定人员或专人负责，不宜轮流值班观测。但平时需训练补充观测人员，以便在必要时替代，不使记录中断，做好观测记录。观测记录表参照国家标准《森林生态系统长期定位观测方法》（GB/T 33027—2016）执行。

（4）观测时间及频率。观测时间宜随季节和观测对象而灵活掌握；一般最好的观测时间在下午；但对于有些在早晨开花，下午就隐花不见的植物，则需在上午观测。在观测期间，宜每天观测，如人力不足，可以隔一天观测一次，或根据选定的观测项目酌量减少观测次数，但以不失时机为前提。气象现象应随时记载。冻结观测宜于早晨或上午进行，解冻观测宜于中午或下午进行。

（5）物候历编制。将观测资料分类抄写，制成统计表；绘制多年变化曲线；编制成物候历。

（6）物候格局计算。物候期数据由日期型转化为数值型，转化方法是1月1日为第1天、1月2日为第2天，然后依次往后推，直到12月31日为第365天。

每个编号植物多年物候期进行平均。

把多年的平均物候期再转换成日期型数据，得到多年物候期平均月。

每个月出现某个物候相的植物编号数进行统计，除以出现这个物候相的总植物编号数。

依次计算出萌芽、落叶、现蕾、开花、幼果、果熟的起始期和结束期等物候时间格局。

9.2.2 兴安落叶松物候特征

从2017年开始嫩江源森林生态站对兴安落叶松林进行物候监测，采用人工观测和数码相机定位监测相结合的方式，对嫩江源森林生态站所在南瓮河国家级自然保护区内的兴安落叶松进行春季物候期（芽膨大期、芽开放期、展叶始期）和秋季物候期（叶完全变色期、落叶末期）观测和记录（表9-4）。

表9-4 嫩江源兴安落叶松物候期观测

植物名称	年份	芽开放期（月-日）	展叶始期（月-日）	叶完全变色期（月-日）	落叶末期（月-日）
兴安落叶松	2017	4-20	4-28	9-20	10-2
	2018	4-23	4-25	9-25	10-5
	2019	4-22	4-25	9-22	10-6

9.2.2.1 兴安落叶松物候期特征

嫩江源兴安落叶松芽开放期出现在4月下旬（4月20～23日）（表9-5）；展叶开始于4月末（4月25～28日）；秋季叶完全变色期在9月下旬（9月20～25日）；落叶末期在10月初（10月2～6日），从芽开放到落叶末期时间较短，仅5个多月。通过三年的观测来看，兴安落叶松的物候期比较稳定。

9.2.2.2 完成各发育期日数

通过连续三年观测，兴安落叶松芽开放期至展叶始期持续日数在2～8天；展叶始期至叶变色期持续日数在145～153天；叶变色至落叶末期持续日数在11～15天。兴安落叶松整个生长季从芽膨大至落叶末期平均生长季长度为167天（表9-5）。

表9-5 兴安落叶松完成各发育期所需日数

芽开放至展叶（天）	展叶至叶完全变色（天）	叶完全变色至落叶末期（天）	平均生长期长度（天）
2～8	145～153	11～15	167

9.2.2.3 兴安落叶松物候期与气象因子的关系

影响植物物候期主要因素有气温、降水和日照时数等（姚俊英，1998；徐文铎等，2008；吴振强等，2014；Chen X Q，2012；杨丽萍等，2016）。气温是影响兴安落叶松春季物候期的关键气象因子，花芽开放期和展叶始期与气温呈负相关，前期气温越高，物候期发生越早；叶完全变色期受气温、降水和日照的综合影响；而落叶末期对日照更为敏感。本站物候观测的时间较短，在物候期与气象因子的相关性方面，有待进一步研究。

9.2.2.4 兴安落叶松物候监测

自2017年至2020年，嫩江源森林生态站利用红外相机定位观测杜鹃落叶松林的物候，时间为每年生长季（4～11月），频率为每日中午12：00定时拍摄，待观测期结束后取回相机导出观测数据导入到电脑中，在电脑上整理分析物候变化。

图9-3至图9-8是2018年杜鹃落叶松林整个生长季物候观测红外相机拍摄的部分照片资料。从不同的图片资料中看出，杜鹃和兴安落叶松在整个生长期内不同时期的不同形态及对应的气温、光照等。

图9-3 兴安落叶松开始展叶

图9-4 兴安落叶松展叶、杜鹃花刚开放

图 9-5 杜鹃花落、兴安落叶松完全展叶

图 9-6 兴安落叶松和杜鹃叶开始变色

图 9-7 兴安落叶松和杜鹃叶完全变色

图 9-8 兴安落叶松和杜鹃叶脱落末期

9.3 森林生态系统植被碳储量特征

森林植被固定二氧化碳、释放氧气是森林生态服务的重要功能之一（李怒云，2007）。森林生态系统作为陆地生态系统的最大碳库，在全球碳循环过程中扮演着源、库和汇的重要角色，其碳蓄积量的任何变化都可能影响到大气 CO_2 浓度的变化（Lai R，2005）。森林植被在光合作用下吸收 CO_2，放出 O_2，将大气中清除的 CO_2 以生物量的形式固定到植物表面和土壤里，这一过程称为碳汇。森林生物量作为固碳释氧的重要依据，同时也是评价碳汇收支的重要参数，森林生物量的大小是森林植被自身生物学因素、生态学特征和自然环境综合指标的体现，能够描述森林生态系统结构与功能的重要指标。

森林生物量及其变化是估算森林植被碳储量变化至关重要的前提，准确的估算森林植被生物量是必要的。由于森林资源清查数据的权威性、覆盖范围和详细程度，使得连续清查资料不仅成为估算空间区域尺度一项必要手段和关注重点，也是森林植被碳储量估算的重要方法。野外实测森林生态系统总生物量与净初级生产力，探索森林生态系统碳密度空间分布特征，研究森林生态系统碳储量及年净固碳量的动态变化规律，为森林生态系统碳汇功能以及森林生态系统碳储量和碳循环研究提供基础数据。

9.3.1 观测方法

9.3.1.1 观测内容

乔木层生物量、灌木层生物量、草本层生物量、层间植物生物量、凋落物量、植被净初级生产力（NPP）、森林植被碳储量、森林植被年净固碳量。

9.3.1.2 观测与采样方法

（1）样地设置。参照国家标准《森林生态系统长期定位观测方法》（GB/T 33027—2016）执行。选择具有代表性的植被类型且受人为干扰较少交通又相对方便的地方设置。按照不同森林群落类型的最小取样面积（表现面积）确定样地大小（一般为 0.1～20 公顷），每种森林类型设置 1～3 个，采用罗盘仪、测绳或皮尺设置样地为正方形或长方形，四角用 PC 管标记，周边绳圈。用全球定位仪确定样地的地理位置、海拔高度。

（2）乔木层生物量。

①采样工具。主要有测绳、测高器、测杆、卷尺、测树围尺、枝剪、木锯、1.3 米高的标杆、标签、麻袋、布袋、镐头、台秤、记号笔等。

②每木调查。在所选样地内，进行每木调查，测定胸径和树高。

③平均标准木或径级标准木的选定和伐树。在整理好每木调查的结果后，选择胸径在平均值附近的几株立木作为平均标准木，或根据不同胸径立木所占比例来划分不同的径级和确定不同径级的立木株数，分别选择径级标准木。在选标准木时，选择没有发生干折、基部没有分叉的正常树木，要防止选用林缘树木，避免造成叶量、枝量的偏大。

选出 3 株标准木伐倒，进行树干解析，测定各部分的质量及其他项目。标准木伐倒前，应先确定根径位置和实测胸径，并在树干上标明胸径的位置和南北方向。

④树干生物量。

树木测量：解析木伐倒后，测定胸径、枝下高、树高和树高的 1/4、1/2、3/4 处的直径，并打去枝桠，用粉笔在树干上标出南、北方向，并填写伐倒木记录表，具体参照国家标准《森林生态系统长期定位观测方法》（GB/T 33027—2016）执行。

树干分段：树高（H）< 15.0 米者，在树干 1.3 米处分段，以后按 1.0 米长度分段，直到树梢不足 1.0 米；树高（H）> 15.0 米者，在树干 1.3 米处分段，以后按 2.0 米长度分段，直到树梢不足 2.0 米。

截取圆盘：在地径处和树高 1.3 米处截取 3.0～5.0 厘米厚的圆盘，分别记为 0 号盘和 1 号盘，各段采用中央断面区求积法，在每个区分段的中点位置截取 3.0～5.0 厘米厚的圆盘，依次记录圆盘号。截取圆盘应尽量与干轴垂直，不可偏斜。

测定数据：测定每个圆盘的带皮鲜重和去皮鲜重，并装袋带回实验室，在 70～80℃ 烘干至恒重后称重，计算样品的含水率，并将整个树干鲜重转换成干重。对不能用秤来称量的大树树干的质量，则可测出每区分段两头截断面积和长度，用两个断面积的平均值乘以长度，计算出体积，再换算成质量，进而测算出树干生物量。

⑤枝叶生物量。枝叶采用分层、分级调查。从第一活枝起，将树冠等分三层，然后在各层内以枝基径＜1.0 厘米、1.0～2.0 厘米、2.0～4.0 厘米、＞4.0 厘米为标准进行分级，统计各层、各等级枝数，每级选取 3 个标准枝称取带叶枝总鲜重（对于基径大于 10.0 厘米的树枝按乔木树干生物量测定方法测定），然后分层、分级称取带叶枝总鲜重，随后摘净叶，再称总去叶鲜重，算出总叶鲜重和总枝鲜重。同时分层、分级各称取一定量的枝、叶样品一份（样品质量以足够每项测定项目三个重复为标准），装入自封袋做好标记，带回实验室，在 70～80℃ 烘箱内烘干至恒重，测定含水率并算出干物质生物量。

⑥根系生物量。分不同方向（树干基部的坡上、坡下、左、右）、层次（0～20 厘米、20～40 厘米、40～60 厘米、60～80 厘米、80～100 厘米等层次，直至无根系分布）挖取树木根系，用水冲洗，风干后按直径＜1.0 厘米、1.0～2.0 厘米、2.0～5.0 厘米、5.0～10.0 厘米、＞10.0 厘米五类，分层分类称重。随机抽取 1 千克样品，装入自封袋做好标记，带回实验室烘干，得出干物质生物量。

(3) 灌木层生物量。

①样地设置。在样地内设置 5 个 2 米×2 米的灌木样方。

②采样工具。测绳、枝剪、小锯、铁锹、塑料袋、布袋、天平、记号笔等。

③生物量测定。和乔木层测定方法一样。

(4) 草本层生物量。

①样地设置。在样地内设置 5 个 1 米×1 米的小样方。

②采样工具。样方框、枝剪、铁锹、塑料袋、布袋、天平、记录表、记号笔等。

③生物量测定。记录每一种草本植物样地的物种名和数量，观察判断样地内每一草本植物物种所覆盖面积的百分率。

选择生物量生长高峰期月份进行采伐，按照植物物种，收割每一样地的草本植物，并称取其质量。

取混合样 1 千克带回烘干，计算草本植物干重，进而测算草本植物生物量。

(5) 层间植物生物量。层间植物主要以藤蔓和附生植物为主。调查样方中出现的藤蔓、附生植物的种类和数量。测定所有个体的胸径，可与乔木、灌木样方的调查同时进行。生物量的观测可根据层间植物种类特点，分别参照乔木、灌木或草本层生物量的观测方法进行。

(6) 植被净初级生产力。根据植被生物量的动态数据，可用增重累积法对植被净初级生产力（NPP）进行测算。

9.3.1.3 数据处理

(1) 标准木生物量。公式如下：

$$W_i = W_R + W_S + W_B + W_L \tag{9-13}$$

式中：W_i——标准木生物量（千克）；

W_R——根系生物量（千克）；

W_S——树干生物量（千克）；

W_B——树枝生物量（千克）；

W_L——树叶和花、果生物量（千克）。

(2) 单位面积乔木生物量。公式如下：

$$W = \frac{G}{\sum_{i=1}^{n} g_i} \times \sum_{i=1}^{n} W_i \tag{9-14}$$

式中：W——单位面积乔木生物量（千克）；

G——胸高总断面积（平方米）；

g_i——标准木胸高断面积（平方米）；

W_i——标准木生物量（千克）。

(3) 净初级生产力。公式如下：

$$NPP = \frac{W_a - W_{a-n}}{n} \tag{9-15}$$

式中：NPP——植被年净初级生产量[千克/（公顷·年）]；

W_a——第 a 年测定的生物量（千克/公顷）；

W_{a-n}——第 $a-n$ 年测定的生物量（千克/公顷）；

n——间隔年数（年）。

(4) 植被层碳储量。

①乔木层碳储量。根据乔木层各树种实测生物量和各树种含碳率相乘累加求得，其中某一树种单位面积碳储量的计算公式如下：

$$Q_T = B_s \times S_{soc} + B_b \times B_{soc} + B_l \times L_{soc} + B_r \times R_{soc} \tag{9-16}$$

式中：Q_T——某一树种单位面积碳储量（千克/公顷）；

B_s、B_b、B_l、B_r——干、枝、叶、根的生物量（千克/公顷）；

S_{soc}、B_{soc}、L_{soc}、R_{soc}——干、枝、叶、根的含碳率（%）。

②灌木层碳储量。根据灌木层各灌木实测生物量和含碳率相乘累加求得，其中某一灌木单位面积碳储量的计算公式如下：

$$Q_S = B_S S_S \tag{9-17}$$

式中：Q_S——某一种灌木单位面积碳储量（千克/公顷）；

B_S——某一种灌木单位面积生物量（千克/公顷）；

S_S——某一种灌木含碳率（%）。

③草本层碳储量。根据草本层各草本实测生物量和含碳率相乘累加求得，其中某一草本单位面积碳储量的计算公式如下：

$$Q_H = B_H S_H \tag{9-18}$$

式中：Q_H——某一种草本单位面积碳储量（千克/平方米）；

B_H——某一种草本单位面积生物量（千克/平方米）；

S_H——某一种草本含碳率（%）。

④凋落物层碳储量。公式如下：

$$Q_L = B_L S_L \tag{9-19}$$

式中：Q_L——单位面积凋落物碳储量（千克/平方米）；

B_L——单位面积凋落物生物量（千克/平方米）；

S_L——凋落物含碳率（%）。

⑤层间植物碳储量。根据层间植物种类特点，可分别参照乔木、灌木、草本层碳储量测算方法计算。

(5) 植被年净固碳量。公式如下：

$$Q_净 = 1.63 \times NPP \times 27.27\% \tag{9-20}$$

式中：$Q_净$——植被年净固碳量[千克/(平方米·年)]；

NPP——植被净生产力[千克/(平方米·年)]；

1.63——植被积累1克干物质，可以固定1.63克CO_2；

27.27%——CO_2中碳含量。

9.3.2 典型森林植被生物量及碳储量

9.3.2.1 不同植被类型生物量特征

通过 2012 年 SPOT5 遥感影像和 1 : 10 万南瓮河国家级自然保护区地形林相图解译，结合实地调查，将南瓮河国家级自然保护区植被划分为5种类型：森林、森林沼泽、灌丛沼泽、草本沼泽及沼泽化草甸，各类型面积见表9-6。对这 5 类分别进行野外生物量采集，经实验室烘干、称量、统计得到生物量数据，结果见表 9-7。

表 9-6 研究区不同植被类型面积

类型	面积（公顷）	占比（%）
森林	133471.08	59.48
草本沼泽	84500.28	37.65
灌丛沼泽	313.11	0.14
森林沼泽	3315.69	1.48
沼泽化草甸	2812.59	1.25

经过计算统计，森林类型中落叶松纯林生物量为 37～53 吨/公顷、落叶松—白桦林 45～69 吨/公顷、白桦纯林 89～139 吨/公顷、其他阔叶树林 95～110 吨/公顷，平均值为 88.93 吨/公顷；森林沼泽因常年积水，主要乔木类型为毛赤杨，草本多为薹草和其他水生植物群落，其平均生物量为 39.55 吨/公顷；草本沼泽主要植物为大叶章、小叶章为主的植被群落，平均生物量为 6.58 吨/公顷；灌丛沼泽主要灌木为柴桦、笃斯越橘，平均生物量为 9.86 吨/公顷；沼泽化草甸主要植被为薹草及其他水生植物群落，平均生物量为 4.86 吨/公顷。

表 9-7 生物量采集数据统计表

类型	样点数（个）	最小值（克/平方米）	最大值（克/平方米）	平均值（克/平方米）	标准差（克/平方米）
森林	19	3782	13952	8893	865
草本沼泽	9	575	756	658	56
灌丛沼泽	9	958	1023	986	423
森林沼泽	12	2824	5536	3955	1240
沼泽化草甸	6	436	563	486	53

9.3.2.2 不同植被类型生物量估算

利用各类型面积和单位面积平均生物量估算南瓮河国家级自然保护区总生物量结果见表 9-8。初步估算黑龙江省南瓮河国家级自然保护区植被地上生物量总量为 1257.35 万吨，其中，森林生物量为 1186.96 万吨、草本沼泽生物量为 55.60 万吨、森林沼泽生物量为 13.11

万吨、灌丛沼泽和沼泽化草甸生物量共计1.68万吨。总体上看单位面积的生物量森林＞森林沼泽＞灌丛沼泽＞草本沼泽＞沼泽化草甸，而总生物量森林＞草本沼泽＞森林沼泽＞沼泽化草甸＞灌丛沼泽，原因是由于南瓮河国家级自然保护区有相当大面积的草本沼泽湿地，而森林沼泽和沼泽化草甸面积较小。

表9-8　各植被类型生物量

类型	平均生物量（吨/公顷）	总生物量（吨）	生物量占比（%）
森林	88.93	11869583.14	94.41
草本沼泽	6.58	556011.84	4.42
灌丛沼泽	9.86	3087.26	0.02
森林沼泽	39.55	131135.54	1.04
沼泽化草甸	4.86	13669.19	0.11
合计	—	12573486.98	100

9.3.2.3 嫩江源地上植被碳储量

分别在5种类型中采集样品进行含碳量的测定，经测定、统计各类型平均含碳率为森林0.491、森林沼泽0.482、草本沼泽0.413、灌丛沼泽0.445、沼泽化草甸0.408。由各类型的总生物量和平均含碳率计算植被碳储量见表9-9。

表9-9　各植被类型碳储量

类型	平均含碳率（%）	总碳储量（吨）	碳储量占比（%）
森林	0.491	5827965.32	95.11
草本沼泽	0.413	229632.89	3.75
灌丛沼泽	0.445	1373.83	0.02
森林沼泽	0.482	63207.33	1.03
沼泽化草甸	0.408	5577.03	0.09
合计	—	6127756.40	100

经研究表明，南瓮河国家级自然保护区地上植被总生物量约为1257.35万吨，总碳储量约为612.78万吨。韦昌雷等（2016）对大兴安岭2013年森林碳储量估算约为24928.66万吨，南瓮河国家级自然保护区地上植被碳储量占全区森林碳储量的2.5%，而面积仅占全区的0.028%，所以说南瓮河国家级自然保护区在大兴安岭具有较强的碳储量和碳汇价值。

本研究仅限于在不同植被类型尺度上对南瓮河国家级自然保护区的生物量和碳储量进行了研究与测算，而在具体树种、林型、林组等方面划分比较粗略，在动物和地下生物等的含碳率和碳储量都没有进行研究和估算，研究存在不足，有待进一步深入研究。

9.4 森林生态系统凋落物特征

森林凋落物是指森林生态系统内,由生物组分产生的并归还到林地表面,作为分解者的物质和能量的来源,借以维持生态系统功能的所有物质总称(王凤友,1989)。森林凋落物最初均作为森林生态系统的总初级生产力,维持整个森林生态系统的结构和功能,接着又以凋落物的形式归还土壤,构成土壤与生物间的物质循环,成为生物地球化学循环的重要环节,发挥其独特的生态功能(周存宇等,2003)。

森林凋落物的研究有较长的研究历史,较成熟的研究方法和卓越的研究成果。森林凋落物是森林生态系统养分物质循环中植物与土壤的"桥梁"(冷海楠,2016),对于维持森林生态系统的养分平衡和促进物质循环有重要作用。因此,未来的研究应以中国森林生态系统定位观测研究网络(CFERN)为依托,采用统一研究方法,在不同气候带进行研究,获得可比性强的观测研究数据。

通过对森林生态系统凋落物研究,获取年凋落物量和凋落物分解速率的准确数据,掌握凋落物分解规律,探讨凋落物种类、数量和贮量上的消长与森林生态系统物质循环及养分平衡的相互关系,为研究森林土壤有机质的形成和养分释放速率、测算森林生态系统的生物量和生产力奠定基础。

9.4.1 观测方法

9.4.1.1 观测内容

年凋落物量及其组分含量、凋落物分解速率。

9.4.1.2 观测和采样方法

(1)样地设置。在代表性区域的典型林分杜鹃落叶松林内设置观测样地;样地要求生境条件、植物群落种类组成、群落结构、利用方式和强度等具有相对一致性;垂直带谱上样地应设置在每带的中部,且坡度、坡向和坡位应相对一致;样地不应设置在过渡性地带。

按照不同森林群落类型的最小取样面积(表现面积)确定固定样地大小(一般为0.1~20公顷),每种森林类型设置1~3个,四角埋设条石或PC管标记、周边绳圈。用全球定位仪确定样地及被测林木地理位置、海拔高度;破坏性调查不能在该固定样地内进行;所有的野外试验设施应处于样地外。

(2)采样方法。

①采样点设置。在每个样地内坡面上、中、下部与等高线平行各设置一条样线。环境异质性较小的林分,每条样线上等距设3个采样点;环境异质性较大的林分,在每条样线上

设置5个采样点。

②采样。

凋落物采样：凋落物采用直接收集法收集。用孔径为1.0毫米的尼龙网做成1米×1米×0.25米的收集器，网底离地面0.5米，置于每个采样点。采样时间以秋季落叶时间为准。将收集的凋落物按叶，枝条，繁殖器官（果、花、花序轴、胚轴等），树皮，杂物（小动物残体、虫鸟粪和一些不明细小杂物等）5种组分分别采样，带回实验室。

现存凋落物（林地枯落物）采样：在样地内划定1米×1米小样方，将小样方内所有现存凋落物按未分解层、半分解层和分解层分别收集，装入尼龙袋中，带回实验室。森林生态系统现存凋落物按未分解层、半分解层和分解层分层，具体特征见表1-6所述。

(3) 样品分析。

①年凋落物量的测定。将样品带回实验室，70～80℃烘干至恒重，按组分分别称重，测算林地单位面积凋落物干重。

②凋落物现存量的测定。将样品带回实验室，70～80℃烘干至恒重，称重，测算林地单位面积现存凋落物干重。

③凋落物分解速率的测定。将烘干的凋落物每200克装入网眼2毫米×2毫米的尼龙纱网袋（20厘米×25厘米）中并编号，每种样品重复3～5个。模拟自然状态平放在样地凋落物层中，使网袋上表面与地面凋落物相平，网袋底部应接触土壤A层。依据研究目的（每份样品可分为叶样，也可是叶、枝、花、果、皮等按比例的混合样；可以分为同一树种或样地内所有树种的混合样。放置的地点可以是同一生境，也可以是不同生境），每月取回样袋，清除样袋附着杂物，70～80℃烘干至恒重后称重，得到残留凋落物量。然后将样袋放在潮湿环境中，吸水至取回实验室时的含水量后，再放回原处。按月定期测定，即可获得凋落物逐月的分解过程。连续数年，直至样品完全失去原形，即可获得凋落物完整的逐年分解过程。

9.4.1.3 数据处理

(1) 年凋落物量。公式如下：

$$Q_1 = Q_2 \times 10^{-2} \tag{9-21}$$

式中：Q_1——年凋落物量（吨/公顷）；

Q_2——年凋落物量（克/平方米）；

10^{-2}——由克/平方米换算成吨/公顷的进率。

(2) 凋落物组分含量。公式如下：

$$C = Q_d / Q \times 100\% \tag{9-22}$$

式中：C——凋落物中各组分含量（%）；

　　　Q_d——叶片、枝条、果、树皮和繁殖物、杂物等凋落物干重（克/平方米）；

　　　Q——凋落物干物质总量（克/平方米）。

（3）凋落物现存量。公式如下：

$$M_{jb}=M_1\times 10^4 \tag{9-23}$$

式中：M_{jb}——1公顷凋落物现存量（千克/公顷）；

　　　M_1——1米×1米年凋落物现存量（千克/平方米）；

　　　10^4——将公顷换算为平方米的进率。

（4）凋落物分解速率。公式如下：

$$R=(Q_0-Q_1)/Q_0\times 100\% \tag{9-24}$$

式中：R——凋落物分解速率（%）；

　　　Q_0——原始凋落物干重（克/平方米）；

　　　Q_1——残留凋落物干重（克/平方米）。

9.4.2 典型森林凋落物特征

9.4.2.1 年凋落物量和组成特征

根据2018年9月至2019年8月监测结果，兴安落叶松林年凋落物量及其组成见表9-10。兴安落叶松林2018—2019年的年凋落物量为1.8183吨/（公顷·年），其中叶凋落物量占年凋落物总量的73.9%，在凋落物组成中，叶凋落物所占比例最大，其次是枯落树枝，繁殖器官和杂物最小。杂物多为鸟的羽毛、粪便和一些松萝等。

表9-10　兴安落叶松林年凋落物量及组成

年份	年凋落物量 [吨/（公顷·年）]					合计
	叶	枝	皮	繁殖器官	杂物	
2018—2019	1.344（73.9）	0.3263（17.9）	0.1007（5.6）	0.037（2）	0.0103（0.6）	1.8183

注：括号内数字为占总凋落物量的百分比。

凌华（2009）研究我国寒温带针叶林年凋落物量在1.4～8.89吨/（公顷·年），王健健等（2013）研究发现呼中寒温带成熟林的年凋落物量为1.88吨/（公顷·年），这与南瓮河国家级自然保护区兴安落叶松林测定的年凋落物量为1.8183吨/（公顷·年）相接近，表明同凌华和王健健等人的研究结果相符；张东来（2006）在帽儿山林区调查落叶松林年凋落量为4.08吨/（公顷·年），相比之下南瓮河国家级自然保护区兴安落叶松林年凋落物量较少，原因是南瓮河国家级自然保护区处于寒温带地区，与帽儿山纬度差异较大，较之水热条件相对差、植物生产力较低、物质循环周期缓慢，凋落物量较小，再者与树种、林分结构及林龄有关。研究表明凋落物叶占凋落物总量的60%~80%（王凤友，1989），调查所得的凋落物组成及各质量所占比与研究结论相一致。

9.4.2.2 凋落物现存量

对兴安落叶松林地表凋落物现存量调查结果见表9-11，凋落物未分解层有6631.67千克/公顷，半分解层有7369.47千克/公顷，总地表未分解和半分解的凋落物共有14001.14千克/公顷。

表9-11 兴安落叶松林凋落物现存量

千克/公顷

类别	观测点									平均
	1	2	3	4	5	6	7	8	9	
未分解层	17337.5	7085	3417.5	6092.5	2520	6775	5830	4947.5	5680	6631.67
半分解层	6546.4	8226.9	12633.2	7921.7	5971.4	5935.9	5585.3	9491.6	4012.8	7369.47
合计	23883.9	15311.9	16050.7	14014.2	8491.4	12710.9	11415.3	14439.1	9692.8	14001.14

9.4.2.3 凋落物叶的失重率

森林凋落物在分解过程中，其质量会发生变化，通常用凋落物失重率表示。在森林凋落物中，落叶占主要部分，落叶的分解过程反映了森林凋落物养分归还土壤的基本特征（王凤友，1989）。2018年9月收集兴安落叶松林凋落物叶，称取600克分成60份，每份10克，放入分解袋中（另称取相同重量样品70~80℃条件下烘干至恒重）。于2018年10月末放回3块实验样地中，使样品直接与土壤腐殖质层接触自行分解。于2019年6月初、2019年10月初、2020年6月初、2020年10月初4次每次取回5袋，清除草根泥土、清水冲洗，烘干，测干重并计算分解速率。

在野外模拟兴安落叶松凋落物叶的自然分解，经过两年调查，凋落物叶残留物重量随时间变化情况见表9-12，从残留重量变化和损失重量可以看出，兴安落叶松凋落物叶量在持续减少，残留重量在减少，损失重量持续增加；从失重率变化来看，从刚开始的2.02%到22.61%，凋落叶的损失量有增加的趋势。而根据其他学者的研究可以看出兴安落叶松的凋落物叶分解速率比较缓慢（郭忠玲等，2006；孔欣，2017；赵鹏武，2009）。

表9-12 兴安落叶松凋落物叶损失重量及失重率

分解天数（天）	残留重量（克）	损失重量（克）	失重率（%）
0	8.89	0	0
240	8.71	0.18	2.02

(续)

分解天数（天）	残留重量（克）	损失重量（克）	失重率（%）
367	7.93	0.96	10.8
604	7.77	1.12	12.6
734	6.88	2.01	22.61

分析监测期兴安落叶松凋落物叶分解失重率变化可知（图9-9），在0～734天的凋落物叶分解过程中，失重率有两次较大的波动，在分解初期失重较慢，然后加快，后又变缓，接着加快，呈现阶梯式上升趋势。在开始分解的0～240天和367～604天处于冬春季，兴安落叶松凋落物叶重量损失较小，但在240～367天和604～734天处于夏秋季，凋落物叶分解速率呈明显上升趋势。主要原因是在冬季，气温低，水分冻结呈固态，微生物等活动受阻，凋落物分解较慢；而在夏秋季，温度较高，降水较多，湿度较大，微生物和土壤动物等的活动频繁，加上各种有利条件，促使凋落物叶失重率增大（王相娥等，2009；曲浩等，2010；曾锋，2010）。

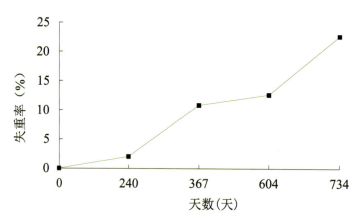

图9-9 兴安落叶松凋落物叶失重率随时间变化曲线

9.4.2.4 凋落物叶分解速率

凋落物的分解是一个复杂的动态过程，分解速率可以描述凋落物参与物质循环的多少和效率，在一定程度上间接地指示了森林生态系统物质循环和能量流动的效率。凋落物的分解过程常用指数模型进行预测，其中Olson模型（Olson，1963；刘增文，2006）对凋落物分解过程的模拟效果最佳，其计算公式如下：

$$\frac{X}{X_0} = e^{-kt} \tag{9-25}$$

式中：X——t时间凋落物残留量（克）；

X_0——凋落物的初始重量（克）；

k——凋落物分解速率[克/（克·年）]；

t——X与X_0之间的时间间隔（年）。

经过 SPSS 模型拟合，兴安落叶松凋落物叶的分解模型见表 9-13，兴安落叶松凋落物叶的分解速率为 0.146 克/（克·年）。

表 9-13　兴安落叶松凋落物叶 Olson 模型及分解速率

项目	Olson模型	分解速率[克/（克·年）]	相关系数（R^2）
凋落叶	$y=1.066e^{-0.146t}$	0.146	0.872

9.5 森林生态系统动物资源特征

野生动物是人类的宝贵资源，更是生物多样性和自然生态系统中不可代替的重要组成部分。在自然生态系统中，任何一个野生动物都发挥着无法取代的作用。随着时代的进步和社会的发展，保护野生动物已经成为我国的一项基本国策，但由于人类对野生动物资源的无尽索取，加之我国经济的快速发展、人口数量增长，野生动物种群及其栖息地不断遭受破坏，导致我国野生动物的生存受到了不同程度的威胁，部分物种甚至濒临灭绝。

通过对森林生态系统主要动物类群种类和分布、种群数量和密度、栖居生境和质量、行为轨迹以及动物能量代谢过程的长期连续观测，了解森林动物物种资源时空分布规律，分析其消长动态及原因，掌握森林动物行为生态学特征，客观评价动物物种资源利用和保护现状，为更有效合理地利用和保护森林生态系统动物资源，研究森林生态系统的次级生产力状况和能量流动规律提供科学依据。传统的动物监测方法主要是人工观测，需要投入较大的人力，且受环境条件因素影响大，和动物的数量密度间很难建立稳定的关系，降低了结果的可信度。对于陆生野生脊椎动物，传统调查方法通常是通过样线、样方调查，近年来，红外相机技术和全球定位系统追踪技术在脊椎动物监测中作用日渐凸显。

9.5.1 观测方法
9.5.1.1 观测内容
鸟类、两栖类、鱼类：种类和分布、种群数量和密度、栖居生境类型及质量。
兽类：种类和分布、种群数量和密度、栖居生境类型及质量。
9.5.1.2 观测方法
（1）鸟类观测方法。通常使用路线统计法。每种栖息地或生境类型设置一条至少 1 千米长的样线。观测人员按照预定的路线以 1～3 千米/小时的步行速度匀速前进，记录观测到的鸟类名称和数量，并记录鸟类出现的距离。把鸟类与行走路线的平均距离作为样带的宽度。观测时应注意不要重复记录，由后向前飞的鸟不予统计，只记录从前向后飞的鸟类，观测记录表参照国家标准《森林生态系统长期定位观测方法》(GB/T 33027—2016)。

(2) 两栖类和鱼类观测方法。①两栖类应选择在繁殖期进行观测。②每种生境类型，选择 5～10 个面积为 50 平方米的样方。③观测人员借助捕捉网、手电直接捕捉一昼夜，捕尽样方内所有两栖类动物和鱼类，记录其种类和数量。观测参照国家标准《森林生态系统长期定位观测方法》(GB/T 33027—2016) 执行。

(3) 小型兽类观测方法。通常采用标记重捕法。在一定面积的观测区域捕获某种群 M 只动物个体，利用标签植入器将植入式标签植入动物体表，以作标记，同时记录该标签对应的动物个体信息，然后立即在原地释放。标记个体和未标记个体充分混杂后，第二次样本捕获 n 只动物个体，用手持式标签识别器可获知，其中 m 只是标记过的。可由此计算观测区域内该动物的种群密度。观测参照国家标准《森林生态系统长期定位观测方法》(GB/T 33027—2016) 执行。

(4) 大型兽类观测方法。根据生境类型，设置 3 条 5 千米样线，样线分布要均匀，应避开公路、村庄。观测人员沿样线以 1～3 千米/小时的步行速度匀速前进，记录观测到的动物个体种类和数量，并记录动物出现的距离。把动物与行走路线的平均距离作为样带的宽度。观测参照国家标准《森林生态系统长期定位观测方法》(GB/T 33027—2016) 执行。

9.5.1.3 数据处理

(1) 两栖类样方法观测数据处理。

①种群密度。公式如下：

$$d_i = \frac{n}{A} \tag{9-26}$$

式中：d_i——种群密度（只/平方米）；

n——样方中记录的个体数（只）；

A——样方面积（平方米）。

②种群平均密度。公式如下：

$$D = \frac{\sum d_i}{N} \tag{9-27}$$

式中：D——种群平均密度（个/平方米）；

d_i——第 i 样方的种群密度（个/平方米）；

N——样方总数（个）。

(2) 鸟类及大型兽类样线法观测数据处理。公式如下：

$$d_i = \frac{N_i}{2L \times \frac{\sum D_j}{N_i}} \tag{9-28}$$

式中：d_i——种群密度（只/平方米）；

　　　L——样线总长度（米）；

　　　N_i——动物 i 在观测样线中的所有记录数（只）；

　　　D_j——动物 i 中第 j 个个体距样线中线的垂直距离（米）。

（3）小型兽类标记重捕法观测数据处理。公式如下：

$$d_i = \frac{M \times n}{m \times A} \tag{9-29}$$

式中：d_i——种群密度（只/平方米）；

　　　A——样方面积（平方米）；

　　　M——标记动物个体（要除去死亡标记个体，只）；

　　　n——捕获取样量（只）；

　　　m——捕获样本中带标记的动物个体数（只）。

9.5.2 南瓮河国家级自然保护区动物资源

9.5.2.1 野生动物资源调查

2012 年 3 月，第二次全国陆生野生动物资源调查时，在南瓮河国家级自然保护区进行野生资源动物调查（表 9-14），研究区划分为 4 个样区 120 条样线进行兽类调查，5 月进行春季鸟类调查，6～8 月进行夏季鸟类和两栖爬行类动物调查。

表 9-14　南瓮河国家级自然保护区野生动物分布

纲	目	科	种
哺乳纲	6	16	49
鸟纲	16	40	216
爬行纲	2	3	7
两栖纲	2	3	6
鱼纲	7	12	31
合计	33	74	309

结果显示，保护区内有脊椎动物 5 纲 74 科 309 种（表 9-14），其中鸟类 216 种，国家一级保护鸟类 7 种，如东方白鹳、黑鹳、丹顶鹤、白鹤、白头鹤、黑嘴松鸡、金雕；国家二级保护鸟类 40 种（附表 2）；兽类 49 种，其中列为国家级保护动物 9 种，如紫貂、猞猁、水獭、棕熊、貂熊、马鹿、驼鹿、原麝和雪兔（表 9-15）。

其他陆生野生动物还有野猪、狍子等；鱼类 31 种，如细鳞鱼、鲤鱼、鲶鱼等；两栖、爬行类动物 13 种，如极北小鲵、花背蟾蜍等。

(1) 兽类。南瓮河国家级自然保护区的兽类已知有 6 目 16 科 49 种。属古北界东北区的大兴安岭亚区，东洋界的种类不多。该区内有蹄类占据主要地位，以驼鹿、马鹿、狍和野猪最为普遍，而狍的数量占据首位。兽类中被列入国家级保护动物的有 9 种（表 9-15），如紫貂、猞猁、水獭、棕熊、貂熊、马鹿、驼鹿、原麝和雪兔。

表 9-15　珍稀保护兽类统计

中文名	学名	保护等级		《濒危野生动植物种国际贸易公约》(CITES)	
		一级	二级	附录Ⅰ	附录Ⅱ
猞猁	*Lynx lynx*		○		○
棕熊	*Ursus arctos*		○	○	
紫貂	*Martes zibellina*	○			
貂熊	*Gulo gulo*	○			○
水獭	*Lutra lutra*		○	○	
雪兔	*Lepus timidus*		○		
原麝	*Moschus moschiferus*	○			○
马鹿	*Cervus elaphus*		○		
驼鹿	*Alces alces*		○		

(2) 鸟类。保护区有丰富的鸟类资源，鸟类区系组成以古北界鸟类为主，兼有东洋界鸟类和广布种。该区鸟类特点是冬季鸟类种类较少，水禽数量大。鸟类种类为 216 种，国家一级保护鸟类 7 种，二级保护鸟类 40 种（附表 2）。

(3) 两栖爬行类。南瓮河国家级自然保护区冬季寒冷漫长，作为变温动物，两栖、爬行类动物分布的种类较少，共有 4 目 13 种（附表 3 和附表 4），绝大多数属于古北界种类，以东北区成分为主。

(4) 鱼类。南瓮河国家级自然保护区属于嫩江水系，为嫩江源头地区，主要河流有南瓮河、南阳河、砍都河等。在南瓮河水域中，共有鱼类 12 科 31 种，以鲤科为主，其次为鲑科。

9.5.2.2　大型兽类观测

从 2015 年起，黑龙江南瓮河国家级自然保护区和嫩江源森林生态系统国家定位观测研究站利用红外相机及无人机开始监测野生动物，目前在保护区内共安置了 100 多台红外相机，已拍摄到许多珍贵动物视频。图 9-10 和图 9-11 是自然保护区内无人机拍摄的野猪和狍子；图 9-12 和图 9-13 是红外相机观测到野兔和猞猁出没的记录。观测结果显示，猞猁在观测区域内中午或者下午活动频繁，其气温在 4℃。

图 9-10　红外相机观测到野猪

图 9-11　夏季在湿地草本沼泽中观测到狍子

图 9-12　夜间红外相机拍摄到野兔

图 9-13　红外相机拍摄到猞猁

参考文献

陈晓燕，田有亮，包志刚，等，2009. 大青山主要植被类型土壤物理特性的研究 [J]. 水土保持通报（5）：30-34.

陈亚明，印艳华，1996. 大兴安岭森林开发对多年冻土季节融化层的影响 [M]// 第五届全国冰川冻土大会论文集（下册）. 兰州：甘肃文化出版社，1087-1091.

池波，蔡体久，满秀玲，等，2013. 大兴安岭北部兴安落叶松树干液流规律及影响因子分析 [J]. 北京林业大学学报，35（4）：21-26.

戴竞波，1982. 大安岭北部多年冻土地区地温特征 [J]. 冰川冻土，4（3）：53-62.

段晓男，王效科，逯非，等，2008. 中国湿地生态系统固碳现状和潜力 [J]. 生态学报，28（2）：463-469.

顾钟炜，周幼吾，1994. 气候变暖和人为扰动对大兴安岭北坡多年冻土的影响：以阿木尔地区为例 [J]. 地理学报，49（2）：182-187.

郭东信，王绍令，鲁国威，等，1981. 东北大小兴安岭多年冻土分区 [J]. 冰川冻土（3）：1-9.

郭忠玲，郑金萍，马元丹，等，2006. 长白山各植被带主要树种凋落物分解速率及模型模拟的试验研究 [J]. 生态学报（4）：1037-1046.

何瑞霞，金会军，常晓丽，等，2009. 东北北部多年冻土的退化现状及原因分析 [J]. 冰川冻土，31（05）：829-834.

洪雪姣，2012. 大、小兴安岭主要森林群落类型土壤有机碳密度及影响因子的研究 [D]. 哈尔滨：东北林业大学.

姜海燕，2008. 大兴安岭森林生态系统水文特性的研究 [D]. 哈尔滨：东北林业大学.

金会军，于少鹏，吕兰芝，等，2006. 大小兴安岭多年冻土退化及其趋势初步评估 [J]. 冰川冻土，28（4）：467-476.

孔欣，蒋光月，叶寅，等，2017. 兴安落叶松凋落物的分解规律及其影响因子的相互关系研究 [J]. 安徽林业科技，43（5）：22-25.

冷海楠，张玉，崔福星，等，2016. 森林凋落物研究进展 [J]. 国土与自然资源研究（6）：87-89.

李春，何洪林，刘敏，等，2008. ChinaFLUX CO_2 通量数据处理系统与应用 [J]. 地球信息科学学报（5）：557-565.

李克让，王绍强，曹明奎，2003. 中国植被和土壤碳贮量 [J]. 中国科学：地球科学（1）：72-

80.

李怒云，2007. 中国林业碳汇 [M]. 北京：中国林业出版社.

李小梅，张秋良，2015. 环境因子对兴安落叶松林生态系统 CO_2 通量的影响 [J]. 北京林业大学学报，37（8）：31-39.

林英华，贾旭东，徐演鹏，等，2015. 大兴安岭典型森林沼泽类型地表土壤动物群落与生态位分析 [J]. 林业科学，51（12）：53-62.

林英华，孙家宝，张夫道，2009. 我国重要森林群落凋落物层土壤动物群落生态特征 [J]. 生态学报（6）：2938-2944.

凌华，陈光水，陈志勤，2009. 中国森林凋落量的影响因素 [J]. 亚热带资源与环境学报，4（4）：66-71.

刘庆仁，孙振昆，1993. 大兴安岭林区多年冻土与植被分布规律研究 [J]. 冰川冻土，15（2）：246-251.

刘增文，高文俊，潘开文，等，2006. 枯落物分解研究方法和模型讨论 [J]. 生态学报（6）：1993-2000.

鲁国威，翁炳林，郭东信，1993. 中国东北部多年冻土的地理南界 [J]. 冰川冻土，15（2）：214-218.

吕久俊，李秀珍，胡远满，等，2007. 呼中自然保护区多年冻土活动层厚度的影响因子分析 [J]. 生态学杂志，26（9）：1369-1374.

马海波，2009. 兴安落叶松树干液流速率及其影响因子的研究 [D]. 呼和浩特：内蒙古农业大学.

马秀枝，张秋良，李长生，等，2012. 寒温带兴安落叶松林土壤温室气体通量的时间变异 [J]. 应用生态学报（8）：2149-2156.

彭焕华，2010. 祁连山北坡青海云杉林冠截留过程研究 [D]. 兰州：兰州大学.

曲浩，赵学勇，赵哈林，等，2010. 陆地生态系统凋落物分解研究进展 [J]. 草业科学，27（8）：44-51.

宋永昌，2001. 植被生态学 [M]. 上海：华东师范大学出版社.

宋长春，张丽华，王毅勇，等，2006. 淡水沼泽湿地 CO_2、CH_4 和 N_2O 排放通量年际变化及其对氮输入的响应 [J]. 环境科学，27（12）：2369-2375.

孙广友，2000. 试论沼泽与冻土的共生机理——以中国大小兴安岭地区为例 [J]. 冰川冻土，22（4）：299-316.

孙菊，李秀珍，王宪伟，等，2010. 大兴安岭冻土湿地植物群落结构的环境梯度分析 [J]. 植物生态学报，34（10）：1165-1173.

谭俊，李秀华，1995. 气候变暖影响大兴安岭冻土退化和兴安落叶松北移的探讨 [J]. 内蒙古林业调查设计（1）：25-31.

田原，张秋良，刘璇，等，2018. 兴安落叶松树干液流与太阳辐射的时滞效应 [J]. 东北林业大学学报，46（5）：23-26.

田原，2020. 兴安落叶松胸径微变化对水热因子的响应机制 [D]. 呼和浩特：内蒙古农业大学.

王凤友，1989. 森林凋落量研究综述 [J]，生态学进展，6（2）：82-89.

王健健，王永吉，来利明，等，2013. 我国中东部不同气候带成熟林凋落物生产和分解及其与环境因子的关系 [J]. 生态学报（15）：4818-4825.

王京，刘丹丹，黄勇杰，等，2018. 大兴安岭重度火烧迹地地表土壤节肢动物群落特征 [J]. 动物学杂志，53（6）：878-889.

王连喜，陈怀亮，李琪，等，2010. 植物物候与气候研究进展 [J]. 生态学报，30（2）447-454.

王美莲，王飞，姚晓娟，等，2015. 不同林龄兴安落叶松枯落物及土壤水文效应研究 [J]. 生态环境学报，24（6）：925-931.

王相娥，薛立，谢腾芳，2009. 凋落物分解研究综述 [J]. 土壤通报，40（6）：1473-1478.

王赵，2009. 国际旅游岛：海南要开好康养游这个"方子" [J]. 今日海南（12）：12.

韦昌雷，赵希宽，李慧仁，2016. 黑龙江大兴安岭森林碳储量与碳汇估算 [J]. 防护林科技（06）：51-53.

魏智，金会军，张建明，等，2011. 气候变化条件下东北地区多年冻土变化预测 [J]. 中国科学：地球科学，41（1）：74-84.

吴振强，杜尧东，2014. 粤中地区木本植物春季物候特征及其对气候变化的响应 [J]. 气象与环境科学，37（1）：1-4.

徐文铎，何兴元，陈玮，等，2008. 近40年沈阳城市森林春季物候与全球气候变暖的关系 [J]. 生态学杂志，27（9）：1461-1468.

杨丽萍，秦艳，张存厚，等，2016. 气候变化对大兴安岭兴安落叶松物候期的影响 [J]. 干旱区研究，33（3）：577-583.

杨润田，张福臻，1990. 林区工程地质 [M]. 北京：中国林业出版社.

姚俊英，1998. 兴安落叶松、红松、红皮云杉物候期及气象指标 [J]. 黑龙江气象（4）：22-23.

元海义．1989. 正在退化中的大兴安岭多年冻土 [M]// 第五届全国冻土学术会议论文选集．北京：科学出版社：54-57.

曾锋，邱治军，许秀玉，2010. 森林凋落物分解研究进展 [J]. 生态环境学报，19（1）：239-243.

曾杰，郭景唐，1997. 太岳山油松人工林生态系统降雨的第一次分配 [J]. 北京林业大学学报，19（3）：7.

张东来, 2006. 帽儿山林区两种主要林分类型凋落物研究 [D]. 哈尔滨: 东北林业大学.

张艳, 吴青柏, 刘建平, 2001. 小兴安岭地区黑河北安段多年冻土分布特征 [J]. 冰川冻土, 23 (3): 312-317.

赵林, 盛煜, 2015. 多年冻土调查手册 [M]. 北京: 科学出版社.

赵鹏武, 宋彩玲, 苏日娜, 等, 2009. 森林生态系统凋落物研究综述 [J]. 内蒙古农业大学学报 (自然科学版), 30 (2): 292-299.

赵鹏武, 2009. 大兴安岭兴安落叶松林凋落物动态与养分释放规律研究 [D]. 呼和浩特: 内蒙古农业大学.

周存宇, 2003. 凋落物在森林生态系统中的作用及其研究进展 [J]. 湖北农学院学报, 23 (2): 140-145.

周梅, 余新晓, 冯林, 等, 2003. 大兴安岭林区冻土及湿地对生态环境的作用 [J]. 北京林业大学学报, 25 (6): 91-93.

周幼吾, 2000. 中国冻土 [M]. 北京: 科学出版社.

竺可桢, 宛敏渭, 1963. 物候学 [M]. 北京: 科学普及出版社.

庄凯勋, 侯武才, 2006. 大兴安岭东部国有林区的湿地资源现状及保护对策 [J]. 东北林业大学学报, 34 (1): 83-86.

Akerman H J, Johansson M, 2008. Thawing permafrost and thicker active layers in sub-arctic Sweden[J]. Permafrost and Periglacial Processes, 19:279-292.

Buddle C M, Langor D W, Pohl G R, et al, 2006. Arthropod responses to harvesting and wildfire: Implications for emulation of natural disturbance in forest management[J]. Biological Conservation, 128 (3): 346-357.

Chapin F S, Mcguire A D, Randerson J, et al, 2000. Arctic and boreal ecosystems of western North America as components of the climate system[J]. Global Change Biology, 6: 211-223.

Chen X Q, Xu L, 2012. Phenological responses of *Ulmus pumila* (Siberian Elm) to climate change in the temperate zone of China[J]. International Journal of Biometeorology, 56 (4): 695-706.

Christensen T R, Johansson T, Kerman H J, et al, 2004. Thawing sub-arctic permafrost: Effects on vegetation and methane emissions[J]. Geophysical Research Letters, 31 (4): 367-367.

Falge E, Baldocchi D, Olson R, et al, 2001. Gap filling strategies for defensible annual sums of net ecosystem exchange[J]. Agricultural & Forest Meteorology, 107: 43-69.

Gongalsky K B, Persson T, 2013. Recovery of soil macrofauna after wildfires in boreal forests[J]. Soil Biology & Biochemistry, 57 (3): 182-191.

Gorham E, 1991. Northern peatlands: Role in the carbon cycle and probable responses to climatic warming[J]. Ecological Applications, 1 (2): 182-195.

Gower S T, Krankina O, Olson R J, et al, 2001. Net primary production and carbon allocation patterns of boreal forest ecosystems[J]. Ecological Applications, 11 (5): 1395-1411.

Hoj L, Olsen, et al, 2008. Effects of temperature on the diversity and community structure of known methanogenic groups and other archaea in high Arctic peat[J]. Isme Journal, 2: 37-48.

IPCC, 2007. Climate Change 2007: The Physical Science Basis[M]. Cambridge University Press, New York.

Jin H, Yu Q, L Lü, et al, 2007. Degradation of permafrost in the Xing'anling Mountains, northeastern China[J]. Permafrost and Periglacial Processes, 18 (3): 245-258.

Jorgenson M T, Shur Y L, Pullman E R, 2006. Abrupt increase in permafrost degradation in Arctic Alaska[J]. Geophysical Research Letters, 33 (2): 356-360.

Jos, Lelieveld, Paul, et al, 1998. Changing concentration, lifetime and climate forcing of atmospheric methane[J]. Tellus B, 50: 128-150.

Kadlec R H, Knight R L, 1996. Treatment wetlands[M]. Boca Raton (FL): Lew is Publishers.

Kasischke E S, 2000. Boreal ecosystems in the global carbon cycle[M]. Springer New York.

Lal R, 2005. Forest soils and carbon sequestration[J]. Forest Ecology and Management, 220 (1/3): 242-258.

Liblik L, Moore T R, Bubier J L, et al, 2011. Methane emissions from wetlands in the zone of discontinuous permafrost: Fort Simpson, Northwest Territories, Canada[J]. Global Biogeochemical Cycles, 11 (4): 485-489.

Lindsey E Rustad, Thomas G Huntington, Richard D Boone, 2000. Controls on soil respiration: Implications for climate change[J]. Effects of soilwater content on soil respiration in forests and cattle pastures of eastern Amazonia. Biogeochemistry, 48 (1): 53-69.

McGuire A D, Melillo J M, Joyce L A, 1995. The Role of nitrogen in the response of forest net primary production to elevated atmospheric carbon dioxide[J]. Annual Review of Ecology and Systematics, 26.

Melillo J M, McGuire A D, Kicklighter D W, et al, 1993. Global climate change and terrestrial net primary production[J]. Nature, 363 (6426): 234-240.

Melillo J M, Steudler P A, Aber J D, et al, 2002. Soil warming and carbon-cycle feedbacks to the climate system[J]. Science, 298 (13): 2173-2175.

Middleton B, 1999. Wetland restoration, flood pulsing and disturbance dynamics [M]. New York: John Wiley & Sons, Inc.

Mitsch W J, Gosselink J G, 2000. Wetlands (3rd Ed.) [M]. NewYork: JohnWiley and Sons.

Moore T R, Roulet N T, Waddington J M, 1998. Uncertainty in Predicting the Effect of Climatic Change on the Carbon Cycling of Canadian Peatlands[J]. Climatic Change, 40 (2): 229-245.

Oleg Anisimov, Svetlana Reneva, 2006. 永久冻土与变化的气候：俄罗斯的前景 [J]. 李娜, 译. AMBIO—人类环境杂志 35 (4): 7.

Olson J, 1963. Energy storage and the balance of producers and decomposers in ecological systems[J]. Ecology, 44: 332-341.

Osterkamp T E, Romanovsky V E, 1999. Evidence for warming and thawing of discontinuous permafrost in Alaska[J]. Permafrost and Periglacial Processes, 10: 17-37.

Payette, Serge, 2004. Accelerated thawing of subarctic peatland permafrost over the last 50 years[J]. Geophysical Research Letters, 31 (18): 355-366.

Philip Camill, Jason A Lynch, James S Clark, et al, 2001. Changes in biomass, aboveground net primary production, and peat accumulation following permafrost thaw in the boreal peatlands of manitoba, Canada[J]. Ecosystems, 4 (5): 461-478.

Romanovsky V E, Sazonova T S, Balobaev V T, et al, 2007. Past and recent changes in air and permafrost temperatures in eastern Siberia[J]. Global and Planetary Change, 56: 399-413.

Schuur EAG, Vogel J G, Crummer K G, et al, 2009. The effect of permafrost thaw on old carbon release and net carbon exchange from tundra[J]. Nature, 459: 556-559.

Stendel M, 2002. Impact of global warming on permafrost conditions in a coupled GCM[J]. Geophysical Research Letters, 29 (13): 1632.

Steven W. Leavit, 1998. Biogeochemistry, an analysis of global change[J]. John Wiley & Sons, Ltd, 79 (2): 17-22.

T Zhang, R G. Barry, K Knowles, et al, 2008. Statistics and characteristics of permafrost and ground-ice distribution in the Northern Hemisphere[J]. Polar Geography, 31: 1-2.

Tarnocai C, Canadell J G, Schuur E A G, et al, 2009. Soil organic carbon pools in the northern circumpolar permafrost region[J]. Global Biogeochemical Cycles, 23 (2): GB2023.

Turetsky M R, Wieder R K, Vitt D H, 2002. Boreal peatland C fluxes under varying permafrost regimes[J]. Soil Biology & Biochemistry, 34 (7): 907-912.

Wardle D A, Hörnberg G, Zackrisson O, et al, 2003. Long-term effects of wildfire on ecosystem properties across an island area gradient[J]. Science, 300 (5621): 972.

Youwu Z, Yingxue W, Xingwang G, et al, 1996. Ground temperature, permafrost distribution and climate warming in northeastern china[J]. Journal of Glaciology and Geocryology, 18 (1): 139-147.

Zaitsev A S, Gongalsky K B, Persson T, et al, 2014. Connectivity of litter islands remaining after a fire and unburnt forest determines the recovery of soil fauna[J]. Applied Soil Ecology, 83.

Zimov S A, Schuur EAG, Chapin F S, 2006. Permafrost and the Global Carbon Budget[J]. Science, 312: 1612-1613.

附　录

台站与研究区介绍

一、嫩江源森林生态站简介

嫩江源森林生态站是国家陆地生态系统定位观测研究站网（CTERN）、中国森林生态系统定位研究网络（CFERN）成员站之一，是长期定位监测和研究我国寒温带森林、湿地、冻土复合生态系统生态环境的国家林草科技创新平台。归口管理单位为大兴安岭林业集团公司，技术依托和建设单位为大兴安岭地区农业林业科学研究院，共建单位为黑龙江南瓮河国家级自然保护区管理局和中国科学院西北生态环境资源研究院。嫩江源森林生态站承担数据积累、监测评估、科学研究等任务，重点开展寒温带生态系统长期定位观测、生态系统服务功能与效益监测评估、生态系统保护与修复、生物多样性保护和碳汇计量与监测等研究。

主站地址位于黑龙江南瓮河国家级自然保护区内，地理坐标为东经125°07′53″、北纬51°07′40″；气候带属于温带与寒温带过渡区，植被气候区为东北温带针叶林及针阔混交林地区，主要植被类型以寒温带明亮针叶林为主，伴有杨、桦林，以及草甸和沼泽等。

嫩江源森林生态站2005年筹建，2006年获国家林业局批复建站，2009年完成一期建设，2014年完成二期建设。现建有617平方米综合实验楼1幢，森林、岛状林和湿地综合观测塔3个，坡面径流场5个，集水区测流堰1个，不同类型的长期固定监测样地9个，面积1公顷的杜鹃—兴安落叶松林大样地1块，临时监测样地50块，仪器设备50余台套（图1至图10）。

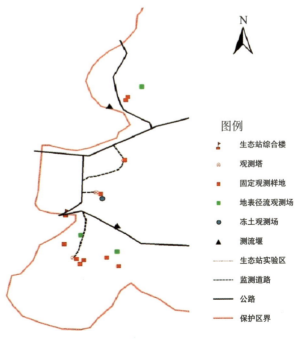

图1　嫩江源森林生态站监测样地及设施布局

图2 嫩江源森林生态站综合实验楼

图3 兴安落叶松林综合观测塔

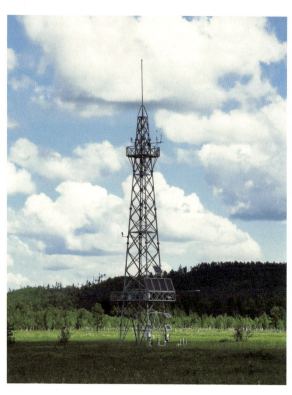

图4 湿地综合观测塔

图 5 落叶松林坡面径流场

图 6 冻土活动层观测场

图 7 森林水文观测场

图 8 落叶松树干液流蒸腾测量观测场

图 9 集水区测流堰

图 10 小气候观测场

2016年，嫩江源森林生态站获得"全国生态建设突出贡献先进集体"荣誉称号。2019年被国家林业和草原局设立为首批国家林业和草原长期科研基地；2020年获授牌"国家天然林保护工程嫩江源监测站""国家级公益林嫩江源监测站"和国家林业和草原局"典型林业生态工程效益监测评估国家创新联盟指定机构"；2021年获国家林业和草原局授牌"国家林草生态综合监测站"和"国家级公益林生态效益监测站"。

按照国家标准《森林生态系统长期定位观测指标体系》（GB/T 35377—2017）和《森林生态系统长期定位观测方法》（GB/T 33027—2016）开展森林生态系统水文、土壤、气象和生物等生态要素指标长期定位观测与研究，为我国森林生态系统管理提供基础的长期监测数据，为大兴安岭生态文明建设和经济社会可持续发展提供科技支撑。建站以来承担了国家林业公益性行业科研专项、国家自然科学基金等各级各类项目16项，研究成果获梁希林业科学技术奖一等奖1项，黑龙江省科技进步奖三等奖1项，获地区科技进步奖特等奖1项、一等奖2项、二等奖2项，发表论文40余篇。

与国内外多所大学、研究机构建立了良好的合作关系，接待德国、加拿大、美国、荷兰等国专家，以及中国科学院西北生态环境资源研究院、中国科学院沈阳应用生态研究所、北京大学、东北林业大学等单位的专家学者进站开展科学考察与研究，平均每年50余人次（图11至图15）。

现有在职固定科研人员11名，其中：正高级职称1名、副高级职称7名、中级职称2名、初级职称1名；博士1名、硕士5名、本科5名；省级领军人才梯队后备带头人2名，地级市领军人才梯队带头人3名、后备带头人3名、第三梯队带头人2名。

图11　2014年联合承办大兴安岭生态文明论坛

图 12　嫩江源森林生态站第一届学术委员会

图 13　加拿大专家到嫩江源森林生态站考察交流

图 14　清华大学学生到嫩江源森林生态站暑期社会实践

图 15　生态站学术交流及技术培训

二、研究区概况

1. 地质地貌

嫩江源森林生态站所在的黑龙江南瓮河国家级自然保护区处于大兴安岭支脉伊勒呼里山南麓，地理坐标为东经 125°07′55″ ～ 125°50′05″、北纬 51°05′07″ ～ 51°39′24″，属低山丘陵地貌，地形起伏不大，地势北高南低，西高东低，海拔高度一般在 500 ～ 800 米，最低海拔 370 米，最高海拔 1044 米。

研究区河谷宽阔，其成因与本区普遍分布的永冻层和季节性冻层有关，由于永冻层和季节性冻层的存在，河流下切作用受阻，所以加剧了侧向侵蚀，致使河流两岸不断冲蚀，加之古冰川的削平作用，逐渐使原来的窄河谷加宽，河流越往下游，河谷越开阔，形成比较宽阔的河谷。河流蜿蜒曲折，在河谷地区分布多个牛轭湖和水泡子。由于冻层形成隔水板，地表水难以下渗，加之平坦地形排水能力差，为沼泽湿地形成奠定了基础。溪流上游普遍分布着河谷和沼泽，河流经改道、植被演替和泥土堆积等因素的影响，形成了独特的森林植被结构——岛状林。

2. 气候

嫩江源森林生态站地处温带与寒温带过渡区，气候寒冷。冬季受西伯利亚蒙古高原气团影响，严寒而干燥，风向多西北风。夏季受海洋气团影响，温暖多雨，风向多为偏东南风。昼夜温差较大，全年平均气温-3℃左右，大于10℃年积温1400～1500℃；极端最低、最高温度分别为-48℃和36℃，年日照时数2500小时左右，最高与最低日照时数差值较大，夏至日照时数最长，冬至日照时数最短。

研究区自5月下旬即开始进入无霜期，延续到9月上旬，为90～100天，植物生长期较短。尤其在干旱年份，日温差加剧，造成晚霜推迟、早霜先至的现象，从而形成霜寒。

研究区年均降水量在500毫米左右，且80%以上都集中在温暖季节（6～8月），形成了有利于植物生长的条件。但由于永冻层的存在，降水除滞留地表形成大面积的沼泽外，大多流入河流而排掉。加之蒙古草原风的作用，每年蒸发量一般在1000毫米左右，为降水量的2倍左右，尤其是在5月常有大风天气并且降水较少，致使林木草甸火险增多。9月末至10月初开始降雪，消融时间在4月下旬至5月初，稳定积雪覆盖日数可达200天以上，最大积雪厚度为30～40厘米。

3. 水文

研究区河流密布，不对称槽形河谷十分宽阔，流水的侧蚀比纵蚀强烈，河曲明显，河谷中普遍分布有牛轭湖及水泡，其水系属嫩江水系，为嫩江的主要发源地，境内河流均为嫩江支流，主要河流有二根河、南阳河、南瓮河、砍都河，其流向大体由北（西北）向南（西南）贯穿全境后注入嫩江，这些河谷在本区内下降平缓，流速不大，故多沼泽化，而使其流域几乎全部形成沼泽，从而形成特有的湿地景观。

4. 土壤

嫩江源森林生态站研究区内地带性土壤为棕色针叶林土，其次为暗棕壤、河滩森林土、沼泽土和草甸土。土壤特点及分布规律如下：

棕色针叶林土是寒温带具有代表性的土壤。主要分布在兴安落叶松和次生白桦林下。土层厚度一般在16～30厘米，含石砾30%～40%，表层腐殖质含量较高，土壤肥力中等，呈酸性反应，pH一般在4.0左右。

暗棕壤分布在海拔370～650米阔叶林下的低山丘陵地带，成土地段一般在向阳不同的坡度处，排水良好，森林凋落物分解较快，土壤表层腐殖质含量较高，土壤呈酸性反应，具有较高的肥力。林型多为柞树林、黑桦林、柞树落叶松林等。

河滩森林土是在较大河流沿岸的河洼杨柳林和溪旁落叶松林下的特有土壤。土壤中含有丰富的腐殖质、有机物质的淤泥颗粒和沙粒，并由卵石和河水沉积物等冲积形成的。土壤层次分明，林地生产力高。

沼泽土集中在沿河两岸、平坦山顶或沟系、常年或季节性积水的低洼地带分布。沼泽土泥炭含量较高，腐殖质层较厚，潜育化明显，土壤含冰现象普遍，由于积水，地温低，影响腐殖质分解，故肥力低。

草甸土是在草甸植被下形成的土壤。主要分布在河漫滩和山谷地上，属于二级阶地。

5. 植物资源

研究区在大兴安岭植被区域中，属南部蒙古栎—兴安落叶松林区，植被较丰富，研究区内有植物61科442种，植被从上到下可分为明显的三层，即乔木层、灌木层和草本层。

主要乔木树种有兴安落叶松（*Larix gmelinii*）、白桦（*Betula platyphylla*）、山杨（*Populous davidiana*）、蒙古栎（*Quercus mongolica*）、黑桦（*Betula dahurica*）、大黄柳（*Salix raddeana*）等，这些乔木树种是构成研究区森林资源的主体。

主要灌木有兴安杜鹃（*Rhododendron dauricum*）、毛榛（*Corylus mandshurica*）、榛（俗称平榛 *Corylus heterophylla*）、胡枝子（*Lespedeza bicolor*）、绣线菊（*Spiraea salicifoia*）、兴安柳（*Salix hsinganica*）、兴安圆柏（*Juniperus sabina* var. *davurica*）、刺蔷薇（*Rosa acicularis*）、山刺玫（*Rosa davurica*）、兴安悬钩子（*Rubus chamaemorus*）、蓝靛果忍冬（*Lonicera caerulea*）、柴桦（*Betula fruticosa*）、杜香（*Ledum palustre*）、笃斯越橘（*Vaccinium uliginosum*）、沼柳（*Salix rosmarinifolia* var. *brachypoda*）、越橘（*Vaccinium vitis-idaea*）等。

主要草本植物有大叶章（*Deyeuxia purpurea*）、红花鹿蹄草（*Pyrola incarnata*）、蒙古黄芪（*Astragalus membranaceus* var. *mongholicus*）、薹草（*carex* spp.）、禾本科草（*Poaceae*）、矮山黧豆（*Lathyrus humilis*）、草苁蓉（*Boschniakia rossica*）、苔藓（*Bryophyta*）、大叶野豌豆（*Vicia pseudo-orobus*）、委陵菜（*Potentilla chinensis*）等。

6. 动物资源

研究区内野生动物种类较多，共74科309种。其中，国家一级保护野生动物有黑嘴松鸡（*Tetrao parvirostris*）、东方白鹳（*Ciconia boyciana*）、黑鹳（*Ciconia nigra*）、白鹤（*Grus leucogeranus*）、金雕（*Aquila chrysaetos*）、紫貂（*Martes zibellina*）、貂熊（*Gulo gulo*）等；国家二级保护野生动物有鸳鸯（*Aix galericulata*）、马鹿（*Cervus elaphus*）、驼鹿（*Alces alces*）、棕熊（*Ursus arctos*）、花尾榛鸡（*Bonasa bonasia*）、雪兔（*Lepus timidus*）和大天鹅（*Cygnus cygnus*）等。其他陆生野生动物还有野猪（*Sus scrofa*）、狍子（*Capreolus capreolus*）等。

附　表

表1　嫩江源森林生态站兴安落叶松林主要植物名录

植物名称	科	属	学名
1. 蕨	蕨科	蕨属	*Pteridium aquilinum* var. *latiusculum*
2. 兴安落叶松	松科	落叶松属	*Larix gmelini*
3. 山杨	杨柳科	杨属	*Populus davidiana*
4. 大黄柳	杨柳科	柳属	*Salix raddeana*
5. 毛赤杨	桦木科	赤杨属	*Alnus hirsuta*
6. 白桦	桦木科	桦木属	*Betula platyphylla*
7. 黑桦	桦木科	桦木属	*Betula dahurica*
8. 蒙古栎	壳斗科	栎属	*Quercus mongolica*
9. 半钟铁线莲	毛茛科	铁线莲属	*Clematis sibirica* var. *ochotensis*
10. 唐松草	毛茛科	唐松草属	*Thalictrum aquilegifolium* var. *sibiricum*
11. 绣线菊	蔷薇科	绣线菊属	*Spiraea salicifolia*
12. 东方草莓	蔷薇科	草莓属	*Fragaria orientalis*
13. 山刺玫	蔷薇科	蔷薇属	*Rosa davurica*
14. 石生悬钩子	蔷薇科	悬钩子属	*Rubus saxatilis*
15. 地榆	蔷薇科	地榆属	*Sanguisorba officinalis*
16. 矮山黧豆	豆科	山藜豆属	*Lathyrus humilis*
17. 北野豌豆	豆科	野豌豆属	*Vicia ramuliflora*
18. 北方老鹳草	牻牛儿苗科	老鹳草属	*Geranium erianthum*
19. 鼠掌老鹳草	牻牛儿苗科	老鹳草属	*Geranium sibiricum*
20. 兴安老鹳草	牻牛儿苗科	老鹳草属	*Geranium maximowiczii*
21. 鸡腿堇菜	堇菜科	堇菜属	*Viola acuminata*
22. 柳兰	柳叶菜科	柳兰属	*Chamerion angustifolium*
23. 大叶柴胡	伞形科	柴胡属	*Bupleurum longiradiatum*
24. 大齿山芹	伞形科	山芹属	*Ostericum grosseserratum*
25. 杜香	杜鹃花科	杜香属	*Rhododendron tomentosum*
26. 兴安杜鹃	杜鹃花科	杜鹃花属	*Rhododendron dauricum*
27. 越橘	杜鹃花科	越橘属	*Vaccinium vitis-idaea*
28. 笃斯越橘	杜鹃花科	越橘属	*Vaccinium uliginosum*
29. 红花鹿蹄草	鹿蹄草科	鹿蹄草属	*Pyrola incarnata*
30. 七瓣莲	报春花科	七瓣莲属	*Trientalis europaea*
31. 北方拉拉藤	茜草科	拉拉藤属	*Galium boreale*
32. 旌节马先蒿	玄参科	马先蒿属	*Pedicularis sceptrum-carolinum*
33. 长白沙参	桔梗科	沙参属	*Adenophora pereskiifolia*

（续）

植物名称	科	属	学名
34. 宽叶山蒿	菊科	蒿属	*Artemisia stolonifera*
35. 风毛菊	菊科	风毛菊属	*Saussurea japonica*
36. 齿叶风毛菊	菊科	风毛菊属	*Saussurea neoserrata*
37. 伞花山柳菊	菊科	山柳菊属	*Hieracium umbellatum*
38. 铃兰	百合科	铃兰属	*Convallaria keiskei*
39. 二叶舞鹤草	百合科	舞鹤草属	*Maianthemum bifolium*
40. 紫苞鸢尾	鸢尾科	鸢尾属	*Iris ruthenica*
41. 大叶章	禾本科	拂子茅属	*Deyeuxia purpurea*
42. 薹草	莎草科	薹草属	*Carex* spp.
43. 斑花杓兰	兰科	杓兰属	*Cypripedium guttatum*

表2 嫩江源森林生态站保护鸟类名录

中文名	学名	保护级别
Ⅰ. 䴙䴘目	PODICIPEDIFORMES	
一、䴙䴘科	Podicipedidae	
1. 角䴙䴘	*Podiceps auritus*	二
Ⅱ、鹳形目	CICONIIFORMES	
二、鹳科	Ciconiidae	
2. 东方白鹳	*Ciconia boyciana*	一
3. 黑鹳	*Ciconia nigra*	一
Ⅲ、雁形目	ANSERIFORMES	
三、鸭科	Anatidae	
4. 白额雁	*Anser albifrons*	二
5. 大天鹅	*Cygnus cygnus*	二
6. 小天鹅	*Cygnus columbianus*	二
7. 鸳鸯	*Aix galericulata*	二
Ⅳ. 隼形目	FALCONIFORMES	
四、鹰科	Accipitridae	
8. 金雕	*Aquila chrysaetos*	一
9. 白尾海雕	*Haliaeetus albicilla*	一
10. 苍鹰	*Accipiter gentilis*	二
11. 雀鹰	*Accipiter nisus*	二
12. 松雀鹰	*Accipiter virgatus*	二
13. 乌雕	*Aquila clanga*	二
14. 普通鵟	*Buteo buteo*	二
15. 毛脚鵟	*Buteo lagopus*	二
16. 白尾鹞	*Circus cyaneus*	二
17. 鹊鹞	*Circus melanoleucos*	二

（续）

(续)

中文名	学名	保护级别
18. 白腹鹞	*Circus spilonotus*	二
19. 黑鸢	*Milvus migrans*	二
20. 凤头峰鹰	*Pernis ptilorhynchus*	二
21. 鹗	*Pandion haliaetus*	二
22. 鹰雕	*Nisaetus nipalensis*	二
五、隼科	Falconidae	
23. 矛隼	*Falco rusticolus*	二
24. 游隼	*Falco peregrinus*	二
25. 燕隼	*Falco subbuteo*	二
26. 灰背隼	*Falco columbarius*	二
27. 红隼	*Falco tinnunculus*	二
V. 鸡形目	GALLIFORMES	
六、松鸡科	Tetraonidae	
28. 黑嘴松鸡	*Tetrao parvirostris*	一
29. 黑琴鸡	*Lyrurus telrix*	二
30. 花尾榛鸡	*Bonasa bonasia*	二
VI. 鹤形目	GRUIFORMES	
七、鹤科	Gruidae	
31. 丹顶鹤	*Grus japonensis*	一
32. 白鹤	*Grus leucogeranus*	一
33. 灰鹤	*Grus grus*	二
34. 白头鹤	*Grus monacha*	二
35. 白枕鹤	*Grus vipio*	二
36. 蓑羽鹤	*Anthropoides virgo*	二
VII. 鸥形目	LARIFORMES	
八、鸥科	Laridae	
37. 小鸥	*Larus minutus*	二
VIII. 鸮形目	STRIGIFORMES	
九. 鸱鸮科	Strigidae	
38. 红角鸮	*Otus scops*	二
39. 雕鸮	*Bubo bubo*	二
40. 雪鸮	*Bubo scandiacus*	二
41. 猛鸮	*Surnia ulula*	二
42. 长尾林鸮	*Strix uralensis*	二
43. 乌林鸮	*Strix nebulosa*	二
44. 花头鸺鹠	*Glaucidium passerinum*	二
45. 长耳鸮	*Asio otus*	二
46. 短耳鸮	*Asio flammeus*	二
47. 鬼鸮	*Aegolius funereus*	二

(续)

表3　嫩江源森林生态站两栖类动物名录

中文名	学名
Ⅰ 有尾目	CAUDATA
一、小鲵科	Hynobiidae
1. 极北鲵	*Salamandrella keyserlingii*
Ⅱ 无尾目	ANURA
二、蟾蜍科	Bufonidae
2. 中华大蟾蜍	*Bufo gargarizans*
3. 花背蟾蜍	*Bufo raddei*
三、雨蛙科	Hylidae
4. 东北雨蛙	*Hyla japonica*
四、蛙科	Ranidae
5. 黑龙江林蛙	*Rana amurensis*
6. 黑斑蛙	*Rana nigromaculata*

表4　嫩江源森林生态站爬行类动物名录

中文名	学名
Ⅰ 蜥蜴亚目	LACERTILIA
一、蜥蜴科	Lacertidae
1. 胎生蜥蜴	*Lacerta vivipara*
2. 黑龙江草蜥	*Takydromus amurensis*
3. 丽斑麻蜥	*Eremias argus*
Ⅱ 蛇亚目	SERPENTES
二、游蛇科	Colubridae
4. 白条锦蛇	*Elaphe dione*
5. 红点锦蛇	*Elaphe rufodorsata*
三、蝰科	Viperidae
6. 极北蝰	*Vipera berus*
7. 乌苏里蝮	*Gloydius ussuriensis*

"中国山水林田湖草生态产品监测评估及绿色核算"系列丛书目录*

1. 安徽省森林生态连清与生态系统服务研究,出版时间:2016年3月
2. 吉林省森林生态连清与生态系统服务研究,出版时间:2016年7月
3. 黑龙江省森林生态连清与生态系统服务研究,出版时间:2016年12月
4. 上海市森林生态连清体系监测布局与网络建设研究,出版时间:2016年12月
5. 山东省济南市森林与湿地生态系统服务功能研究,出版时间:2017年3月
6. 吉林省白石山林业局森林生态系统服务功能研究,出版时间:2017年6月
7. 宁夏贺兰山国家级自然保护区森林生态系统服务功能评估,出版时间:2017年7月
8. 陕西省森林与湿地生态系统治污减霾功能研究,出版时间:2018年1月
9. 上海市森林生态连清与生态系统服务研究,出版时间:2018年3月
10. 辽宁省生态公益林资源现状及生态系统服务功能研究,出版时间:2018年10月
11. 森林生态学方法论,出版时间:2018年12月
12. 内蒙古呼伦贝尔市森林生态系统服务功能及价值研究,出版时间:2019年7月
13. 山西省森林生态连清与生态系统服务功能研究,出版时间:2019年7月
14. 山西省直国有林森林生态系统服务功能研究,出版时间:2019年7月
15. 内蒙古大兴安岭重点国有林管理局森林与湿地生态系统服务功能研究与价值评估,出版时间:2020年4月
16. 山东省淄博市原山林场森林生态系统服务功能及价值研究,出版时间:2020年4月
17. 广东省林业生态连清体系网络布局与监测实践,出版时间:2020年6月
18. 森林氧吧监测与生态康养研究——以黑河五大连池风景区为例,出版时间:2020年7月
19. 辽宁省森林、湿地、草地生态系统服务功能评估,出版时间:2020年7月

---

* 本套丛书中 1 ~ 20 种原丛书名为"中国森林生态系统连续观测与清查及绿色核算"系列丛书

"中国山水林田湖草生态产品监测评估及绿色核算"系列丛书目录

20. 贵州省森林生态连清监测网络构建与生态系统服务功能研究，出版时间：2020 年 12 月

21. 云南省林草资源生态连清体系监测布局与建设规划，出版时间：2021 年 8 月

22. 云南省昆明市海口林场森林生态系统服务功能研究，出版时间：2021 年 9 月

23. "互联网＋生态站"：理论创新与跨界实践，出版时间：2021 年 11 月

24. 东北地区森林生态连清技术理论与实践，出版时间：2021 年 11 月

25. 天然林保护修复生态监测区划和布局研究，出版时间：2022 年 2 月

26. 湖南省森林生态连清与生态系统服务功能研究，出版时间：2022 年 4 月

27. 国家退耕还林工程生态监测区划和布局研究，出版时间：2022 年 5 月

28. 河北省秦皇岛市森林生态产品绿色核算与碳中和评估，出版时间：2022 年 6 月

29. 内蒙古森工集团生态产品绿色核算与森林碳中和评估，出版时间：2022 年 9 月

30. 黑河市生态空间绿色核算与生态产品价值评估，出版时间：2022 年 11 月

31. 内蒙古呼伦贝尔市生态空间绿色核算与碳中和研究，出版时间：2022 年 12 月

32. 河北太行山森林生态站野外长期观测数据集，出版时间：2023 年 4 月

33. 黑龙江嫩江源森林生态站野外长期观测和研究，出版时间：2023 年 7 月